高等职业教育计算机教育新形态系列教材

3ds Max 三维室内效果图设计与制作

秦　颖　王梦蝶　窦紫烟◎主　编
张兴明　董亚萍　王梓诺　王　蒙◎副主编

中国铁道出版社有限公司
CHINA RAILWAY PUBLISHING HOUSE CO., LTD.

内 容 简 介

全书分为四个模块。第一模块主要介绍 3ds Max 软件的界面设置和基础操作；第二模块从标准体建模、二维修改器建模、三维修改器建模三个项目分任务解析室内常见单体模型的建模方法与技巧；第三模块重点介绍摄影机布设、灯光表现、材质表现以及渲染设置的知识技能；第四模块以新中式客厅及书房三维空间效果制作为例，实践真实项目的建模、材质、灯光、摄影机以及渲染出图的全流程操作。

本书依托专业教学资源库并结合企业实践项目编写而成，附带自建模型库、材质库、教案、PPT 课件等教学资源，强调软件的操作技能掌握，注重思政元素浸润与前沿探索，具有很强的适用性。

本书适合作为高等院校环境艺术设计专业教材，也可作为各类数字艺术教育培训机构或相关技能大赛用书，还可供室内效果图制作爱好者自学。

图书在版编目（CIP）数据

3ds Max三维室内效果图设计与制作 / 秦颖，王梦蝶，窦紫烟主编. -- 北京 : 中国铁道出版社有限公司，2025. 6. -- (高等职业教育计算机教育新形态系列教材). -- ISBN 978-7-113-31735-5

Ⅰ. TU238-39

中国国家版本馆CIP数据核字第2024LJ8771号

书　　名：3ds Max 三维室内效果图设计与制作
作　　者：秦　颖　王梦蝶　窦紫烟

策　　划：潘晨曦　祁　云　　　　**编辑部电话**：（010）63549458
责任编辑：祁　云　李学敏
封面设计：刘　颖
责任校对：刘　畅
责任印制：赵星辰

出版发行：中国铁道出版社有限公司（100054，北京市西城区右安门西街 8 号）
网　　址：https://www.tdpress.com/51eds
印　　刷：河北宝昌佳彩印刷有限公司
版　　次：2025 年 6 月第 1 版　2025 年 6 月第 1 次印刷
开　　本：850 mm×1 168 mm　1/16　**印张**：14.75　**字数**：373 千
书　　号：ISBN 978-7-113-31735-5
定　　价：59.80 元

高等职业教育计算机教育新形态系列教材

编审委员会

序

党的二十大报告提出，要“深化教育领域综合改革，加强教材建设和管理”。中国铁道出版社有限公司与山东计算机学会职业教育发展专业委员会以党的二十大精神为引领，在职业教育适应新技术和产业变革需要的大背景下，坚持以科技、行业进步和产业转型发展为驱动，创新教材呈现方式和话语体系，推进教材建设创新发展，努力加快建设中国特色高水平教材，形成引领示范效应，共同策划组织了这套“高等职业教育计算机教育新形态系列教材”。本系列教材在编写思路上进行了充分的调研和精心的设计，主要体现在以下五个方面。

一、坚持正确的政治方向和价值导向。本系列教材本着弘扬劳动光荣、技能宝贵、创造伟大的时代风尚，旨在培养学生精益求精的大国工匠精神，激发学生科技报国的家国情怀和使命担当。

二、遵循职业教育教学规律和人才成长规律。本系列教材符合学生认知特点，体现先进职业教育理念，以真实生产项目、典型工作任务等为载体，体现产业发展的新技术、新工艺、新规范、新标准，反映人才培养模式改革方向，将知识、能力和正确价值观的培养有机结合，适应专业建设、课程建设、教学模式与方法改革创新等方面的需要，满足项目学习、案例学习、模块化学习等不同学习方式要求，有效地激发学生学习兴趣和创新潜能。

三、科学合理编排教材内容。本系列教材设计逻辑严谨、梯度明晰，文字表述规范、准确流畅；名称、术语、图表规范等符合国家有关技术质量标准和规范。

四、集成创新数字化教学资源。本系列教材具有配套建设的数字化资源，包括教学课件、教学案例、教学视频、动画以及试题库等，部分教材具有相应的课程教学平台和教学软件，学生可充分利用现代教育技术手段，提高课程学习效果。同时，将教材建设与课程建设结合起来，努力实现集成创新，深入推进教与学的互动，有利于教师根据教学反馈及时更新与优化教学策略，有效提升课堂的活跃互动程度，真正做到因材施教，做到方便教学、利于推广。

五、构建专家编审组织及产教融合编写团队。本系列教材由全国知名专家、教科研专家、职业教育专家及行业企业的专家组成编审委员会，他们在相关学术领域、教材或教学方面取得有影响的研究成果，熟悉相关行业发展前沿知识与技术，有丰富的教材编写经验，由他们负责对系列教材进行总体思路确立、编写、指导、审稿把关，以确保每种教材的质量。每种教材尽可能科教协同、校企协同、校际协同开展教材编写，并且大部分教材都是具有高级职称的专业带头人或资深专家领衔编写，全面提升教材建设的科学化水平，打造一批满足专业建设要求、支撑人才成长需要、经得起历史和实践检验的精品教材。

本系列教材内容前瞻、特色明显、资源丰富，是值得关注的一套好教材。希望本系列教材能实现促进计算机专业及技能人才培养质量提升的要求和愿望，为高等职业教育的高质量发展起到推动作用。

2023 年 1 月

前 言

3ds Max 是一款三维模型制作软件，它功能强大、易学易用，深受室内设计人员的喜爱，目前很多职业院校的环境艺术设计专业都将 3ds Max 作为一门重要的专业技能课程，也是目前全国职业院校技能大赛——环境艺术设计赛项、舞台美术设计赛项所必须使用的软件之一。

3ds Max 三维室内效果图设计与制作是一门理论和实践紧密结合的课程。学生通过本课程的学习，掌握 3ds Max 的主要功能和特性，掌握软件的使用方法和技巧，从而具备解决软件使用过程中的问题的能力。

本书依托教育部高职高专环境艺术设计专业资源库，结合环境艺术设计专业教学的需要及企业实践项目编写而成，旨在发挥国家教学资源库的优势，突出产教融合的特色，适应建筑装饰行业的新发展，打造线上线下结合的新形态教材模式。本书内容以“筑基础、精方向、重应用、强技能”为原则，不是单纯熟练地掌握软件命令，而是将 3ds Max 作为工具为实际项目服务，培养学生的学习迁移能力，从而实现学生职业技能的自我建构。

本书通过分解三维空间表现设计师岗位工作任务进行多个项目技能强化，探索三维空间效果图表现的整体思路、绘制流程及关键技能点；通过微课视频进行“课前探索”，以便学生提前进行课前学习，课前阶段强调“导学、导思、导练”；拓展、开发与项目紧密联系的“课后拓展”教学资源，增强学生举一反三、触类旁通的技能迁移能力，注重“拓学、拓练、拓用”，教学过程循序渐进，学生学习稳步进阶。同时，依据项目特点及学生成长的需要，融入“富有中国心，饱含中国情，充满中国味”的设计，培养学生“严谨规范、匠心精诚、爱岗敬业”的职业素养和“文化自信、中国色彩、以人为本、美好生活、绿色低碳”的设计理念。

本书由秦颖、王梦蝶、窦紫烟任主编，张兴明、董亚萍、王梓诺、王蒙任副主编。济南职业学院秦颖承担教材编写的组织、大纲撰写及统稿审稿工作；模块一、模块二由济南职业学院王梦蝶、秦颖、王梓诺共同编写；模块三由济南职业学院窦紫烟和董亚萍共同编写；模块四由济南工程职业技术学院张兴明与山东泉艺装饰工程有限公司王蒙共同编写。济南卓艺数字科技有限公司、济南山野有风设计有限公司也为本书的编写提供了大量的资源，在此表示衷心的感谢！

本书提供泉艺工坊自建模型库、材质库、教案、PPT 课件等丰富的教学资源，任课老师可在中国铁道出版社教育资源数字化平台 https://www.tdpress.com/51eds 免费下载使用。本书的参考学时为 80 学时，其中实训环节 50 学时，各模块参考学时参见以下学时分配表。

模　块	项目名称	学时分配	
		讲授	实训
模块一　初识篇	项目一　3ds Max 2022 操作界面	2	
	项目二　3ds Max 2022 视图的操作	2	
模块二　建模篇	项目一　标准体建模	2	4
	项目二　二维修改器建模	4	6
	项目三　三维修改器建模	4	8
模块三　表现篇	项目一　摄影机、灯光表现	2	6
	项目二　材质表现	4	4
	项目三　渲染设置	2	2
模块四　就业案例综合实训篇	项目一　新中式客厅三维空间表现	4	12
	项目二　新中式书房三维空间表现	4	8
学时总计		30	50

由于编者水平有限，书中难免存在疏漏和不妥之处，诚请广大读者批评指正。

编　者

2025年3月

目录

模块一
初 识 篇

本模块学习内容涵盖了界面布局、基础操作技巧、操作效率以及文件管理与场景管理等多个方面。学生系统地熟悉 3ds Max 2022 的整体界面布局，学习新建、打开、保存和导入导出文件的方法，熟练切换和调整视图，掌握该软件的基本界面布局、工具栏和命令面板的使用，以便更好地观察和编辑三维模型，确保设计工作的连续性和完整性。

知识目标

1. 掌握 3ds Max 2022 的界面布局，包括菜单栏、工具栏、命令面板、视图区等各部分的功能和位置；
2. 熟悉常用工具图标及其对应的命令名称，理解这些工具在三维建模中的基本作用；
3. 理解视图操作的基本原理及其在三维空间中的应用。

技能目标

1. 能够熟练使用 3ds Max 2022 的菜单栏、工具栏和命令面板；
2. 能够灵活调整视图，以便更好地观察和编辑三维模型；
3. 能够新建、打开、保存和导出 3ds Max 文件。

素养目标

1. 具有认真、细致的学习习惯，注重细节和精确性；
2. 具有对三维建模软件的兴趣和好奇心、不断探索的精神和学习技巧；
3. 具备创新思维，勇于尝试新的方法和技巧，以提高建模效率和质量。

项目一 3ds Max 2022 操作界面

本项目将介绍 3ds Max 的操作界面和操作方法。在使用 3ds Max 时，要做到“精”“简”“准”，即精确的设置、简化的工具和准确的操作，以尽可能地提高工作效率，为后续学习打下基础。

任务 1　界面认识

视频

界面认识

任务介绍

3ds Max 2022 的操作界面分为标题栏、菜单栏、主工具栏、视口区域、视口布局选项卡、场景资源管理器、Ribbon 工具栏、命令面板、时间尺、状态栏、时间控制按钮和视口导航控制按钮 12 大部分，如图 1-1-1 所示。

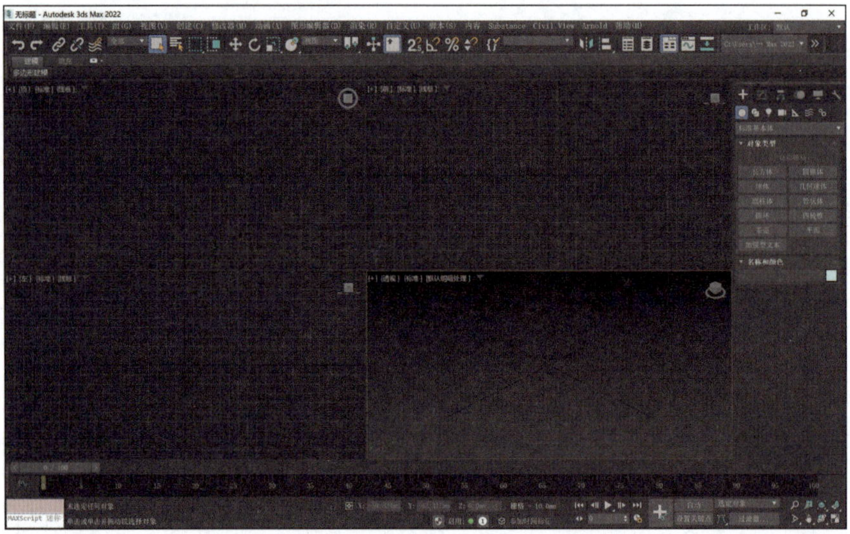

图 1-1-1　3ds Max 2022 的操作界面

相关知识

1. 标题栏

3ds Max 2022 的“标题栏”位于界面的顶部。“标题栏”中包含当前编辑的文件名称、软件版本信息，同时还有软件图标，如图 1-1-2 所示。

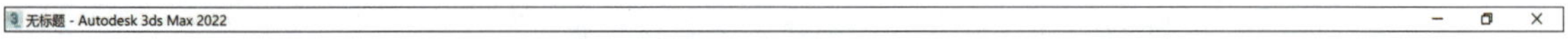

图 1-1-2　标题栏

2. 菜单栏

菜单栏位于主窗口的标题栏下面。每个菜单的标题表明该菜单上命令的用途，包含“文件”“编辑”“工具”“组”“视图”“创建”“修改器”“动画”“图形编辑器”“渲染”“自定义”“脚本”“内容”“Substance”“Civil View”“Arnold”“帮助”“快速访问工具栏”，如图 1-1-3 所示。

图 1-1-3　菜单栏

①“文件”菜单：单击“文件”菜单会弹出一个用于管理场景文件的下拉菜单，主要包括“新

建”“重置”“打开”“保存”“另存为”“导入”“导出”“发送到”“参考”等命令，如图 1-1-4 所示。

②“编辑”菜单：“编辑”菜单下是一些编辑对象的常用命令，这些命令基本都配有快捷键，如图 1-1-5 所示。

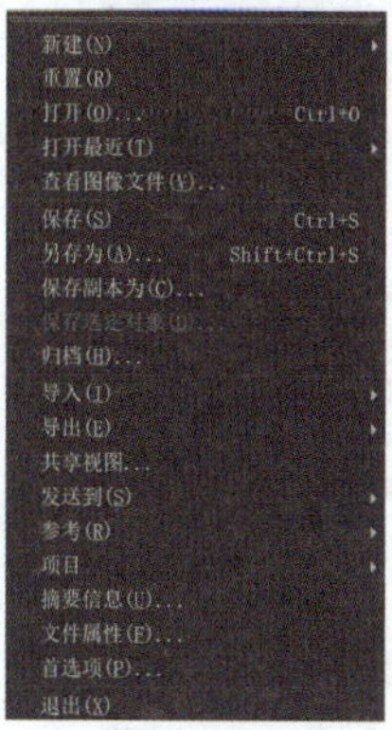

图 1-1-4　“文件”菜单

图 1-1-5　“编辑”菜单

③“工具”菜单：“工具”菜单主要包括对物体进行基本操作的命令。这些命令一般在“主工具栏”中都有相对应的命令按钮，直接使用命令按钮更方便一些，部分不太常用的需要使用菜单命令来执行，如图 1-1-6 所示。

④“组”菜单：“组”菜单中的命令可以将场景中的两个或两个以上的物体编成一组，同样也可以将成组的物体拆分为单个物体，如图 1-1-7 所示。

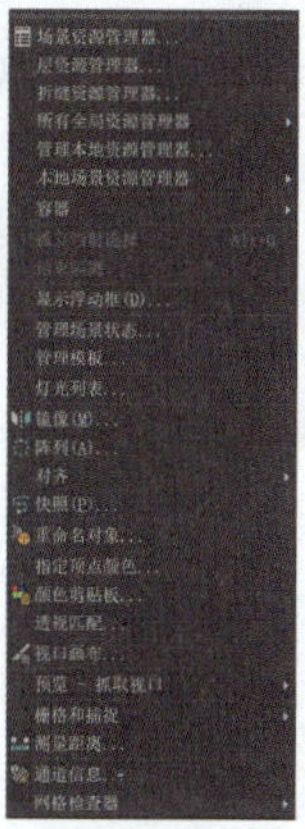

图 1-1-6　“工具”菜单

图 1-1-7　“组”菜单

⑤“视图”菜单：“视图”菜单中的命令主要用来控制视图的显示方式及进行视图的相关参数设置（如视图的配置与导航器的显示等），如图 1-1-8 所示。

⑥“创建”菜单：“创建”菜单中的命令主要用来创建几何体、二维图形、灯光和粒子等对象，如图 1-1-9 所示。

⑦“修改器”菜单：“修改器”菜单中的命令集合了所有的修改器，如图 1-1-10 所示。

⑧“渲染”菜单：“渲染”菜单主要是用于设置渲染参数，包括“渲染”“环境”和“效果”等命令，如图 1-1-11 所示。

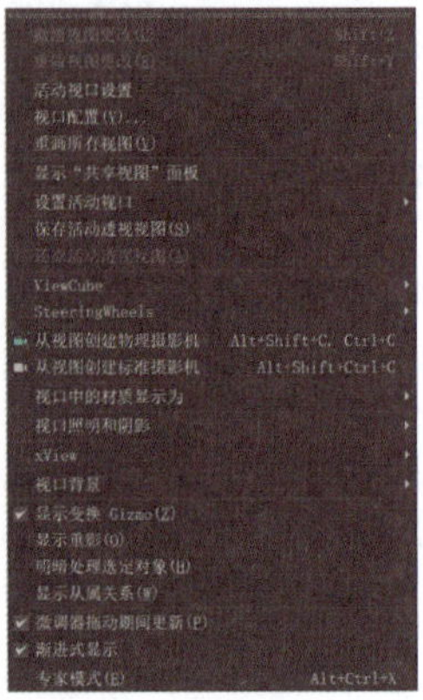

图 1-1-8　“视图”菜单

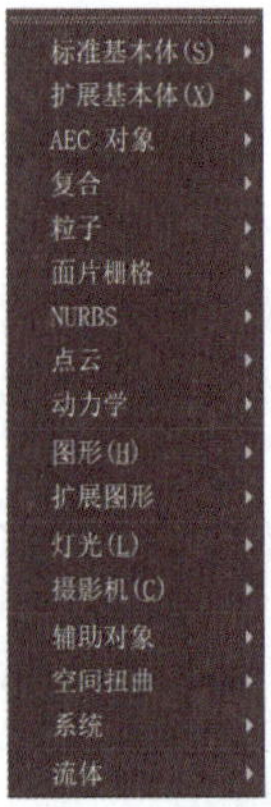

图 1-1-9　“创建”菜单

图 1-1-10　“修改器”菜单

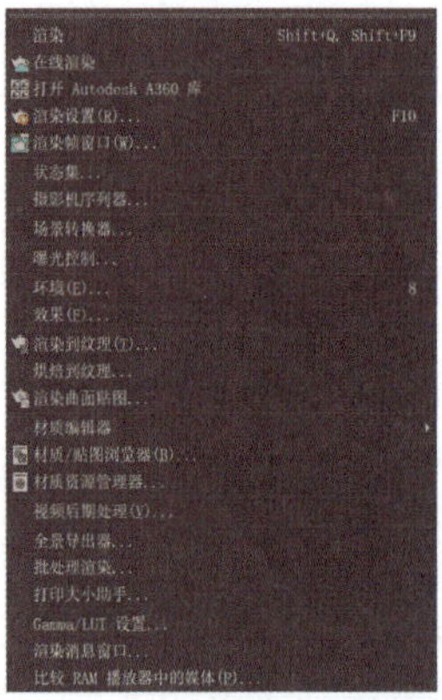

图 1-1-11　“渲染”菜单

⑨“自定义”菜单：“自定义”菜单主要用来更改用户界面以及设置 3ds Max 的首选项。通过这个菜单可以定制自己的界面，同时还可以对 3ds Max 系统进行设置，例如，设置场景单位和自动备份等，如图 1-1-12 所示。

⑩“脚本”菜单：脚本是 3ds Max 的内置脚本语言，“脚本”菜单下主要包含用于创建、打开和运行脚本的命令，如图 1-1-13 所示。

⑪“帮助”菜单：“帮助”菜单中主要是一些帮助信息，可以供用户参考学习，如图 1-1-14 所示。

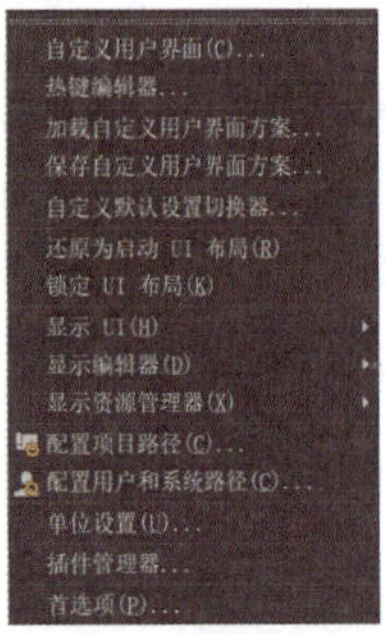

图 1-1-12　“自定义”菜单

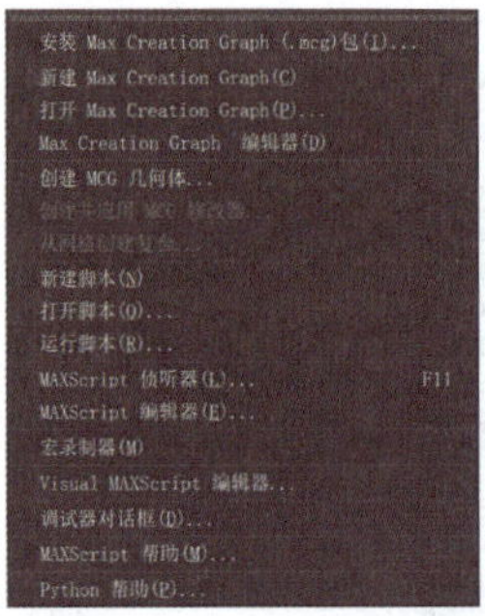

图 1-1-13　“脚本”菜单

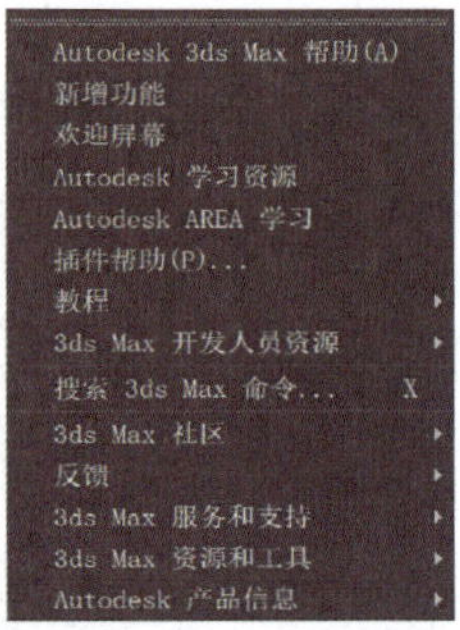

图 1-1-14　“帮助”菜单

3. 主工具栏

主工具栏中集合了最常用的编辑工具。图 1-1-15 为默认状态的主工具栏。有些工具的右下角有一个三角形图标，单击该图标且不松开就会弹出下拉工具列表。以“捕捉开关”为例，单击“捕捉开关”按钮不放就会弹出捕捉工具列表，如图 1-1-16 所示。

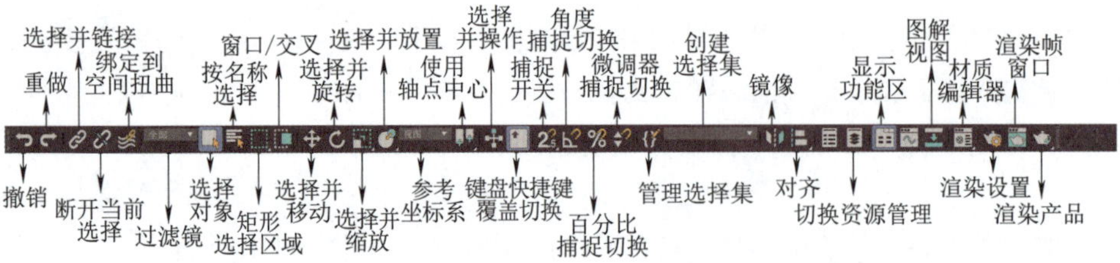

图 1-1-15　主工具栏

图 1-1-16　捕捉工具列表

任务 2 单位设置

视 频

单位设置

任务介绍

单位设置是室内效果图制作的必备设置，它直接影响空间尺寸、灯光参数和贴图大小等。

任务导入

观看微课视频进行 3ds Max 单位设置的课前探索学习，了解 3ds Max 建模前单位的基本操作。

相关知识

建模时一般先在 AutoCAD 中绘制施工图，再通过文件转换导入 3ds Max 进行后续操作。用 AutoCAD 制作的建筑施工图都是以毫米为单位的，模型也应以毫米为单位的，其设置方法如下。

➢ Step 1：启动 3ds Max，在菜单栏中单击“自定义”→“单位设置”命令，如图 1-1-17 所示。

➢ Step 2：打开“单位设置”对话框，然后设置“公制”为“毫米”，将系统的显示单位设置为毫米制，接着单击“系统单位设置”按钮，打开“系统单位设置”对话框，再设置“系统单位比例”为“毫米”，使其与显示单位统一，最后分别单击两个对话框的“确定”按钮，如图 1-1-18 所示。

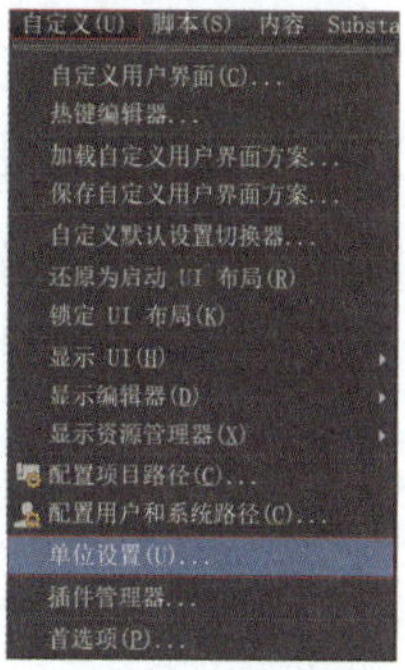

图 1-1-17 “单位设置”命令

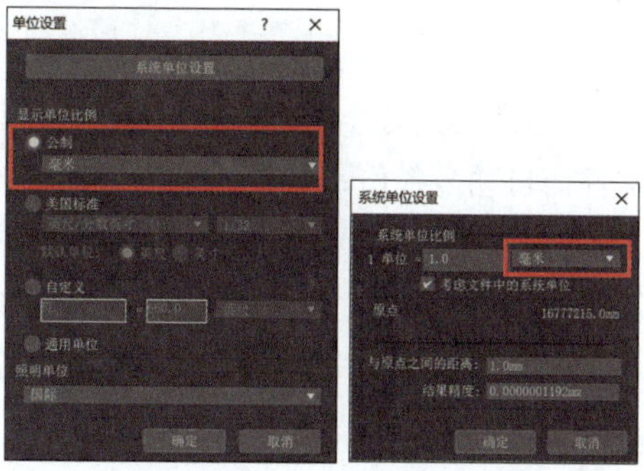

图 1-1-18 “毫米”单位

任务 3 文件存档

视 频

文件存档

任务介绍

文件存档设置非常重要，它可以为我们的工作保驾护航，降低工程文件出现意外的风险。

任务导入

观看微课视频进行 3ds Max 文件存档的课前探索学习，了解 3ds Max 建模前文件存档的基本设置。

相关知识

1. 文件备份

执行“自定义”→“首选项”命令，打开“首选项设置”对话框，然后切换到“文件”选项卡，勾选“保存时备份”复选框，并对“自动备份的文件名”和“备份间隔（分钟）”进行设置，最后单击“确定”按钮，如图 1-1-19 所示。

勾选“保存时压缩”复选框，会让保存时的文件压缩，从而减小计算机的存储压力，同时也方便将文件转移到其他计算机上。

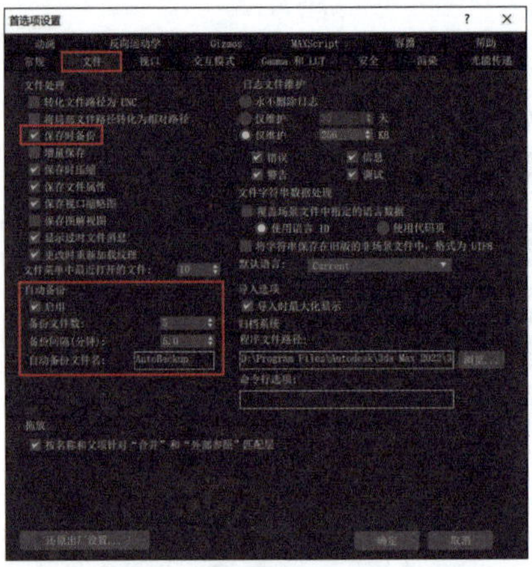

图 1-1-19 “首选项设置”对话框

“备份文件数”通常设置为 5，不宜太大，以免给计算机带来存储压力。备份数不会因为打开了多个 3ds Max 文件而自动多备份一些，而是需要对这多个场景同时跟进，这时自动备份是会覆盖旧文件的。对于“备份间隔（分钟）”的设置，根据计算机配置决定即可，配置较高的计算机的“备份间隔（分钟）”可以短一些，反之则长一些。如在建模的过程中软件闪退需要找回备份文件，则需要打开“此电脑”→“文档”→“3ds Max 2022”文件夹→“autoback”文件夹，找到时间最为接近的 max 文件即可，如图 1-1-20 所示。

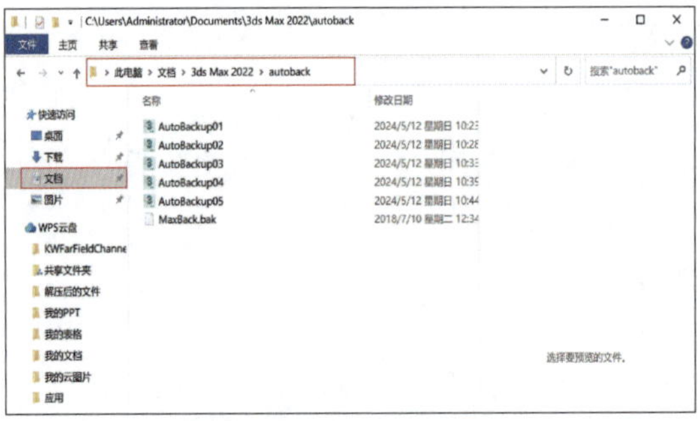

图 1-1-20 找回备份文件

2. 归档场景

“归档”将创建一个压缩的归档文件，其中包含当前场景文件及其引用的其他文件（如纹理、容器、外部参照对象、外部参照场景等）。单击界面左上角“文件”→“归档”命令，如图 1-1-21 所示，在弹出的“文件归档”对话框中选择好保存位置和文件名，最后单击“保存”按钮，如图 1-1-22 所示。

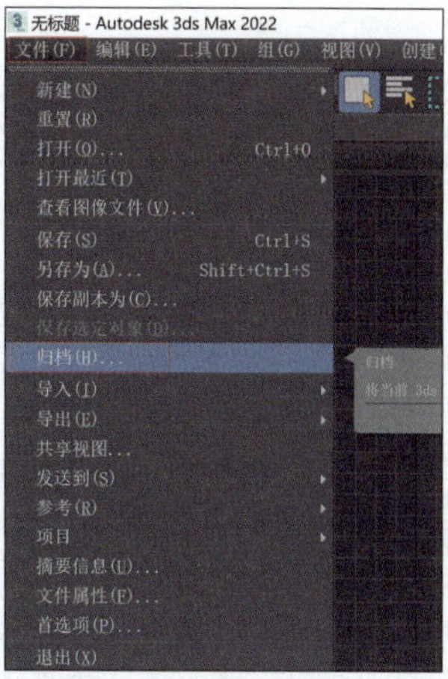

图 1-1-21 “归档”命令

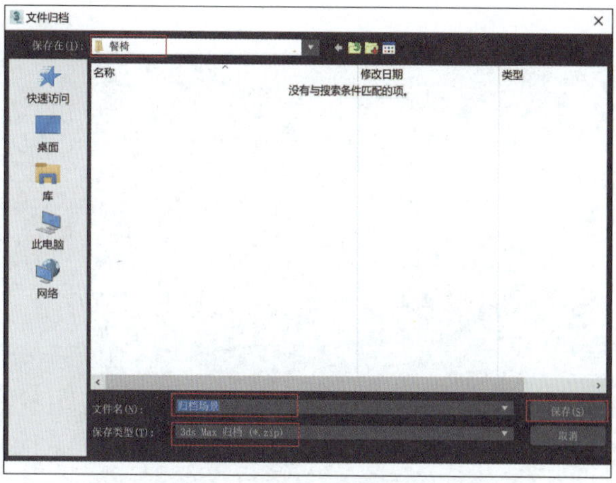

图 1-1-22 “文件归档”对话框

项目二 3ds Max 2022 视图的操作

本项目将介绍“视图”的一系列操作与设置。在 3ds Max 2022 中，视图的操作是 3D 建模和渲染过程中的核心部分。视图的核心即快速切换视角和查看模型，以便在各个视图中操作模型。除了基本的视图切换，3ds Max 2022 还支持视图的最大化、线框与实体模式的切换，以及通过鼠标滚轮和按键对视图进行缩放、旋转和平移等操作。这些功能可以帮助用户更加精准地控制视图，提高建模和渲染的效率。

任务 1 三视图的认识

任务介绍

视口是场景的三维空间中的开口，“3+1”视图模式，如同观看封闭的花园或中庭的窗口，但视口不仅是被动观察点。在创建场景时，可以将视口作为动态灵活的工具来了解和修改对象间的 3D 关系。

视 频

三视图的认识

任务导入

观看微课视频进行 3ds Max 软件三视图的课前探索学习，了解 3ds Max 建模时三视图的基本操作。

相关知识

3ds Max 默认为“3+1”视图模式（三视图 + 透视图），即包括顶视图、前视图、左视图和透视图，如图 1-2-1 所示。每个视图的左上角都会显示当前视图状态。通过三视图可以分别从 3 个方向查看对象，默认为正面、左侧和顶面；透视图主要用于查看模型，在初学阶段不建议直接使用透视图编辑模型。

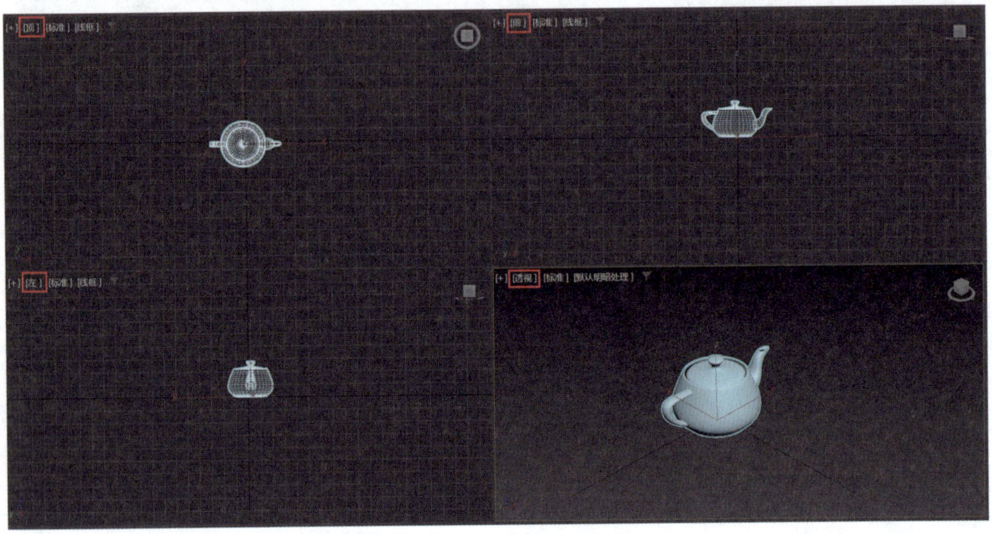

图 1-2-1 "3+1" 视图模式

1. 视图切换

①顶视图（top view）：从顶部垂直向下查看模型，快捷键为【T】。

②前视图（front view）：从模型正前方查看，快捷键为【F】。

③左视图（left view）：从模型左侧查看，快捷键为【L】。

④透视图（perspective view）：一种具有强烈透视感的视图，用于模拟人眼观察效果，快捷键为【P】。

⑤摄影机视图（camera view）：在场景中创建摄影机对象后，可以通过摄影机视图来观察场景。摄影机视图会模拟摄影机的视角和镜头效果，方便用户预览和调整动画或渲染的视觉效果，快捷键为【C】。

2. 视图导航

①使用鼠标滚轮可以缩放视图。

②按住【Alt】键并滚动鼠标滚轮，可以对物体进行旋转观察。

③按住鼠标左键拖动，可以在视图中平移场景。

任务 2 常用的视图模式

任务介绍

3ds Max 中的视图模式有很多，室内效果图渲染操作时常用的一些视图模式，主要包括 "线框""默认明暗处理" 和 "默认明暗处理 + 边面" 模式。

任务导入

观看微课视频进行 3ds Max 软件常用的视图模式课前探索学习，了解 3ds Max 建模时视图模式的基本操作。

视 频

常用的视图模式

相关知识

在视图界面的左上角，有“+”“透视”“标准”“默认明暗处理”选项。其中，“透视”选项用于切换视图。单击“默认明暗处理”选项，会弹出视图模式的菜单栏，如图 1-2-2 所示。

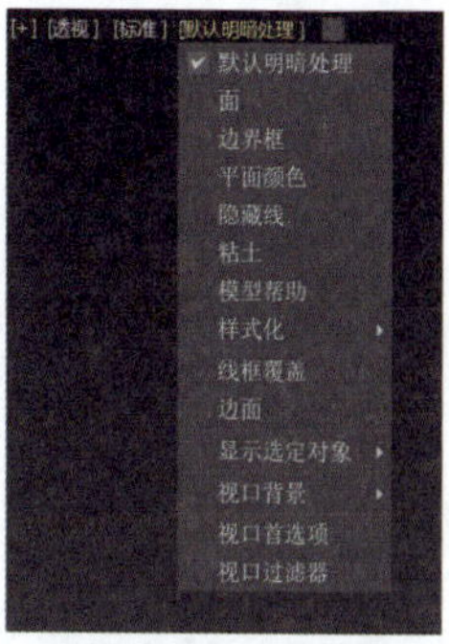

图 1-2-2　视图模式的菜单栏

①线框：建模时常用的模式，有利于观察模型的线条分布，查看控制点、线和面的关系，以便准确无误地进行建模，如图 1-2-3 所示。

②默认明暗处理：即实体显示，在该模式下，可以查看对象的实物效果，方便观察对象的最终效果。通常在“线框”模式下创建了对象后，都会切换到“明暗处理”模式，然后观察对象效果，再做进一步完善和处理，如图 1-2-4 所示。

③默认明暗处理 + 边面：即同时选择“明暗处理”和“边面”。该模式可以在实体上显示出线框结构，只有在创建复杂模型时才会使用，如图 1-2-5 所示。

图 1-2-3　线框

图 1-2-4　默认明暗处理

图 1-2-5　默认明暗处理 + 边面

模块二
建模篇

本模块学习标准体建模、二维修改器建模和三维修改器建模等重要内容。标准体建模作为基石，通过快速构建基础及扩展基本体，为三维模型搭建稳固框架；二维修改器建模则巧妙地将二维图形转化为三维实体，利用挤出、车削等修改器，赋予文字、标志等对象立体形态；而三维修改器建模更是形态塑造的利器，FFD、弯曲等修改器灵活应用于三维模型，实现复杂形态与结构的精准调整。这些建模方式不仅参数化、易编辑，助力学生轻松驾驭从基础到高级的三维创作，提升建模技艺与创作潜能。

知识目标

1. 掌握 3ds Max 2022 的基本操作命令和快捷键；
2. 掌握标准基本体和扩展基本体的创建方法并能够进行参数调整；
3. 掌握二维图形修改器的基本概念和类型以及将二维图形到三维模型的转换；
4. 熟悉常见的三维模型修改器的使用方法和参数设置。

技能目标

1. 能够快速、准确地使用 3ds Max 2022 进行三维建模；
2. 能够熟练创建和调整标准基本体和扩展基本体的参数；
3. 能够熟练创建和编辑二维图形，并为其添加合适的修改器生成三维模型；
4. 能够灵活运用三维模型修改器创建复杂的三维模型效果。

素养目标

1. 具有对三维空间结构的敏感度和理解能力；
2. 具有创新思维和设计能力，能创造出具有独特风格的三维模型；
3. 具有对三维模型形态和结构变化的敏感度和理解能力；
4. 具备解决问题的能力和团队合作精神。

项目一 标准体建模

标准体建模是 3ds Max 2022 中非常重要的内容，使用 3ds Max 内置的基本几何体工具来快速创建简单的 3D 对象，如长方体、球体、圆柱体等，基本几何体是构建复杂场景和模型的基础元素。通过熟练掌握常用工具、命令和操作技巧，我们可以更好地应对各种建模需求。同时，不断尝试和实践也是提高建模技能的关键。

任务 1　牛顿摆球模型制作

任务介绍

本任务学习 3ds Max 软件几何体创建的方法，几何体建模的使用技巧，通过牛顿摆球模型巩固几何体建模的应用。

视 频

几何体创建

任务导入

观看微课视频进行几何体创建的课前探索学习，了解几何体创建的基本操作与参数设置。

相关知识

“几何体”对象包含所有的基本几何体，其中常用的是“标准基本体”和“扩展基本体”，如图 2-1-1 所示，是 3ds Max 中自带的一些模型，可以直接被创建出来。在“创建”面板中单击“几何体”按钮，然后在下拉列表中可以选择几何体类型为“标准基本体”或“扩展基本体”。

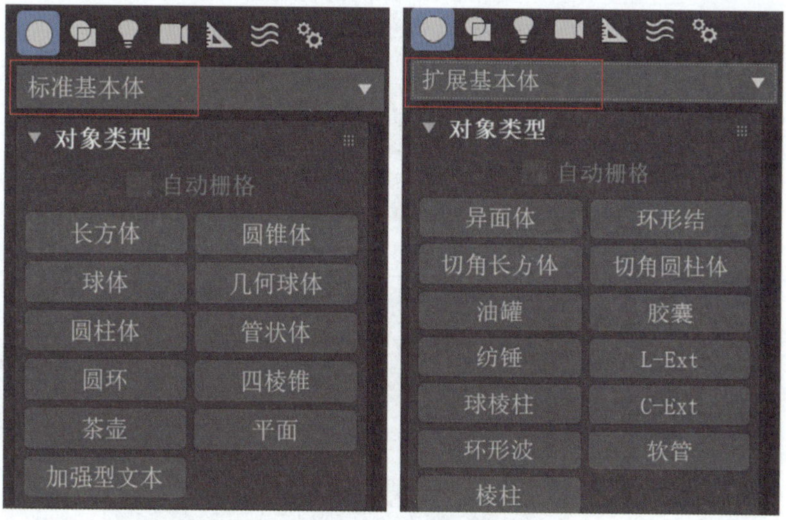

图 2-1-1　几何体

标准基本体包含 11 种对象类型，分别是长方体、圆锥体、球体、几何球体、圆柱体、管状体、圆环、四棱锥、茶壶、平面和加强型文本。

扩展基本体包含 13 种对象类型，分别是异面体、环形结、切角长方体、切角圆柱体、油罐、胶囊、纺锤、L-Ext、球棱柱、C-Ext、环形波、软管和棱柱。

视 频

牛顿摆球模型制作

任务实施

1. 任务实施分析

几何体建模——牛顿摆球模型制作流程及任务分析见表 2-1-1。

表 2-1-1　模型制作流程及任务分析

序号	名称	绘制效果	所用工具及要点说明
1	绘制底座（见图 2-1-2）	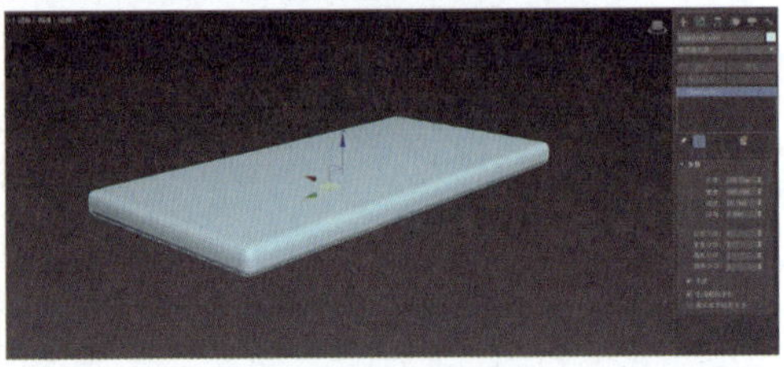 图 2-1-2　底座	切角长方体
2	绘制摆球支架结构（见图 2-1-3）	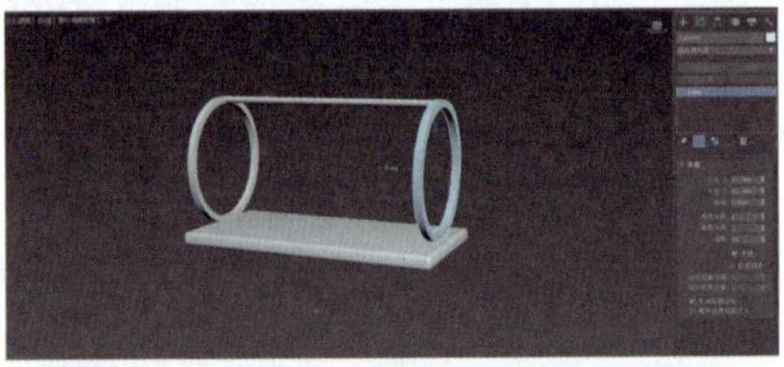 图 2-1-3　摆球支架结构	管状体
3	绘制球摆（见图 2-1-4）	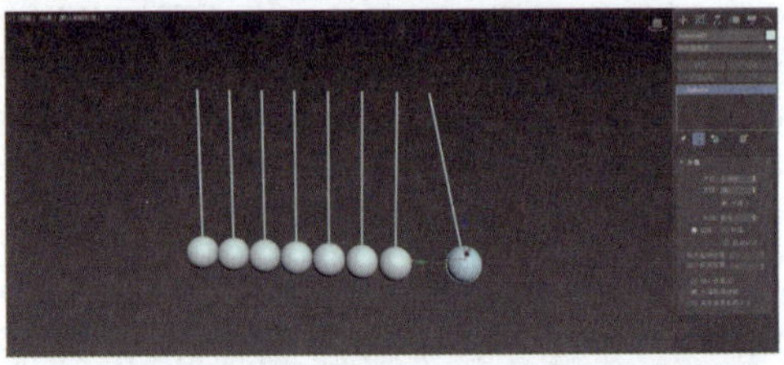 图 2-1-4　球摆	1. 圆柱体 2. 球
4	完成牛顿摆球模型（见图 2-1-5）	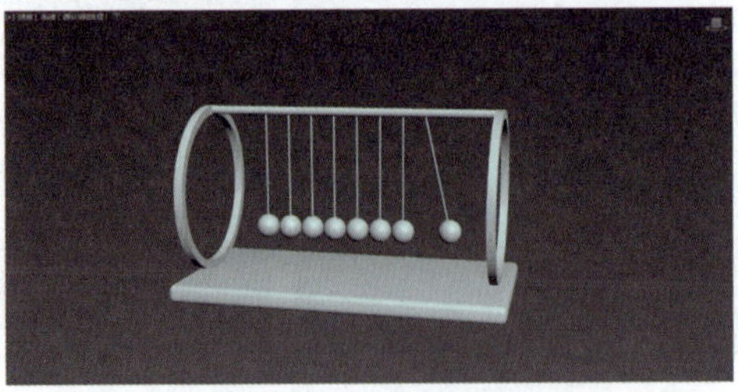 图 2-1-5　牛顿摆球模型	—

2. 任务实施步骤

➢ Step 1：单击“创建”→“几何体”→“扩展基本体”→“切角长方体”按钮，在透视图中创建切角长方体，在“参数”卷展栏中设置“长度”为 200.0 mm、“宽度”为 100.0 mm、“高度”为 10.0 mm、“圆角”为 3.0 mm，如图 2-1-6 所示。

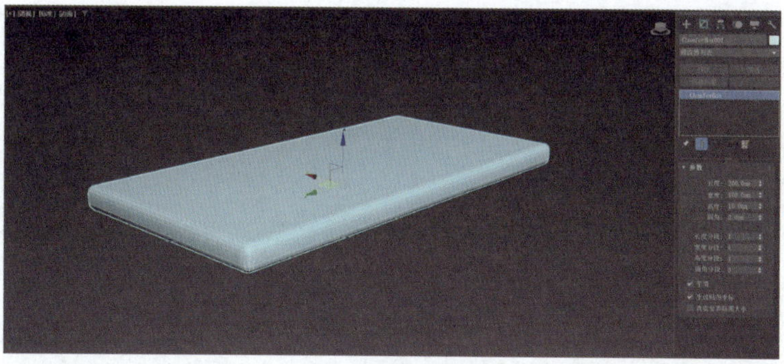

图 2-1-6 底座

➢ Step 2：单击“创建”→“几何体”→“标准基本体”→“管状体”按钮，在前视图中创建管状体，在“参数”卷展栏中设置“半径 1”为 45.0 mm、“半径 2”为 50.0 mm、“高度”为 5.0 mm、“边数”为 60，如图 2-1-7 所示。

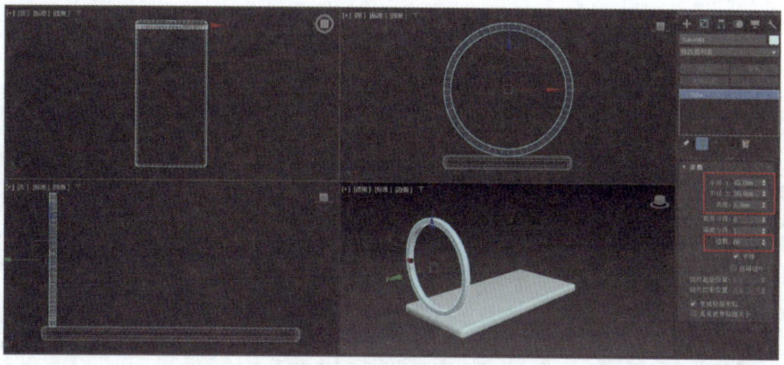

图 2-1-7 左侧边支架

➢ Step 3：在左视图，选择创建好的管状体，按住【Shift】键，以“实例”的形式克隆出一个管状体并放置于对称的位置，如图 2-1-8 所示。

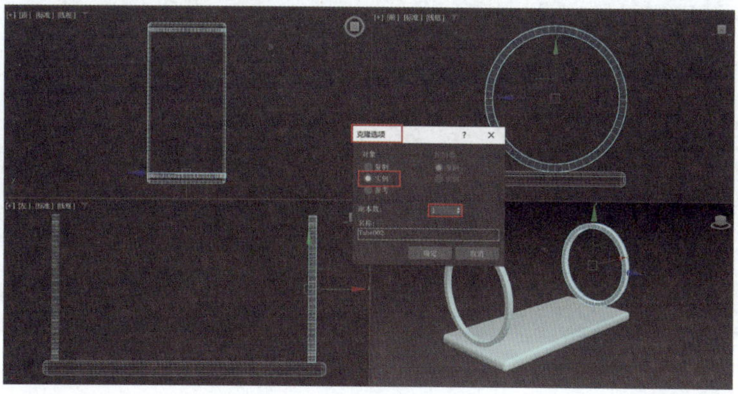

图 2-1-8 右侧边支架

➢ Step 4：单击“创建”→“几何体”→“标准基本体”→“圆柱体”按钮，在前视图创建圆柱体，在“参数”卷展栏中设置“半径”为 2.5 mm、“高度”为 180.0 mm、“边数”为 20，如图 2-1-9 所示。

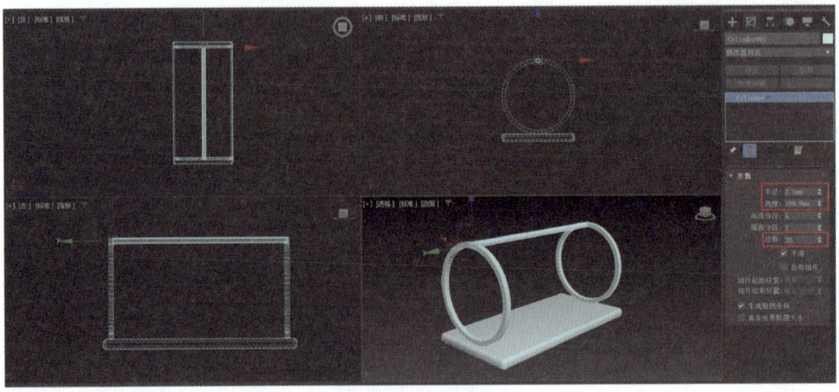

图 2-1-9　顶部支架

➢ Step 5：单击“创建”→“几何体”→“标准基本体”→“圆柱体”按钮，在顶视图创建圆柱体，在“参数”卷展栏中设置“半径”为 0.5 mm、“高度”为 70.0 mm、“边数”为 20; 再次单击“创建”→“几何体”→“标准基本体”→“球体”按钮，在前视图创建球体，在“参数”卷展栏中设置“半径”为 7.0 mm、“分段”为 30，并将它们放置在相应的位置，如图 2-1-10 所示。

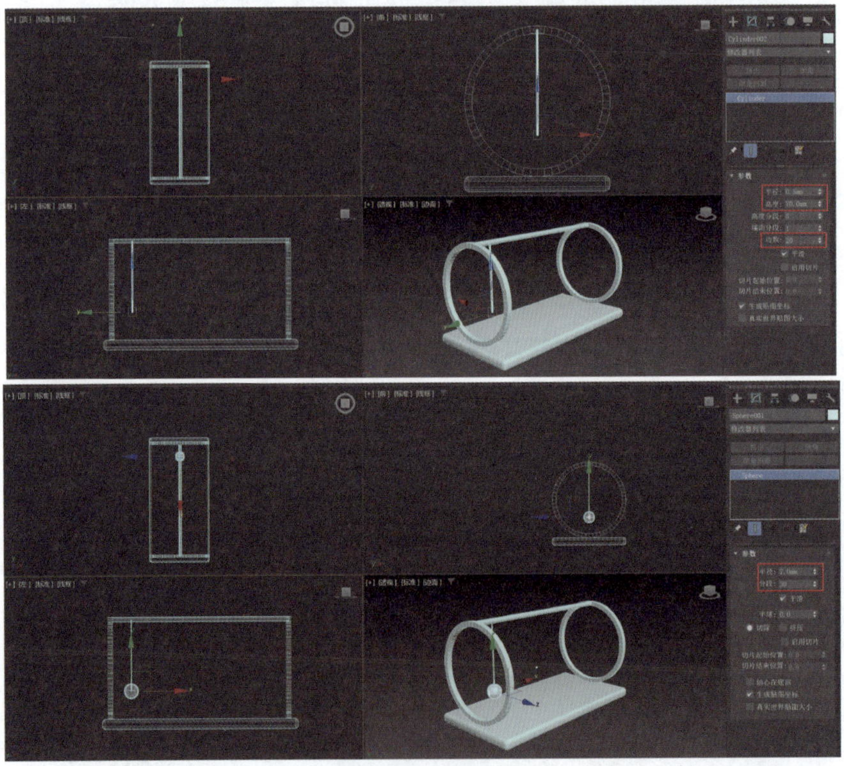

图 2-1-10　绳摆

➢ Step 6：左视图选择“绳和球”，按住【Shift】键，控制好间距，以“实例”的形式克隆数量为 7，如图 2-1-11 所示。

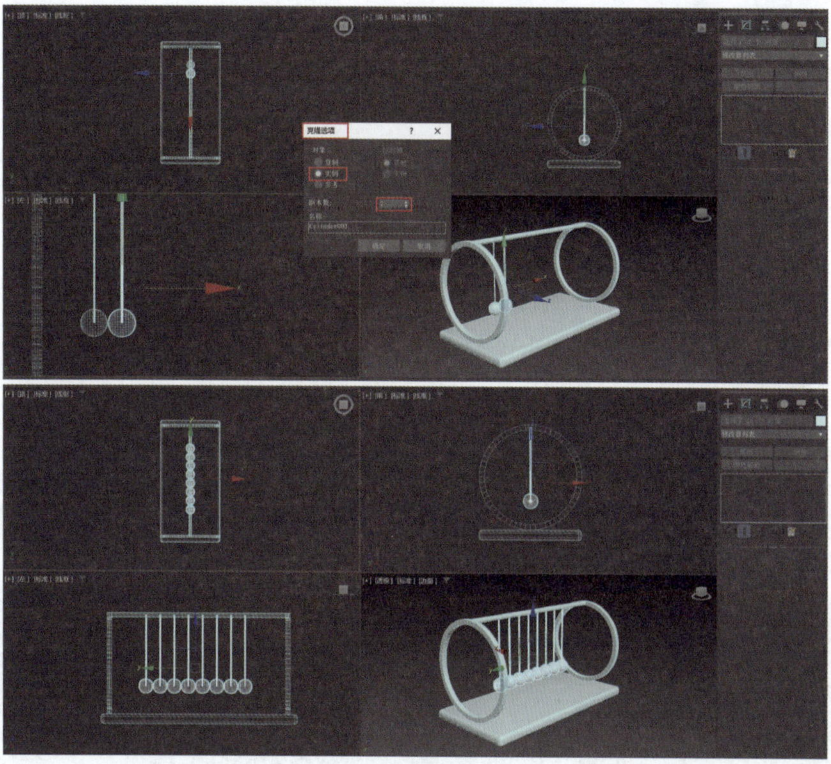

图 2-1-11 “实例”克隆

➢ Step 7: 在左视图选择最右边的一组绳和球，利用旋转工具（快捷键【E】键），将摆球旋转至如图 2-1-12 所示位置。

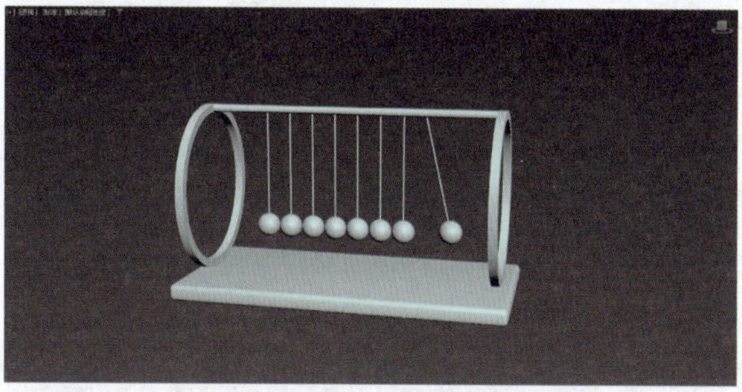

图 2-1-12 牛顿摆球模型

任务 2 时尚圆桌模型制作

任务介绍

本任务学习 3ds Max 软件移动、旋转、缩放工具的应用技巧，通过圆桌模型制作强化移动、旋转、缩放工具的应用。

视频

移动、旋转、缩放工具

任务导入

观看微课视频进行移动、旋转、缩放工具的课前探究学习，了解移动、旋转、缩放工具的使用。

相关知识

1. “选择并移动”工具

“选择并移动”工具（快捷键为【W】键），主要用来选择并移动对象，其选择对象的方法与“选择对象”工具相同。使用“选择并移动”工具可以将选中的对象移动到任意位置。当使用该工具选择对象时，视图中会显示出坐标移动控制器，在默认的四视图中只有透视图显示的是 x、y、z 这三个轴向，而其他三个视图中只显示其中的某两个轴向，如图 2-1-13 所示。

若想要在多个轴向上移动对象，可以将光标放在轴向的中间，拖动鼠标；如果想在单个轴向上移动对象，可以将光标放在这个轴向上，拖动鼠标，如图 2-1-14 所示。

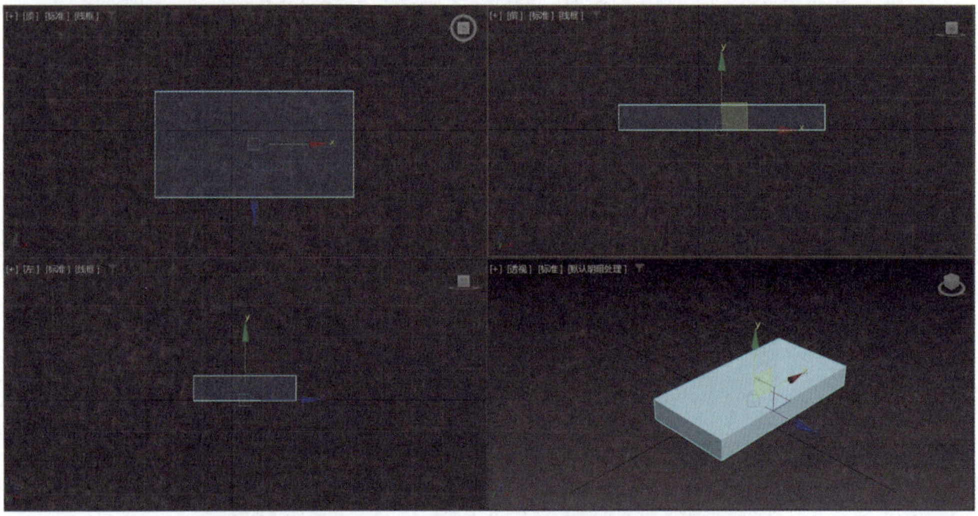

图 2-1-13 “选择并移动”工具

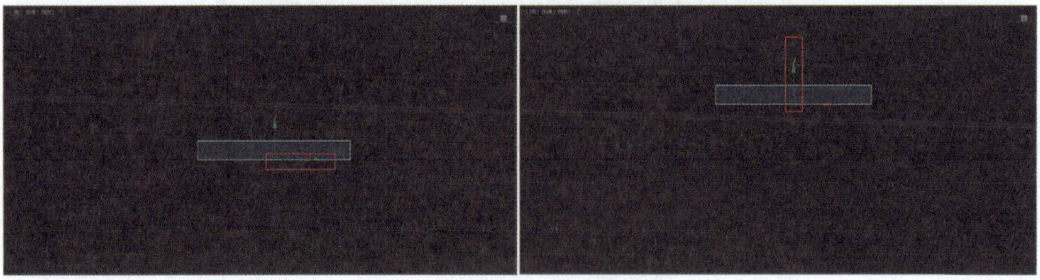

图 2-1-14 单轴向选择并移动

2. “旋转”工具

“旋转”工具：单击“选择并旋转”按钮，选择一个物体，这时对象上会出现一个方向轮，任意拖动代表一个轴的圆环，即可使对象绕该轴心旋转，同时会显示出旋转方向和角度，如图 2-1-15 所示。旋转坐标变换对话框中的坐标值是按角度计算的，在相应的坐标轴中输入一定的数值，就可以准确地旋转物体。

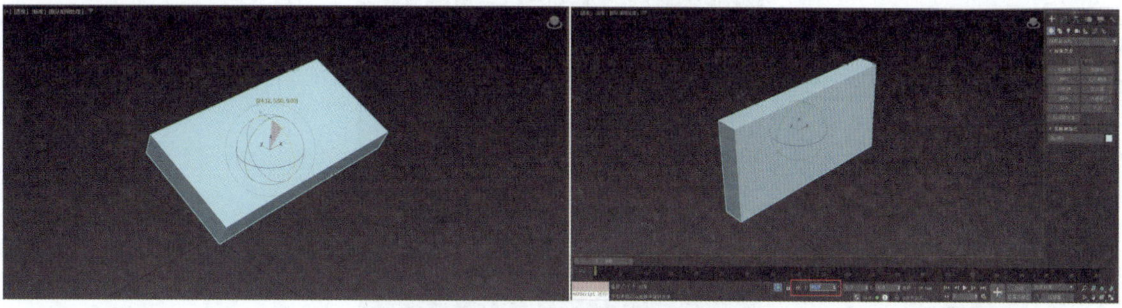

图 2-1-15 “旋转”工具

3.“缩放”工具

“缩放”工具（快捷键为【R】键），物体的缩放方式有三种：均匀缩放、非均匀缩放、等体积缩放。

①均匀缩放：在三个轴上均匀缩放，只改变物体的体积，不改变形状。

②非均匀缩放：在锁定的坐标轴上缩放，物体的体积和形状都发生改变。

③等体积缩放：在锁定的坐标轴上挤压变形，物体形状改变但体积不变。

单击“均匀缩放”按钮，选择一个物体，对象的坐标轴之间会出现两个三角形区域，选中内侧的三角形，画面中选中区域显示黄色，这时按住左键拖动鼠标，则物体进行均匀缩放；鼠标选中外侧三角形或坐标轴时，按住左键拖动鼠标，则物体进行非均匀缩放，如图 2-1-16 所示。

图 2-1-16 “缩放”工具

视 频

圆桌模型制作

任务实施

1. 任务实施分析

移动、旋转、缩放工具——时尚圆桌模型制作流程及任务分析见表 2-1-2。

表 2-1-2　模型制作流程及任务分析

序号	名称	绘制效果	所用工具及要点说明
1	绘制桌面结构（见图 2-1-17）	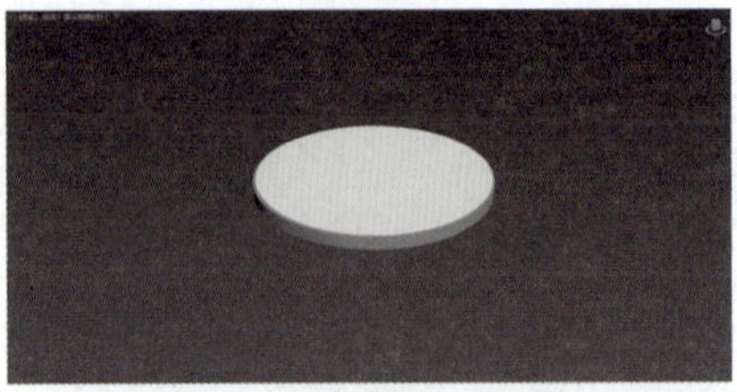 图 2-1-17　桌面结构	创建圆柱体
2	绘制腿部支撑（见图 2-1-18）	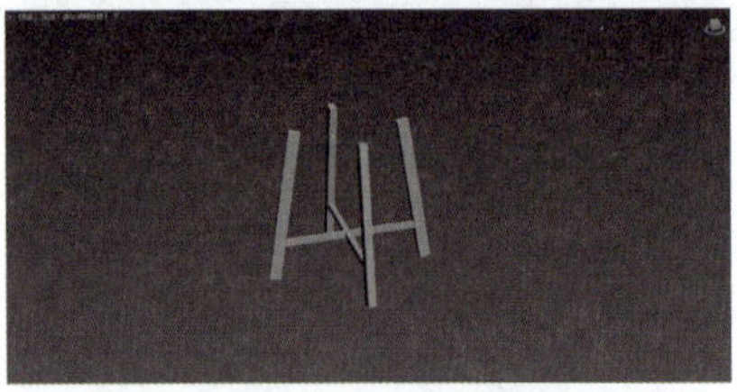 图 2-1-18　腿部支撑	1. 创建长方体 2. “旋转”工具 3. “缩放”工具
3	完成圆桌模型（见图 2-1-19）	 图 2-1-19　圆桌模型	—

2. 任务实施步骤

➢ Step 1：单击“创建”→“几何体”→“标准基本体”→“圆柱体”按钮，在透视图中创建圆柱体，在“参数”卷展栏中设置“半径”为 500.0 mm、“高度”为 50.0 mm、“边数”为 80，如图 2-1-20 所示。

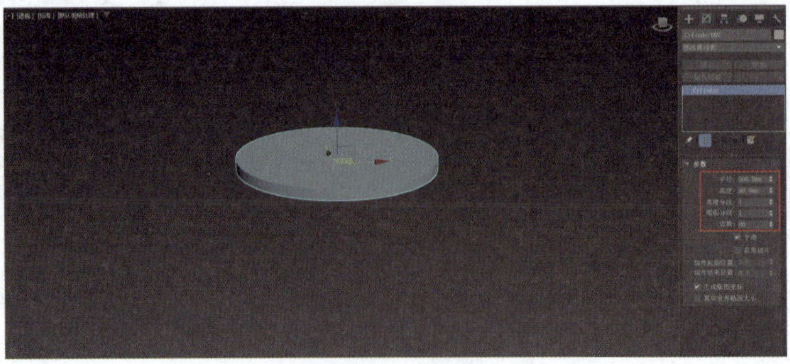

图 2-1-20　桌面

➢ Step 2：单击“创建”→“几何体”→“标准基本体”→“圆柱体”按钮，在透视图中继续创建圆柱体，在“参数”卷展栏中设置“半径”为 490.0 mm、“高度”为 5.0 mm、“边数”为 80，并移动至相应的位置，如图 2-1-21 所示。

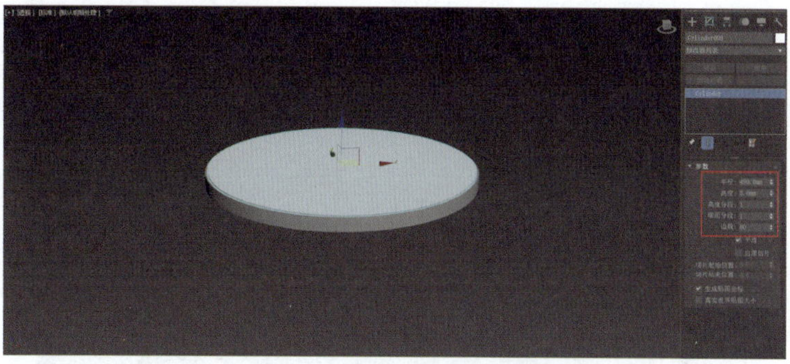

图 2-1-21 饰面

➢ Step 3：单击“创建”→“几何体”→“标准基本体”→“长方体”按钮，在顶视图中创建长方体，在“参数”卷展栏中设置“长度”为 40.0 mm、“宽度”为 60.0 mm，“高度”为 800.0 mm，并执行“旋转”命令，在前视图 Y 轴旋转 10°，移动到桌面下合适的位置，如图 2-1-22 所示。

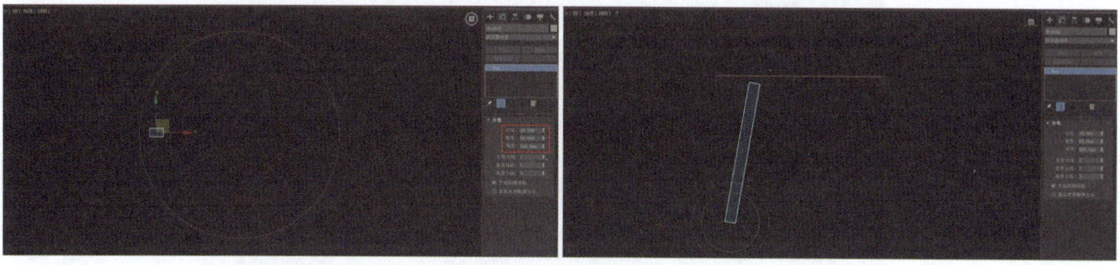

图 2-1-22 桌腿

➢ Step 4：继续上一步桌腿的参数，设置“长度”为 40.0 mm、“宽度”为 60.0 mm、“高度”为 800.0 mm，在顶视图创建桌腿，选择该桌腿，在前视图 Y 轴旋转 −10° 并放置在桌面下相应的位置，如图 2-1-23 所示。

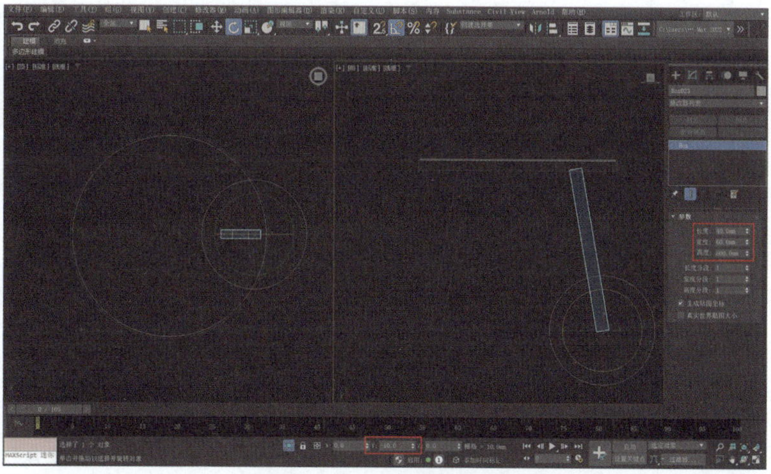

图 2-1-23 再次创建桌腿

➢ Step 5：单击“创建”→“几何体”→“标准基本体”→“长方体”按钮，在顶视图中创建长方体，在“参数”卷展栏中设置“长度”为 60.0 mm、“宽度”为 40.0 mm、“高度”为 800.0 mm，并在左视图 X 轴旋转 10° /−10°，放置在桌面下相应的位置，如图 2-1-24 所示。

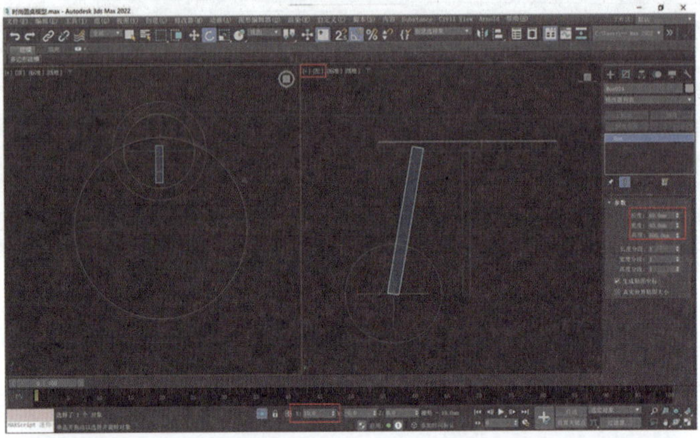

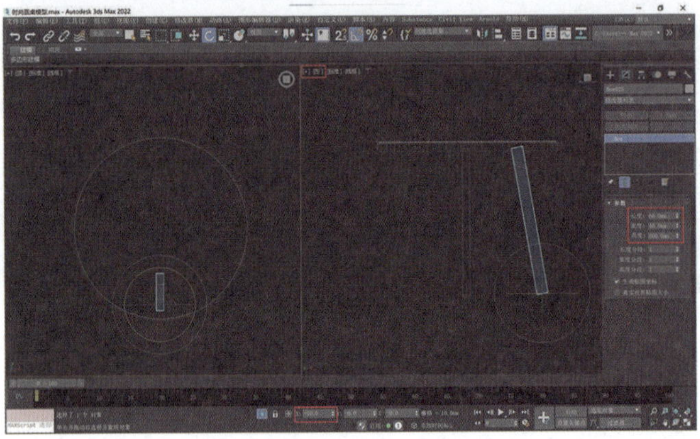

图 2-1-24　继续创建桌腿

➢ Step 6：单击“创建”→“几何体”→“长方体”按钮，在顶视图中创建桌腿交叉横梁，在“参数”卷展栏中设置“长度”为 30.0 mm、“宽度”为 750.0 mm、“高度”为 30.0 mm，并在透视图“Z 轴”方向上移动，放置在桌腿相应的位置，如图 2-1-25 所示。

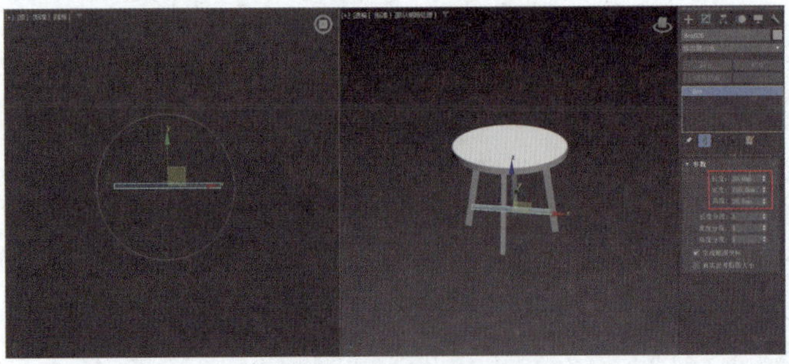

图 2-1-25　横梁

➢ Step 7：单击“创建”→“几何体”→“长方体”按钮，在顶视图中继续创建桌腿交叉横梁，在“参数”卷展栏中设置“长度”为 750.0 mm、“宽度”为 30.0 mm、“高度”为 30.0 mm，并在透视图“Z 轴”方向上移动，放置在桌腿相应的位置，如图 2-1-26 所示。

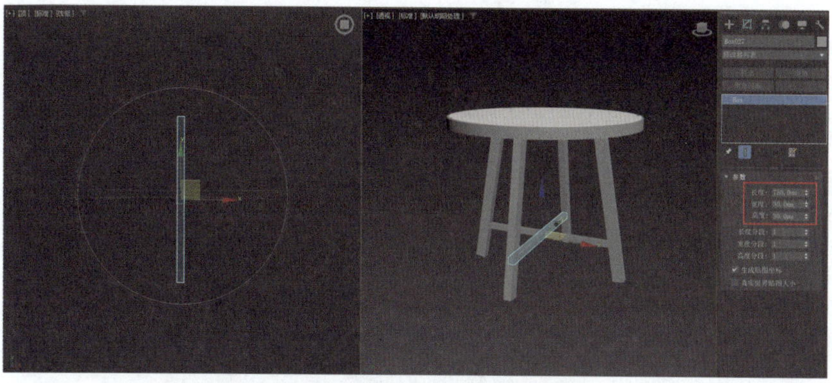

图 2-1-26　交叉横梁

➢ Step 8：对桌面、桌腿、交叉横梁之间的连接结构进行细节调整，圆桌模型就创建完成了，如图 2-1-27 所示。

图 2-1-27　圆桌模型

任务 3　茶几模型制作

视 频

克隆、镜像工具

任务介绍

本任务学习 3ds Max 软件克隆、镜像工具的应用技巧，通过茶几模型制作强化克隆、镜像工具的应用。

任务导入

观看微课视频进行克隆、镜像工具的课前探究学习，了解克隆、镜像工具的使用方法。

相关知识

1. 克隆工具

在移动物体的同时复制出另一个同样的物体。单击“选择并移动”按钮，按住【Shift】键，在视图中选择并拖动一个物体，弹出“克隆选项”对话框，修改参数，单击“确定”按钮，物体即被克隆，同时所有克隆物体之间的距离都与原拖动的距离相同，如图 2-1-28 所示。

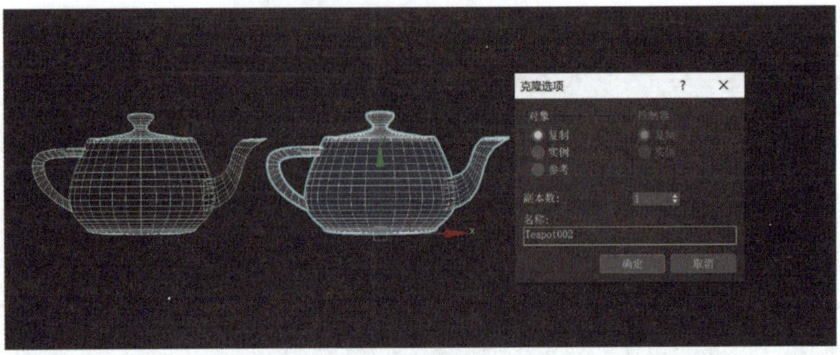

图 2-1-28 “克隆选项”对话框

①对象。

◆复制：选择“复制”方式产生的克隆物体与原物体之间没有任何关系。

◆实例：选择“实例”方式产生的克隆物体不是独立的个体，修改原物体或克隆出的物体中的任意一个，其他物体都会同时发生同样的变化。

◆参考：选择“参考”方式产生的克隆物体也不是独立的个体，但它与实例方式不同。修改原物体时克隆物体会发生变化，而修改克隆物体时原物体不会随之变化。

②副本数：设置要复制出的物体数量。

注意：克隆工具不仅可以配合移动工具使用，也可以与旋转工具、缩放工具配合使用。

2. 镜像工具

镜像工具简单理解为镜子成像效果，使用镜像工具可以围绕一个轴心镜像出一个或多个副本对象。选中要镜像的物体，单击镜像工具可以打开“镜像：屏幕 坐标”对话框，设置参数后单击“确定”按钮，物体即被镜像出来，如图 2-1-29 所示。

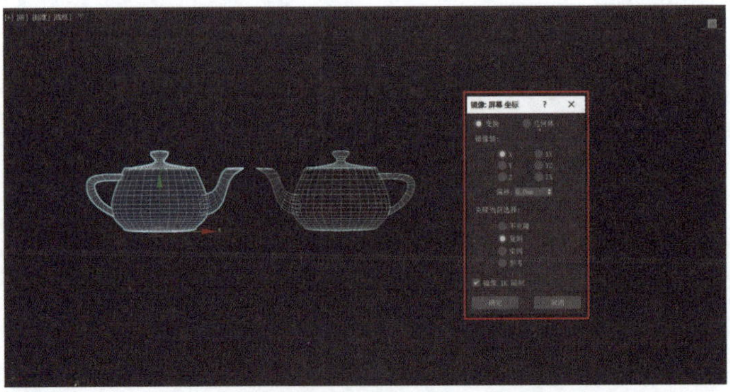

图 2-1-29 “镜像：屏幕 坐标”对话框

①镜像轴：控制镜像的方向。

②偏移：控制初始对象和镜像对象的距离。

③复制：镜像复制一个对象出来。

④实例：镜像复制一个对象，对其中一个对象进行编辑，另一个对象也会发生相同变化。

⑤参考：指复制出来的那个对象不能做任何改变，只能参考。

视 频

茶几模型制作

任务实施

1. 任务实施分析

克隆、镜像工具——茶几模型制作流程及任务分析见表 2-1-3。

表 2-1-3　模型制作流程及任务分析

序号	名称	绘制效果	所用工具及要点说明
1	绘制茶几桌面（见图 2-1-30）	 图 2-1-30　茶几桌面	长方体
2	绘制茶几支撑结构（见图 2-1-31）	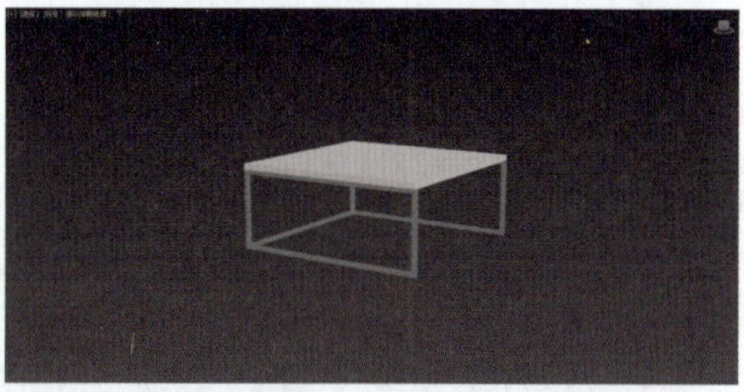 图 2-1-31　茶几支撑结构	1. 长方体 2. “克隆”工具 3. “旋转”工具（注意旋转角度） 4. “镜像”工具
3	绘制小茶几（见图 2-1-32）	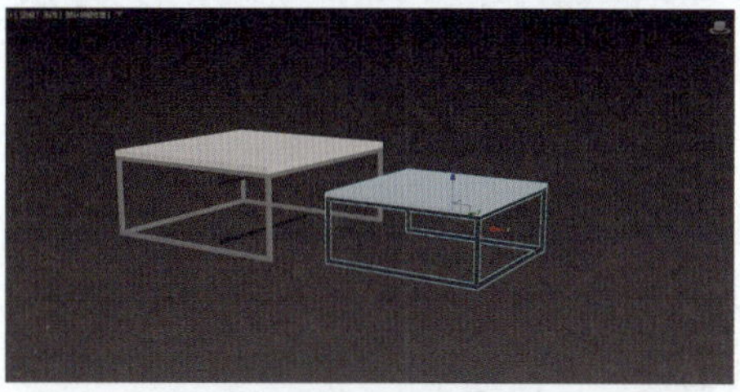 图 2-1-32　小茶几	1. “克隆”工具 2. “缩放”工具
4	完成茶几组合模型（见图 2-1-33）	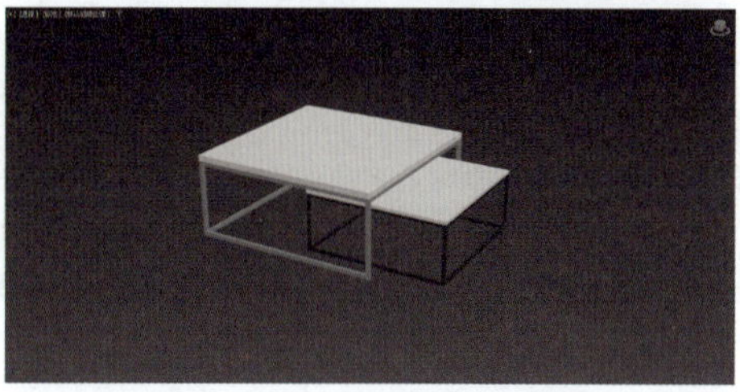 图 2-1-33　茶几组合模型	—

2. 任务实施步骤

➢ Step 1：选择“创建”→“几何体”→“标准基本体”→“长方体”按钮，在透视图中创建长方体，在“参数”卷展栏中设置“长度”为 1 000.0 mm、“宽度”为 1 000.0 mm、“高度”为 30.0 mm，如图 2-1-34 所示。

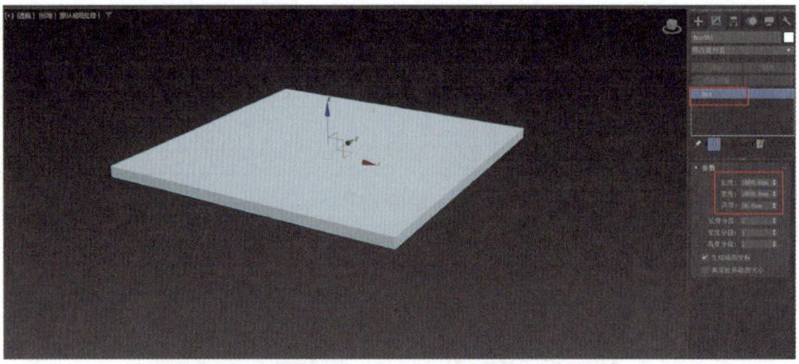

图 2-1-34　茶几桌面

➢ Step 2：继续选择“长方体”按钮，在透视图中创建长方体，在“参数”卷展栏中设置“长度”为 20.0 mm、“宽度”为 1 000.0 mm、“高度”为 20.0 mm，选择“选择并移动”按钮，按住【Shift】键，在视图中选择并拖动长方体，弹出“克隆选项”对话框，以“实例”的形式克隆 1 个，单击“确定”按钮，如图 2-1-35 所示。

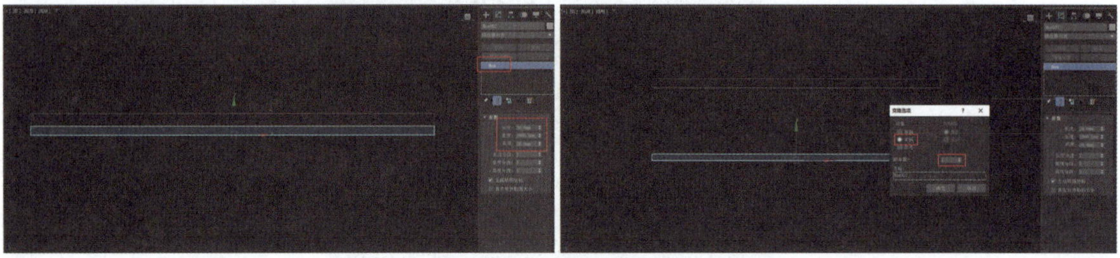

图 2-1-35　支撑杆

➢ Step 3：在前视图选择已经创建的 2 个“长方体”，按住【Shift】键，在视图中选择并拖动长方体，弹出“克隆选项”对话框，以“复制”的形式克隆 1 组，单击“确定”按钮，再次执行“旋转”命令，沿 Y 轴旋转 90°，修改面板，将长方体“宽度”修改为 400.0 mm，并将它们放置于桌子的腿部位置，如图 2-1-36 所示。

图 2-1-36　支撑结构组合

➢ Step 4：在顶视图选择已经创建好的桌腿一侧框架放于桌子一侧，选择工具栏“镜像”工具，弹出“克隆选项”对话框，以“复制”的形式克隆 1 组，单击“确定”按钮，再次执行“旋转”

命令，沿 Y 轴旋转 90°，修改面板，将长方体“宽度”修改为 400.0 mm，并将它们放置于桌子的腿部位置，如图 2-1-37 所示。

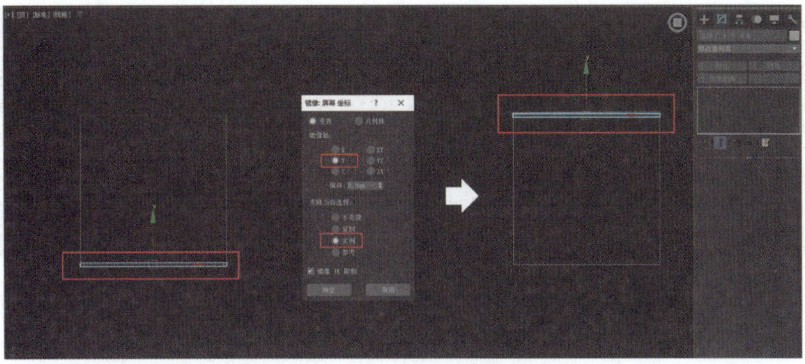

图 2-1-37　另一侧支撑结构组合

➢ Step 5：在左视图创建长方体，参数设置如下：“长度”为 20.0 mm，“宽度”为 960.0 mm，“高度”为 20.0 mm。将其移动至图示位置，如图 2-1-38 所示。在左视图选择该长方体，按住【Shift】键，在视图中选择并拖动长方体，弹出“克隆选项”对话框，以“实例”的形式克隆 1 个，单击“确定”按钮，并放置相应位置；再在顶视图选择该长方体，按住【Shift】键，在视图中选择并拖动长方体，弹出“克隆选项”对话框，以“实例”的形式克隆 1 个，单击“确定”按钮，并放置相应位置，如图 2-1-39 所示。

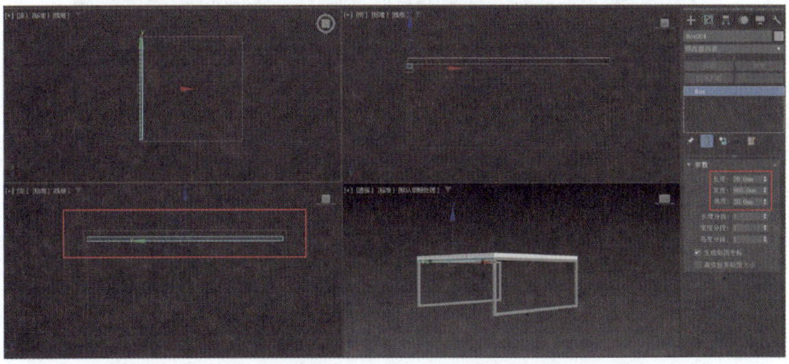

图 2-1-38　上部横称

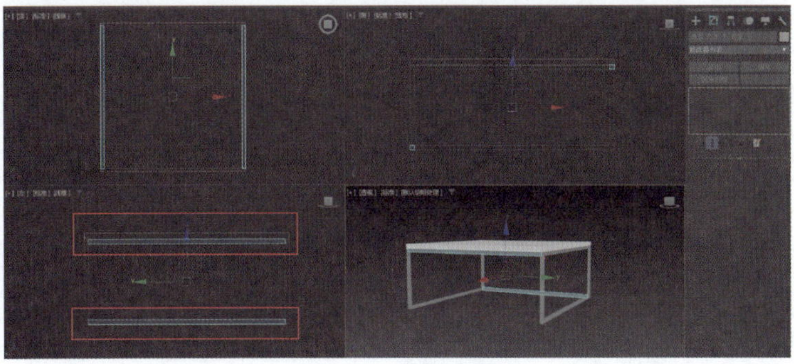

图 2-1-39　底部横称

➢ Step 6：在透视图选择已经创建好的大茶几，以“复制”的形式克隆一个，选择“缩放”工具（选择并均匀缩放），创建小茶几，给其添加一条底部横称，如图 2-1-40 所示。

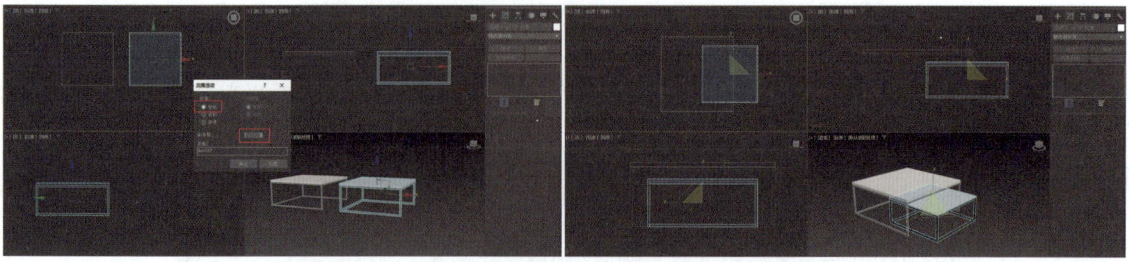

图 2-1-40　小茶几

➢ Step 7：在顶视图将大小茶几摆放至合适的叠放位置，前视图放置于同一水平面上，如图 2-1-41 所示。

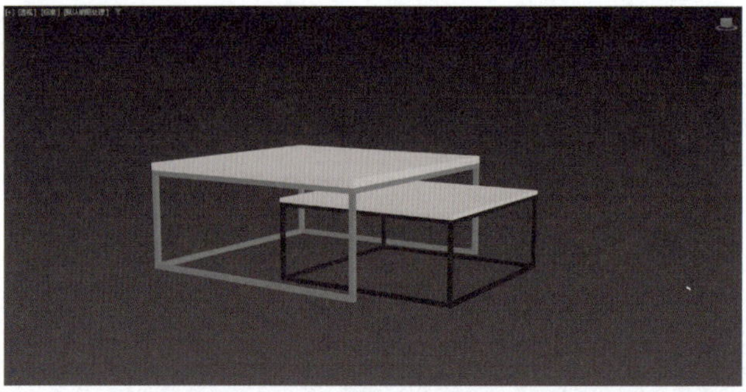

图 2-1-41　茶几组合

任务 4　书桌模型制作

视 频

对齐工具

任务介绍

本任务学习 3ds Max 软件对齐工具的应用技巧，通过书桌模型制作强化对齐工具的应用。

任务导入

观看微课视频进行对齐工具的课前探究学习，了解对齐工具的使用方法。

相关知识

在室内效果图设计中，对齐操作是使用频率非常高的一种操作。在“对齐”工具上按住鼠标左键，系统会弹出下拉工具，包括“对齐”工具、“快速对齐”工具、“法线对齐”工具、“放置高光”工具、“对齐摄影机”工具和“对齐到视图”工具六种对齐工具，如图 2-1-42 所示。其中“对齐”工具和“快速对齐”工具最为常用。

选择一个对象，然后单击“对齐”工具，这时鼠标的图标会变成对齐图标，然后单击需要对齐的目标对象，系统会打开“对齐当前选择”对话框，如图 2-1-43 所示。在该对话框中，有“对齐位置”“对齐方向”和“匹配比例”供大家选择。

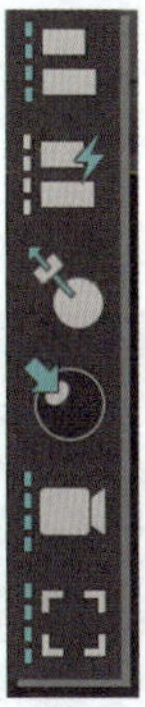

图 2-1-42　“对齐”工具

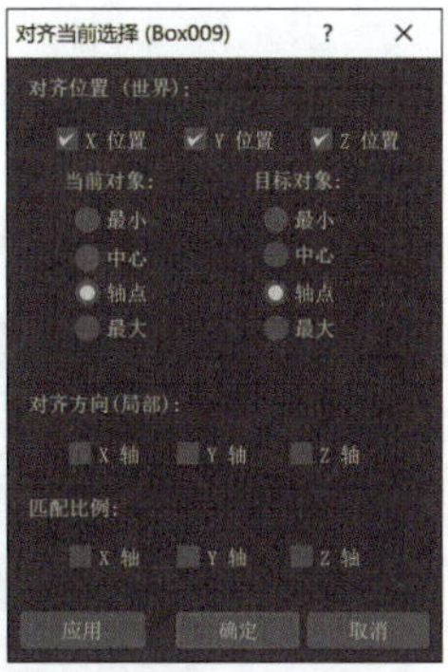

图 2-1-43　“对齐当前选择”对话框

（1）对齐方式

①对齐：（快键为【Alt+A】）可以将当前选定对象与目标对象进行对齐。

②快速对齐：（快捷键为【Shift+A】）可以立即将当前选择对象的位置与目标对象的位置进行对齐。如果当前选择的是单个对象，那么“快速对齐”需要使用到两个对象的轴；如果当前选择的是多个对象或多个子对象，使用“快速对齐”可以将选中对象的选择中心对齐到目标对象的轴。

③法线对齐：（快捷键为【Alt+N】）基于每个对象的面或是以选择的法线方向来对齐两个对象。要选择对齐的对象，单击对象上的面，单击第二个对象上的面，释放鼠标后就可以打开“法线对齐”对话框。

④放置高光：（快捷键为【Ctrl+H】）可以将灯光或对象对齐到另一个对象，以便精确定位其高光或反射。在“放置高光”模式下，可以在任一视图中单击并拖动光标。

⑤对齐摄影机：使用该工具可以将摄影机与选定的面法线进行对齐。该工具的工作原理与“放置高光”工具圈类似。不同的是，它是在面法线上进行操作，而不是入射角，并在释放鼠标时完成，而不是在拖动鼠标期间完成。

⑥对齐到视图：使用该工具可以将对象或子对象的局部轴与当前视图进行对齐。该工具适用于任何可变换的选择对象。

（2）对齐参数

① X/Y/Z 位置：指定要在其上执行对齐的一个或多个轴。启用所有三个选项可以将该对象移动到目标对象位置。

②最小：将具有最小 X、Y 和 Z 值的对象边界框上的点与另一个对象上选定的点对齐。

③中心：将对象边界框的中心与另一个对象上的选定点对齐。

④轴点：将对象的轴点与另一个对象上的选定点对齐。

⑤最大：将具有最大 X、Y 和 Z 值的对象边界框上的点与另一个对象上的选定点对齐。

⑥对齐方向（局部）：包括 X、Y 和 Z 轴三个选项，主要用来设置选择对象与目标对象是以哪个坐标轴进行对齐。

⑦匹配比例：包括 X、Y 和 Z 轴三个选项，可以匹配两个选定对象之间的缩放轴的值，该操作仅对变换输入中显示的缩放值进行匹配。

视 频

书桌模型制作

任务实施

1. 任务实施分析

对齐工具——书桌模型制作流程及任务分析见表 2-1-4。

表 2-1-4 模型制作流程及任务分析

序号	名称	绘制效果	所用工具及要点说明
1	绘制桌面结构（见图 2-1-44）	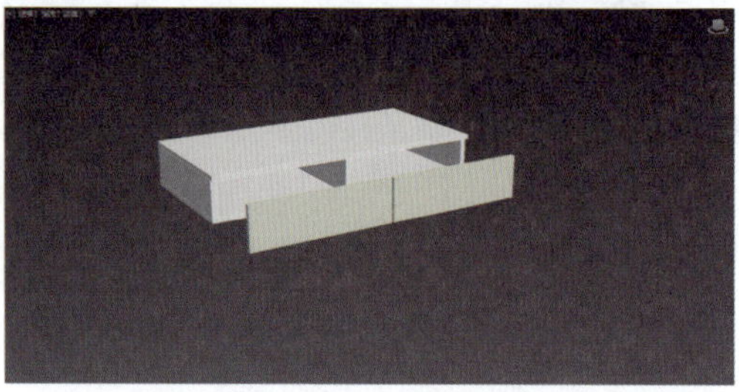 图 2-1-44 桌面结构	1. 切角长方体 2. 长方体 3. “对齐”工具
2	绘制桌腿（见图 2-1-45）	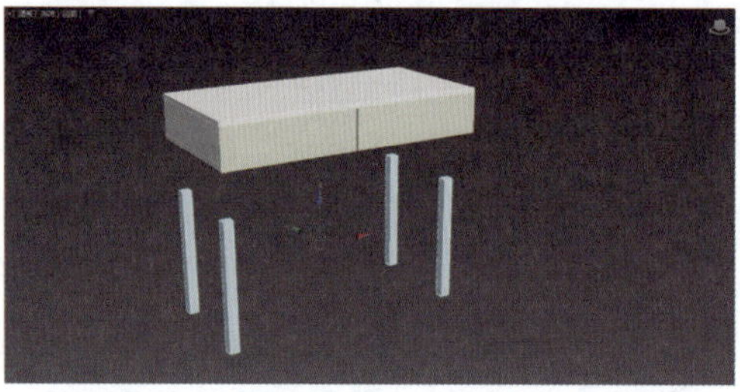 图 2-1-45 桌腿	长方体
3	绘制书架结构（见图 2-1-46）	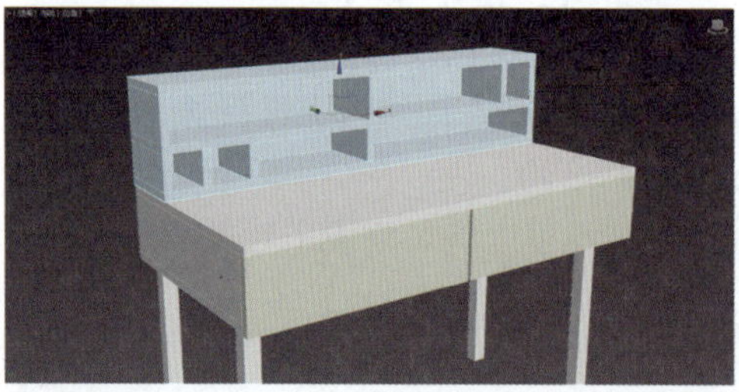 图 2-1-46 书架	1. 长方体 2. “移动对齐”命令
4	完成书桌模型（见图 2-1-47）	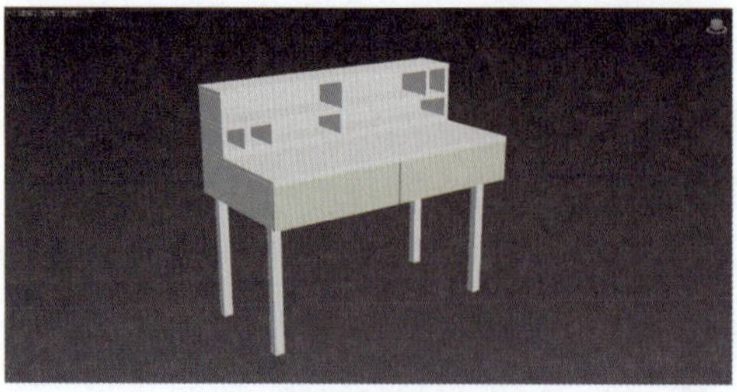 图 2-1-47 书桌模型	—

2. 任务实施步骤

➢ Step 1：单击“创建”→“几何体”→“扩展基本体”→“切角长方体”按钮，在透视图中创建切角长方体，在“参数”卷展栏中设置“长度”为 600.0 mm、“宽度”为 1 200.0 mm、“高度”为 20.0 mm，如图 2-1-48 所示。

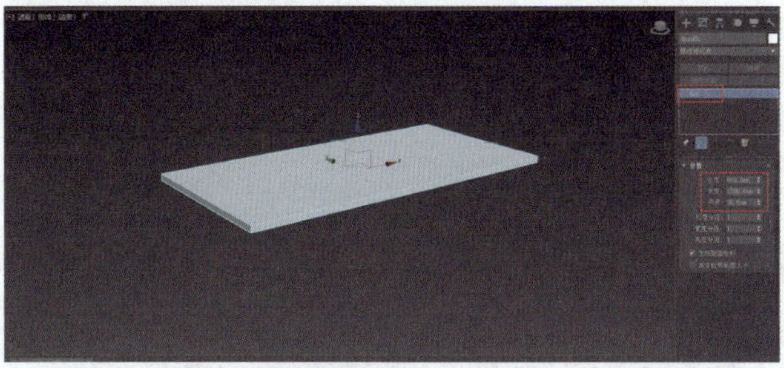

图 2-1-48　书桌桌面

➢ Step 2：选择“长方体”按钮，在透视图中创建长方体，在“参数”卷展栏中设置“长度”为 580.0 mm、“宽度”为 1 200.0 mm、“高度”为 20.0 mm，桌面 X 、Y 和 Z 轴当前对象“中心”与目标对象“中心”对齐，其次在顶视图选择抽屉底面与桌面执行 X 轴当前对象“最小”与目标对象“最小”对齐，如图 2-1-49 所示。

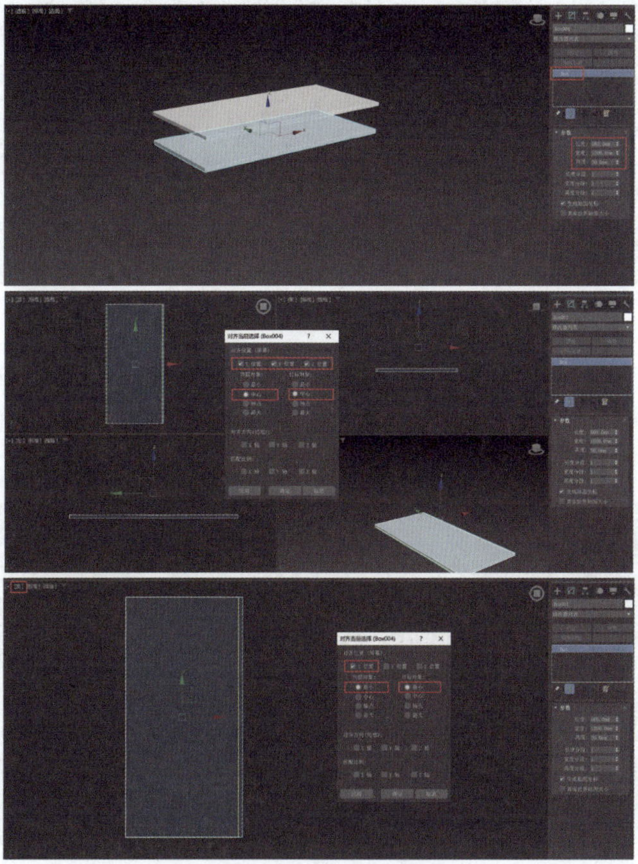

图 2-1-49　抽屉底板

➢ Step 3：在前视图选择“抽屉底板”，在工具栏右击“选择并移动”按钮，弹出“移动变换输入”对话框，在 Y 轴偏移“-150 mm”，如图 2-1-50 所示。

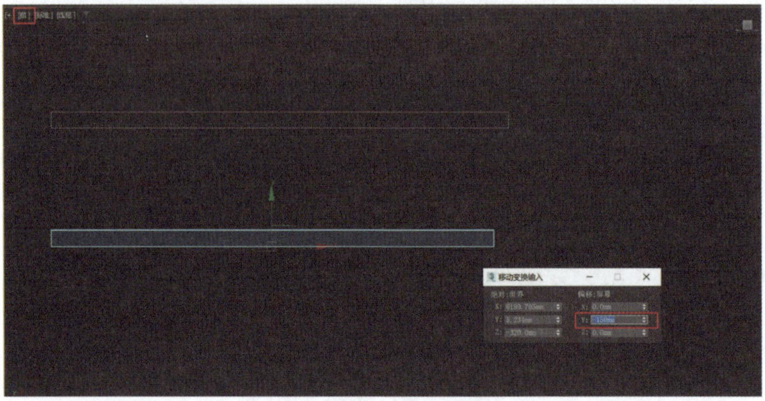

图 2-1-50 移动抽屉底板

➢ Step 4：在左视图绘制“抽屉背板”，选择标准基本体“长方体”按钮，创建“长度”为 150.0 mm、“宽度”为 1 160.0 mm、“高度”为 20.0 mm 的背板并移动到抽屉背面对齐，如图 2-1-51 所示。

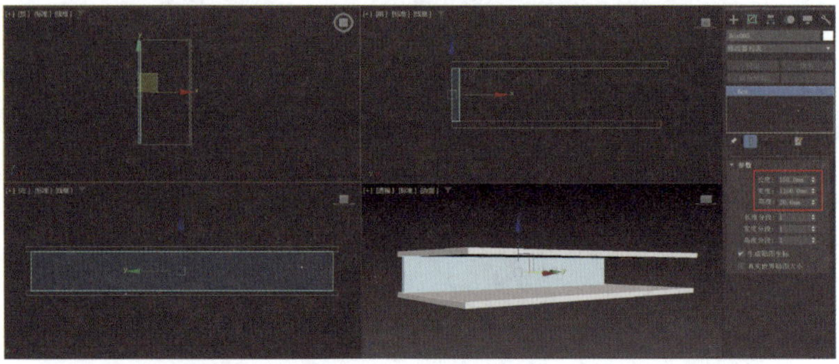

图 2-1-51 抽屉背板

➢ Step 5：在前视图绘制“抽屉侧板”，选择标准基本体“长方体”按钮，创建“长度”为 150.0 mm、“宽度”为 580.0 mm，“高度”为 20.0 mm 的侧板并移动到抽屉侧边对齐，并以“实例”克隆出 2 个放置于中间挡板与侧板，如图 2-1-52 所示。

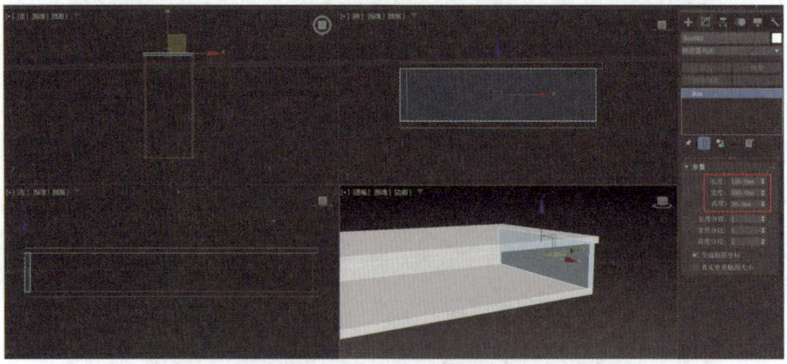

图 2-1-52 抽屉侧板

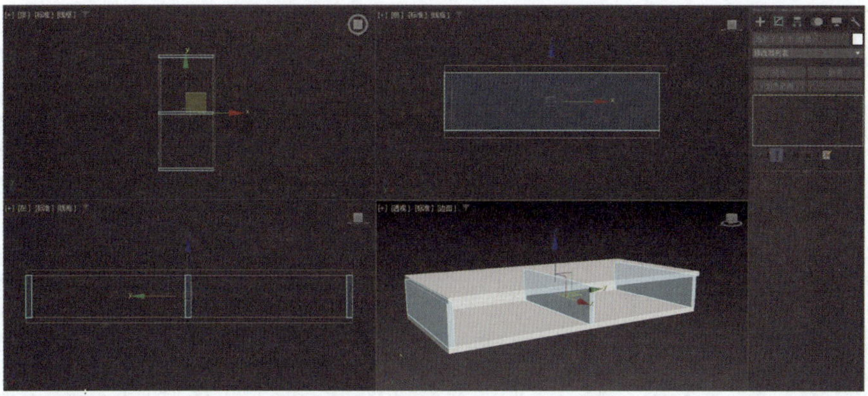

图 2-1-52 抽屉侧板（续）

➢ Step 6：在左视图绘制“抽屉面板”，选择标准基本体“长方体”按钮，创建“长度”为 175.0 mm、“宽度”为 595.0 mm、“高度”为 20.0 mm 的面板并移动到抽屉侧边对齐，并以“实例”克隆出 1 个放置于另一边，如图 2-1-53 所示。

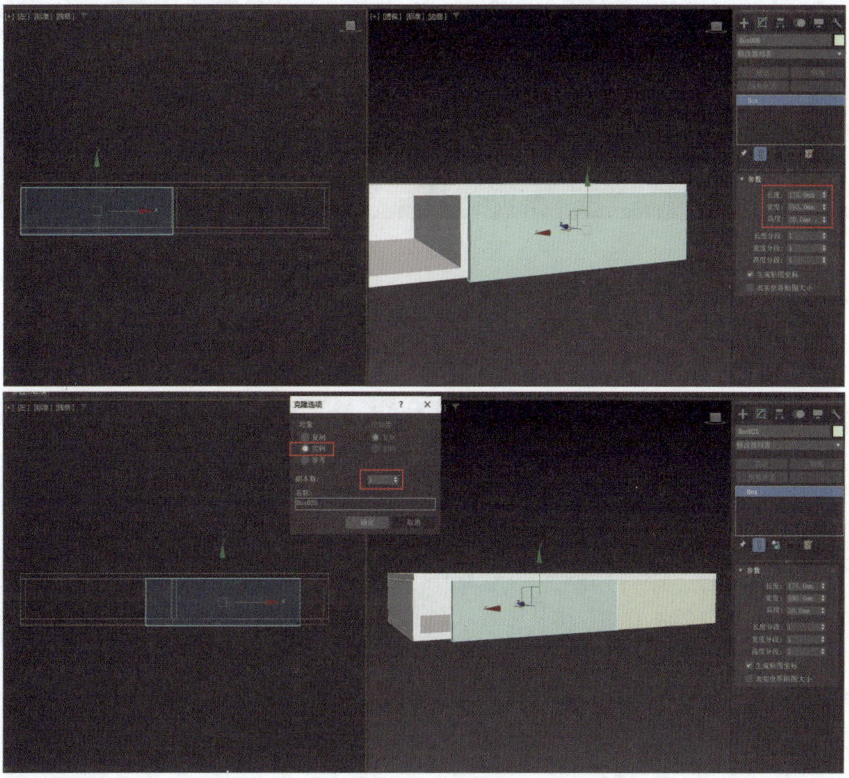

图 2-1-53 抽屉面板

➢ Step 7：在透视图绘制“桌腿”，选择标准基本体“长方体”按钮，创建“长度”为 40.0 mm、“宽度”为 40.0 mm、“高度”为 560.0 mm 的桌腿并与抽屉底板对齐，以“实例”克隆出 3 个放于合适的位置，如图 2-1-54 所示。

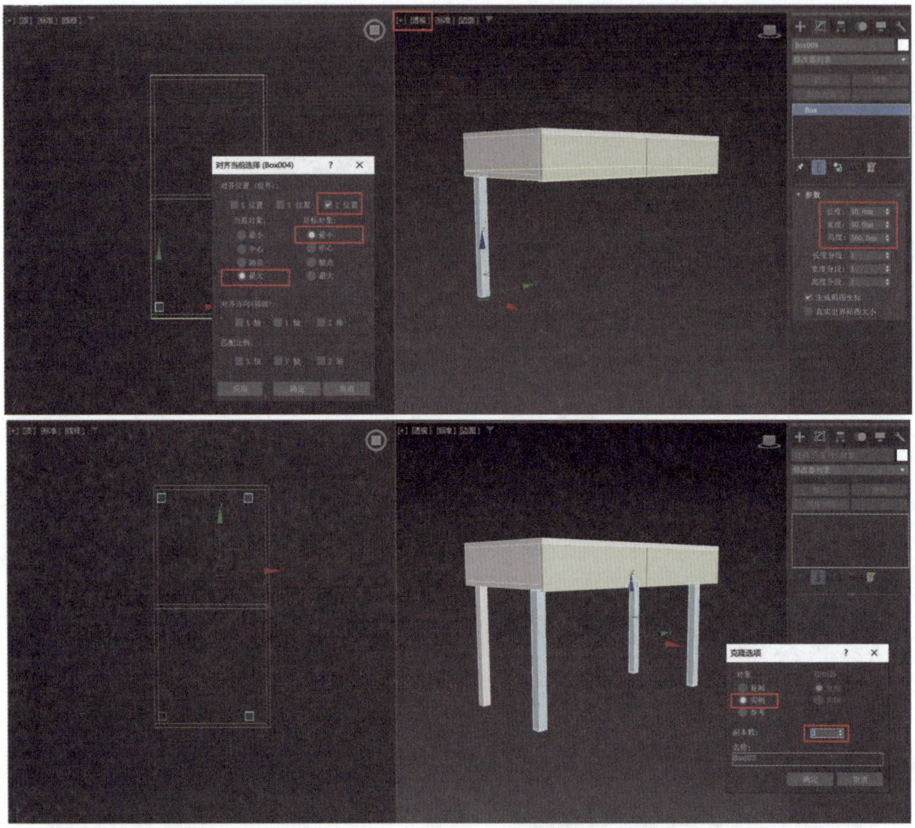

图 2-1-54　桌腿

➢ Step 8：在左视图绘制“书架背板”，选择标准基本体“长方体”按钮，创建“长度”为 400.0 mm、“宽度”为 1 200.0 mm、“高度”为 20.0 mm 的书架背板并与桌面板对齐，如图 2-1-55 所示。

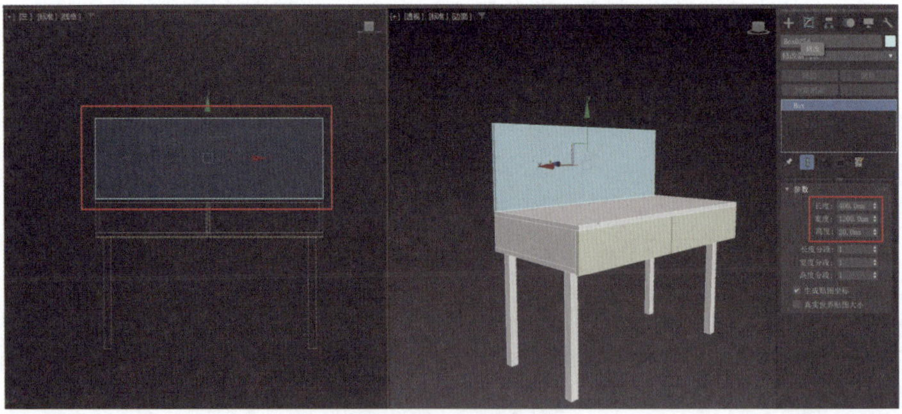

图 2-1-55　书架背板

➢ Step 9：在前视图绘制“书架侧板”，选择标准基本体“长方体”按钮，创建“长度”为 400.0 mm、“宽度”为 180.0 mm、“高度”为 20.0 mm 的书架侧板并与桌面板和书架背板对齐，如图 2-1-56 所示。

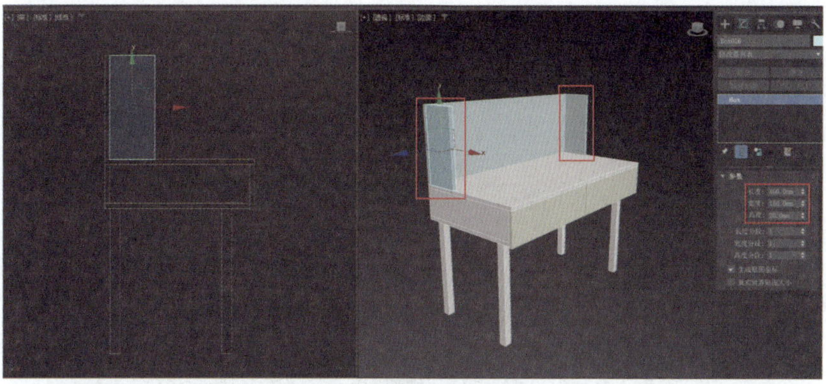

图 2-1-56　书架侧板

➢ Step 10：在顶视图绘制“书架底板”，选择标准基本体“长方体”按钮，创建“长度”为 1 160.0 mm、“宽度”为 180.0 mm、“高度”为 20.0 mm 的书架底板并与桌面板和书架背板对齐。在透视图选择书架底板 Z 轴方向，向上克隆出 2 个放置于合适的位置，如图 2-1-57 所示。

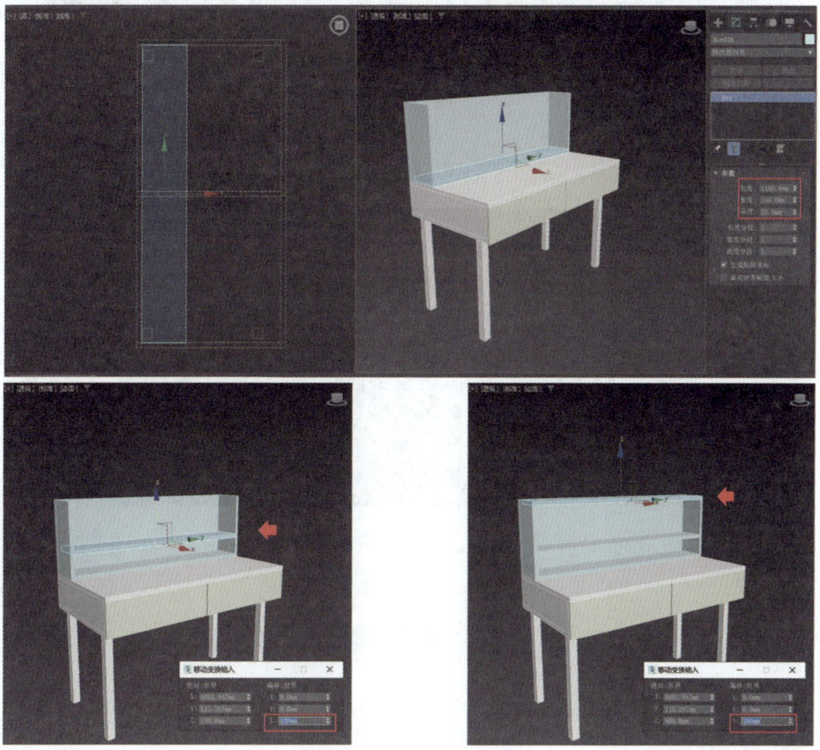

图 2-1-57　书架底板

➢ Step 11：在顶视图绘制“书架隔板”，选择标准基本体“长方体”按钮，在前视图创建“长度”为 110.0 mm、“宽度”为 180.0 mm、“高度”为 20.0 mm 的书架竖向隔板并放置于书架合适位置。在顶视图创建“长度”为 690.0 mm、“宽度”为 180.0 mm、“高度”为 20.0 mm 的书架横向隔板，放置于书架合适位置，如图 2-1-58 所示。

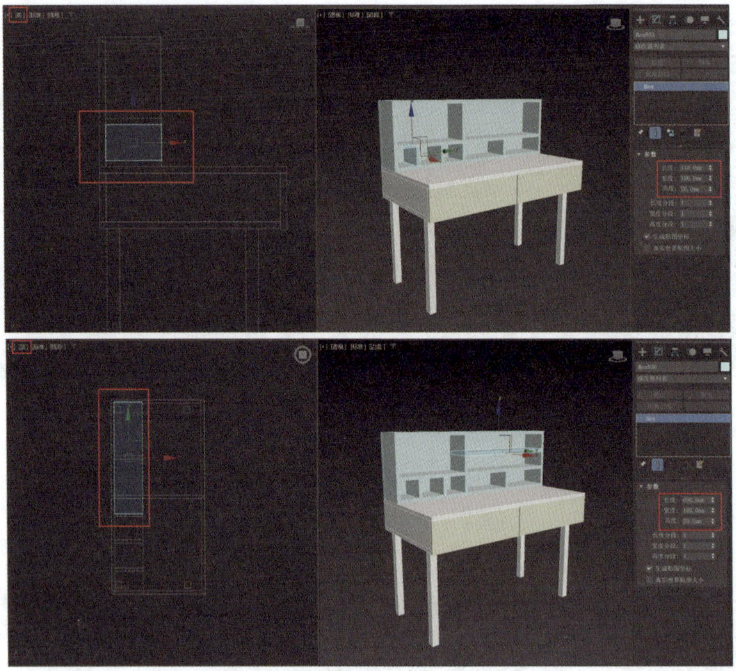

图 2-1-58　书架隔板

➢ Step 12：书桌模型绘制完成，如图 2-1-59 所示。

图 2-1-59　书桌模型

任务 5　书柜模型制作

视 频

捕捉工具

任务介绍

本项目学习 3ds Max 软件捕捉工具的应用技巧，通过书柜模型制作强化捕捉工具的应用。

任务导入

观看微课视频进行捕捉工具的课前探究学习，了解捕捉工具的使用方法。

相关知识

1.“捕捉开关”工具

“捕捉开关”工具（快捷键为【S】键）包含“2D 捕捉”工具、“2.5D 捕捉”工具、“3D 捕捉”工具三种，如图 2-1-60 所示。

① 2D 捕捉：主要用于捕捉活动的栅格。

② 2.5D 捕捉：主要用于捕捉结构或捕捉根据网格得到的几何体。

③ 3D 捕捉：可以捕捉 3D 空间中的任何位置。

提示：在“捕捉开关”工具上右击，可以打开“栅格和捕捉设置”窗口，在该窗口中可以设置捕捉类型和捕捉的相关选项，一般情况下，选择“顶点”和“中点”复选框，如图 2-1-61 所示。

图 2-1-60　“捕捉开关”工具

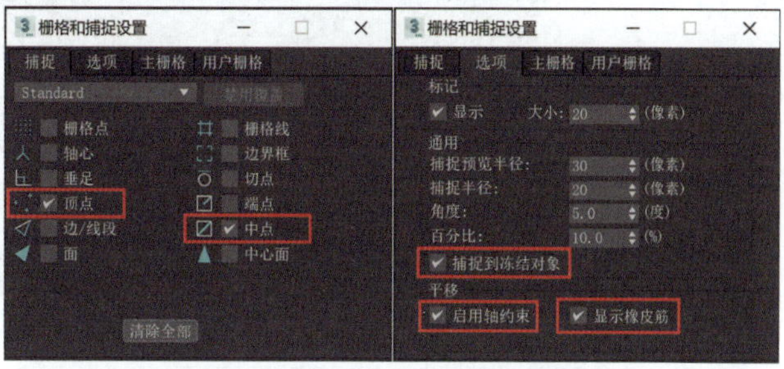

图 2-1-61　“栅格和捕捉设置”窗口

2.“角度捕捉切换”工具

“角度捕捉切换”工具可以用来指定捕捉的角度（快捷键为【A】键）。激活该工具后，角度捕捉将影响所有的旋转变换，在默认状态下以 5° 为增量进行旋转。

提示：若要更改旋转增量，可以在“角度捕捉切换”工具上右击，在弹出的“栅格和捕捉设置”窗口“选项”选项卡输入相应的旋转增量角度即可，如图 2-1-62 所示。

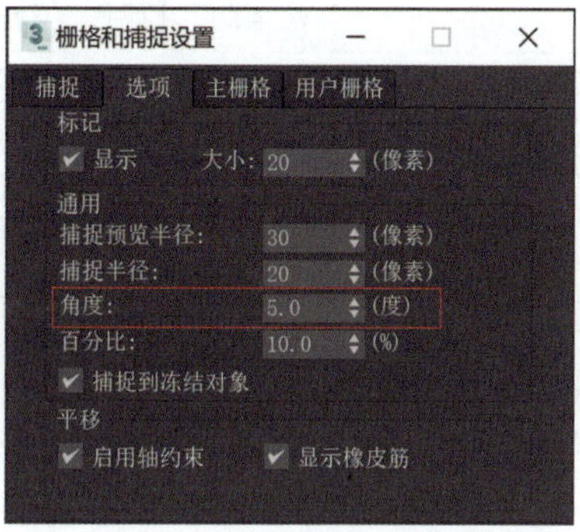

图 2-1-62　“栅格和捕捉设置”窗口

视 频

书柜模型制作

任务实施

1. 任务实施分析

捕捉工具——书柜模型制作流程及任务分析见表 2-1-5。

表 2-1-5　模型制作流程及任务分析

序号	名称	绘制效果	所用工具及要点说明
1	绘制书柜基础框架（见图 2-1-63）	 图 2-1-63　基础框架	1. 标准基本体→长方体 2. 精准移动工具 3. 捕捉绘制（注意捕捉工具参数设置）
2	绘制书柜内部隔板（见图 2-1-64）	 图 2-1-64　内部隔板	1. 标准基本体→长方体 2. 精准移动工具 3. 捕捉绘制（注意捕捉工具参数设置）
3	绘制书柜柜门、拉手、柜腿（见图 2-1-65）	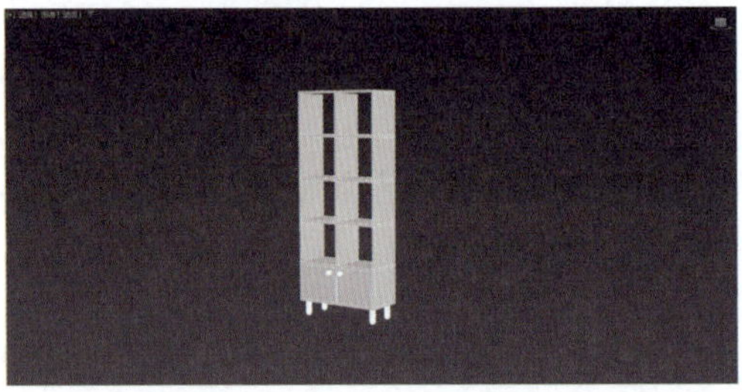 图 2-1-65　书柜柜门、拉手、柜腿	1. 捕捉绘制（注意捕捉工具参数设置） 2. 实例克隆工具
4	完成书柜模型（见图 2-1-66）	 图 2-1-66　书柜模型	—

2. 任务实施步骤

➢ Step 1: 在透视图绘制“书架顶板”，选择“标准基本体”→“长方体”按钮，在透视图创建“长度”为 750.0 mm、“宽度”为 320.0 mm、“高度”为 20.0 mm 的书架顶板。原地复制（快捷键【Ctrl+V】）并在 Z 轴向下精准移动“−1 680 mm”，如图 2-1-67 所示。

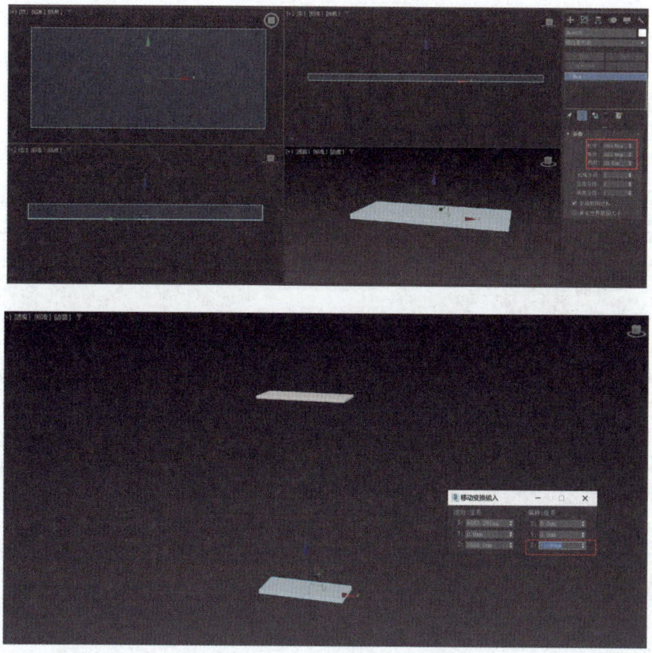

图 2-1-67 书架顶、底板

➢ Step 2：在左视图绘制“书架侧板”，选择标准基本体“长方体”按钮，选择“2.5D 捕捉”选项，打开“栅格和捕捉设置”对话框进行设置：勾选“顶点”“中点”“启用轴约束”“显示橡皮筋”复选框。在左视图捕捉顶板和底板之间创建“长度”为 1 660.0 mm、“宽度”为 320 .0 mm、“高度”为 20.0 mm 的书架侧板。继续选择侧板按住【Shift】键以“实例”克隆出另外一个侧板并捕捉移动到合适的位置，如图 2-1-68 所示。

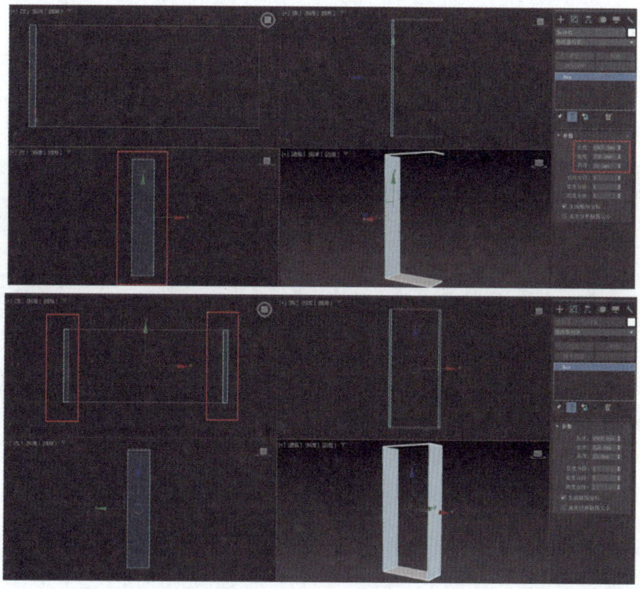

图 2-1-68 书架侧板

➢ Step 3: 绘制“书架竖隔板”，选择书架侧板以“复制”的形式克隆出 1 个，修改面板参数“长度”为 1 360.0 mm、“宽度”为 320.0 mm、“高度”为 20.0 mm，顶视图捕捉中点与顶板中点对齐，如图 2-1-69 所示。

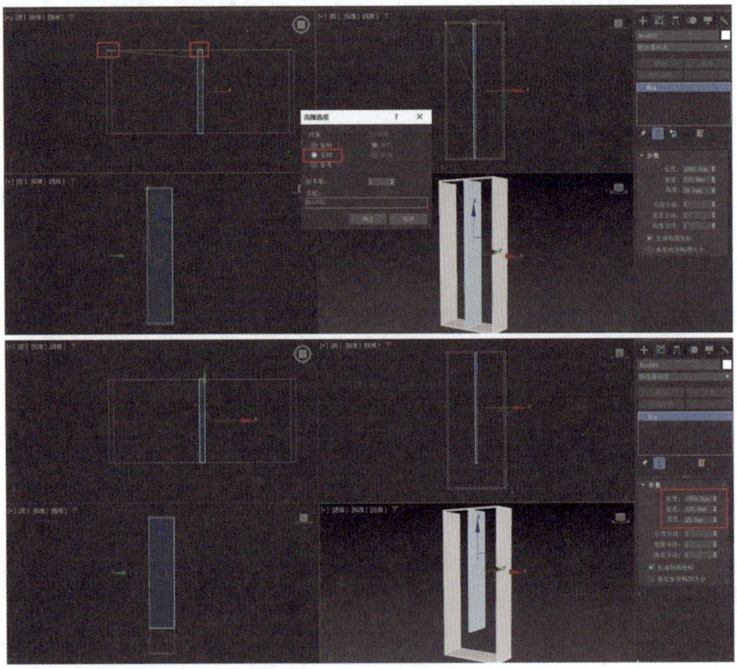

图 2-1-69　书架竖隔板

➢ Step 4：绘制“书架横隔板”，选择书架顶板以“实例”的形式克隆出 1 个，前视图中点移动与竖隔板捕捉中点对齐。再次选择书架顶板原地复制并在透视图 Z 轴向下精准移动“−345 mm”；再次选择第一层横隔板原地复制并在透视图 Z 轴向下精准移动“−345 mm”；选择第二层横隔板原地复制并在透视图 Z 轴向下精准移动“−345 mm”，如图 2-1-70 所示。

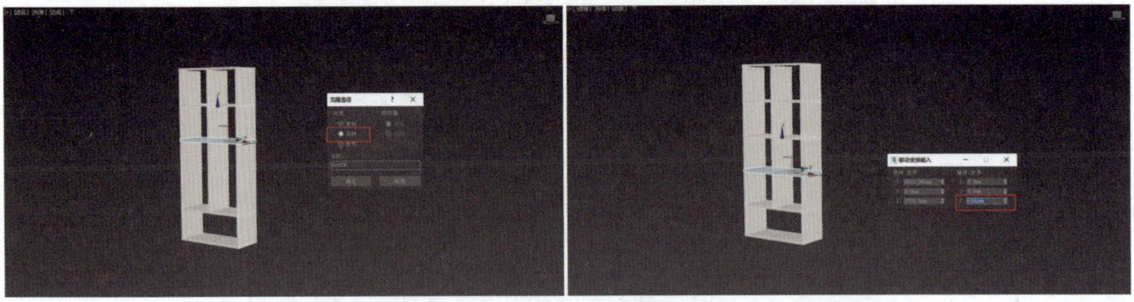

图 2-1-70　书架横隔板

➢ Step 5：绘制“书架柜门”，选择标准基本体“长方体”按钮，在前视图捕捉到横隔板中点创建“长度”为 280.0 mm、“宽度”为 355.0 mm、“高度”为 20.0 mm 的柜门。以“实例”克隆出另外一边的柜门并捕捉放置合适的位置，如图 2-1-71 所示。

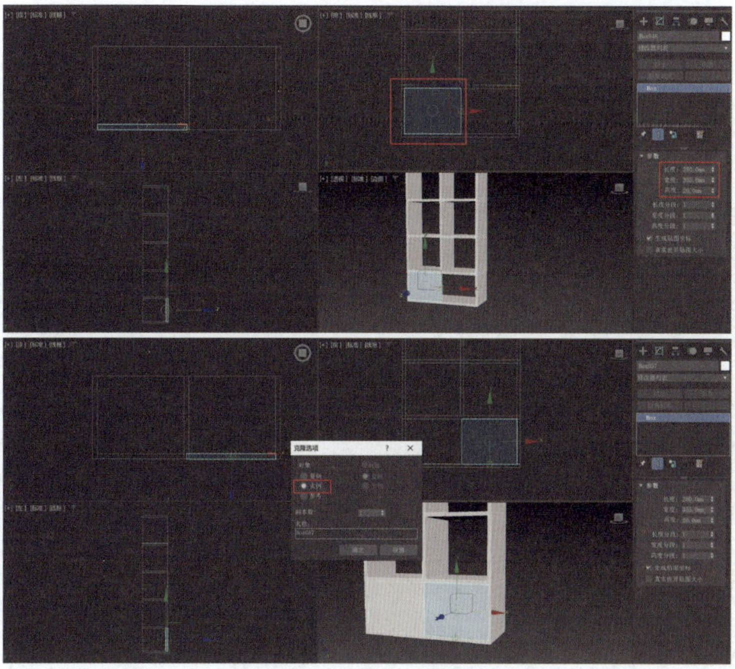

图 2-1-71 书架柜门

➢ Step 6：绘制“柜门拉手”，选择标准基本体“圆柱体”按钮，在前视图创建“半径”为 10.0 mm、“高度”为 20.0 mm 的圆柱体放置于柜门拉手位置，再次创建一个半径为 20.0 mm 的“球”与圆柱体对齐。在前视图选择圆柱体和球体以“实例”克隆出一组放置于右边的柜门拉手位置，如图 2-1-72 所示。

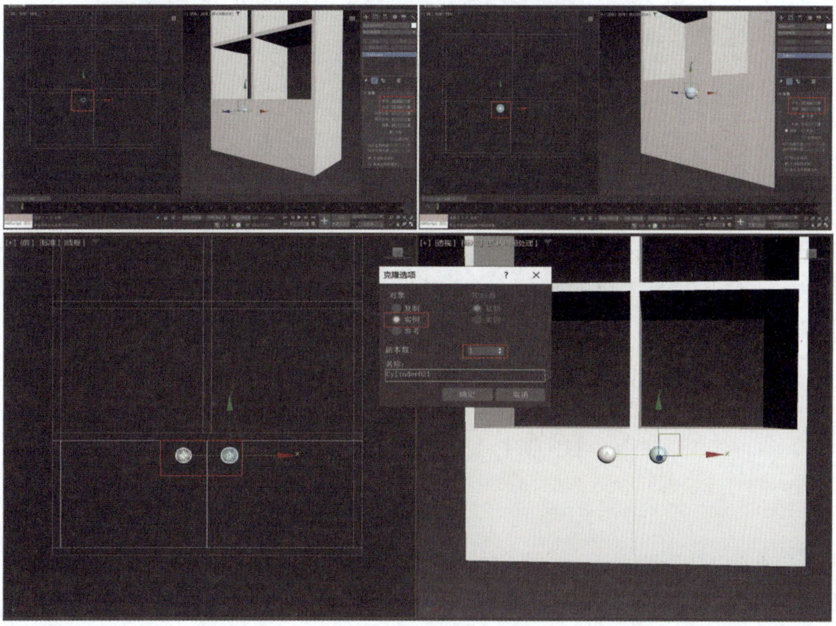

图 2-1-72 柜门拉手

➢ Step 7：绘制“书柜腿”，选择标准基本体“圆柱体”按钮，在顶视图创建“半径”为25.0 mm、“高度”为 100.0 mm 的圆柱体放置于柜腿合适位置，再次创建一个半径为 25.0 mm 的“球”，轴心与圆柱体轴心对齐。在前视图选择圆柱体和球体以“实例”克隆出一组放置于右边的柜门拉手位置，如图 2-1-73 所示。

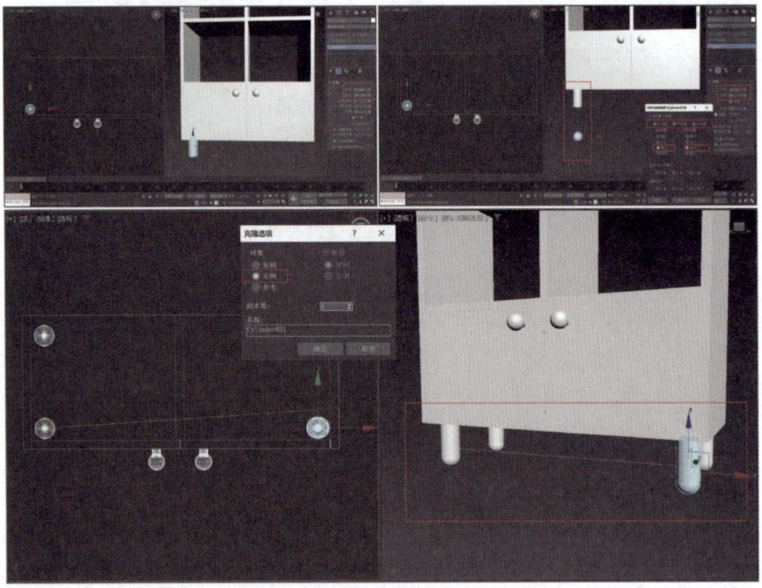

图 2-1-73　书柜腿

➢ Step 8：调整板材颜色，书柜模型就绘制完成了，如图 2-1-74 所示。

图 2-1-74　书柜模型

任务 6　魔方模型制作

任务介绍

本任务学习 3ds Max 软件阵列、组工具特点及应用技巧，通过魔方模型制作强化阵列、组工具的应用。

视 频

阵列、组工具

任务导入

观看微课视频进行阵列、组工具的课前探究学习，了解阵列、组工具的基本操作与运用。

相关知识

1.“阵列”工具

在“工具”菜单选择“阵列”命令，打开“阵列”对话框，如图 2-1-75 所示。

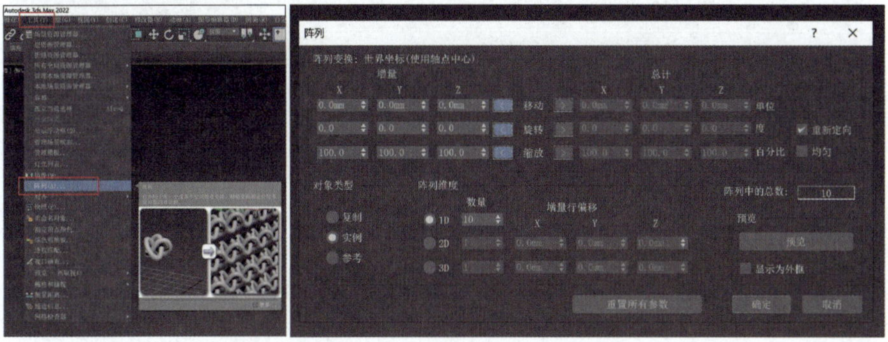

图 2-1-75 “阵列”对话框

①“阵列变换”组列出了活动坐标系和变换中心。设置定义第一行阵列的变换所在的位置。可以确定各个元素的距离、旋转或缩放以及所沿的轴。在每个对象之间，可以按增量指定变换范围，可以按总计指定变换范围。距离指测量对象轴点之间的距离。

对于每种变换，都可以选择是否对阵列中每个新建的元素或整个阵列连续应用变换。例如，创建一个茶壶，将“增量”组 X 移动到“300.0 mm”和“阵列维度”组“1D”计数设置为 5，则结果是一个包含 5 个茶壶的阵列，其中每个对象的变换中心相距 300 个单位，如图 2-1-76 所示。如果设置“总计”组 X 移动到“300.0 mm”，则对于总长为 300 个单位的阵列，5 个元素的间隔是 60 个单位，如图 2-1-77 所示。

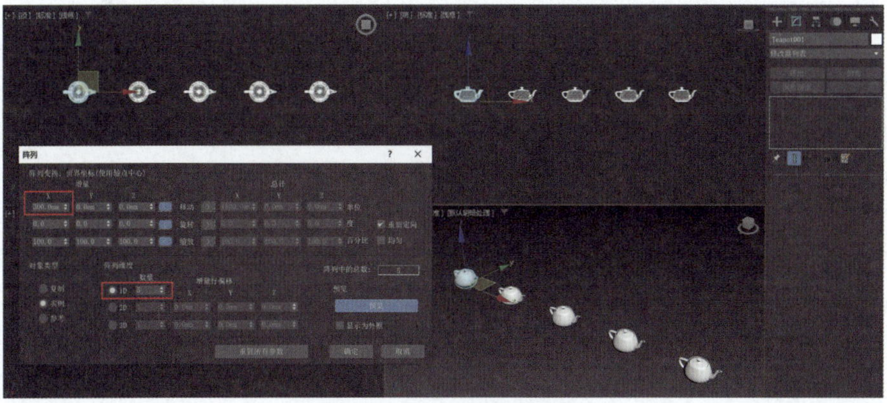

图 2-1-76 1D 阵列距离

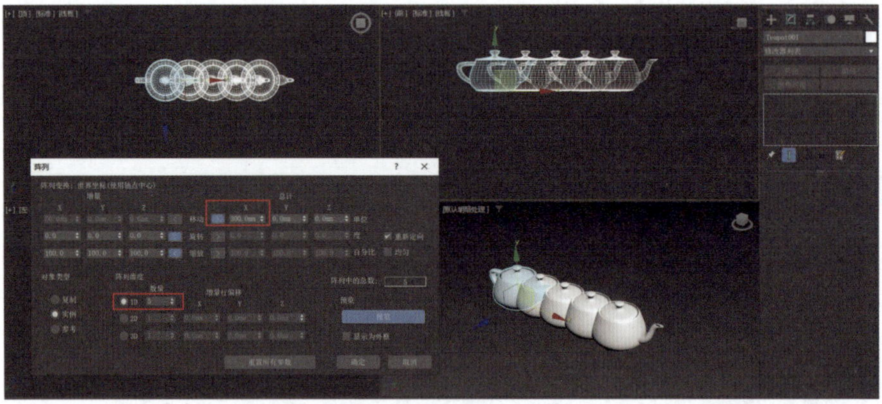

图 2-1-77　1D 阵列总长

单击“移动”、“旋转”或“缩放”的左或右箭头按钮，指示是否要设置“增量”或“总计”阵列参数。对于每种变换，可以在“增量”和“总计”之间切换。对一边设置值时，另一边将不可用。但是，不可用的值将会更新，以显示等价的设置。

②增量 X/Y/Z 微调器：该区域设置的参数可以应用于阵列中的各个对象。

◆移动指定沿 X、Y 和 Z 轴方向每个阵列对象之间的距离。“移动”可以用当前单位设置。使用负值时，可以在该轴的负方向创建阵列。单击左箭头输入“移动”变换的增量值。

◆旋转指定阵列中每个对象围绕三个轴中的任一轴旋转的度数。“旋转”用度数设置。使用负值时，可以沿着绕该轴的顺时针方向创建阵列。单击左箭头输入“旋转”变换的增量值。

◆缩放指定阵列中每个对象沿三个轴中的任一轴缩放的百分比。单击左箭头输入“缩放”变换的增量值。“缩放”用百分比设置，100% 是实际大小。设置值小于 100 时，将减小大小；设置值高于 100 时，将会增加大小。

③总计 X/Y/Z 微调器：该区域设置的参数可以应用于阵列中的总距、度数或百分比缩放。

◆移动指定沿三个轴中每个轴的方向，所得阵列中两个外部对象轴点之间的总距离。单击右箭头输入“移动”变换的总计值。

◆旋转指定沿三个轴中的每个轴应用于对象的旋转的总度数。单击右箭头输入“旋转”变换的总计值。

◆缩放指定对象沿三个轴中的每个轴缩放的总计。单击右箭头输入“缩放”变换的总计值。

④“对象类型”组：确定由“阵列”功能创建的副本的类型。

◆复制（默认设置）：将选定对象的副本阵列化到指定位置。

◆实例：将选定对象的实例阵列化到指定位置。

◆参考：将选定对象的参考阵列化到指定位置。

⑤“阵列维度”组：用于添加到阵列变换维数，附加维数只是定位用的。

◆ 1D 根据“阵列变换”组中的设置，创建一维阵列。计数指定在阵列的该维中对象的总数，对于 1D 阵列，此值即为阵列中的对象总数，如图 2-1-78 所示。

◆ 2D 创建二维阵列：计数指定在阵列的第二维度中对象的总数。X/Y/Z 指定沿阵列第二维度的每个轴的增量偏移距离，如图 2-1-79 所示。

◆ 3D 创建三维阵列：计数指定在阵列的第三维度中对象的总数。X/Y/Z 指定沿阵列第三维度的每个轴的增量偏移距离，如图 2-1-80 所示。

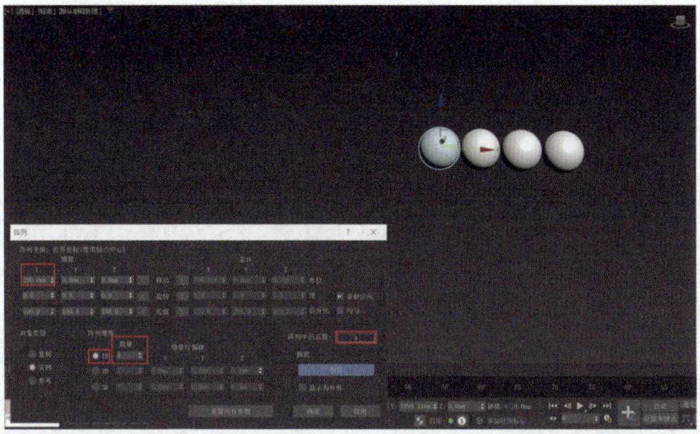

图 2-1-78　1D 阵列

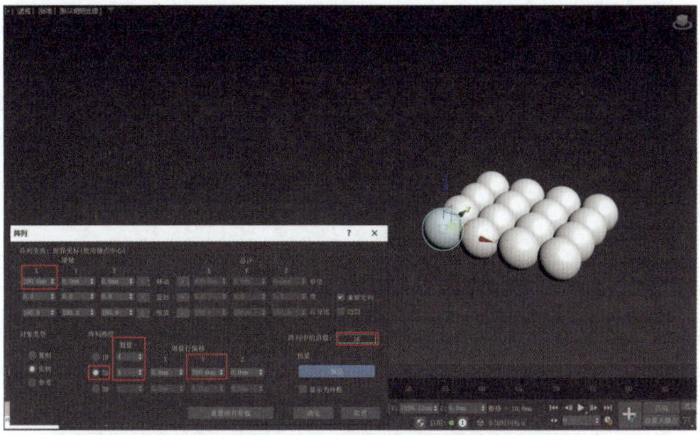

图 2-1-79　2D 阵列

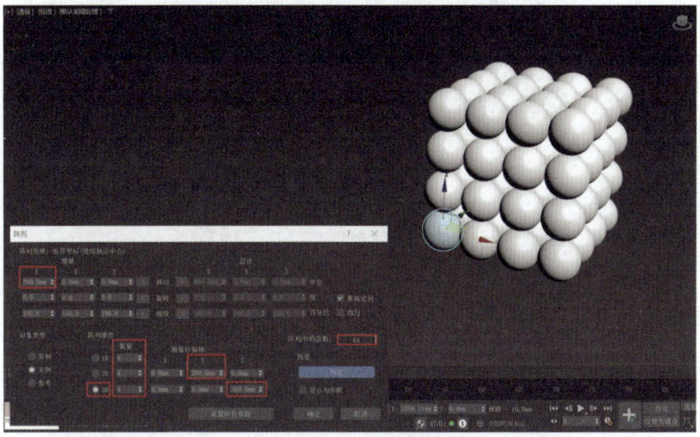

图 2-1-80　3D 阵列

⑥增量行偏移：选择 2D 或 3D 阵列时，偏移字段将变为可用。

⑦阵列中的总数：显示将创建阵列操作的实体总数，包含当前选定对象。

2. “组”工具

“组”工具可将选定的多个对象合并为场景中的单个对象。选择要成组的多个对象，执行菜单栏“组”→“组”命令，即可把多个对象合并为一个实体对象，如图 2-1-81 所示。

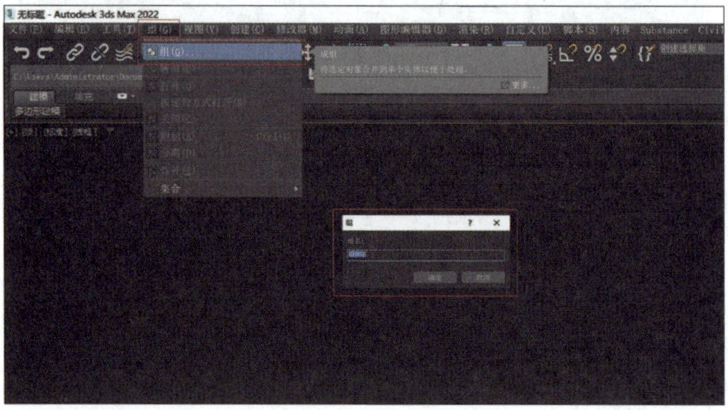

图 2-1-81　“组”命令

视　频

魔方模型制作

任务实施

1. 任务实施分析

阵列、组工具——魔方模型制作流程及任务分析见表 2-1-6。

表 2-1-6　模型制作流程及任务分析

序号	名称	绘制效果	所用工具及要点说明
1	魔方块单体结构（见图 2-1-82）	 图 2-1-82　魔方块单体	1. 切角长方体 2. 长方体
2	魔方块单体成组（见图 2-1-83）	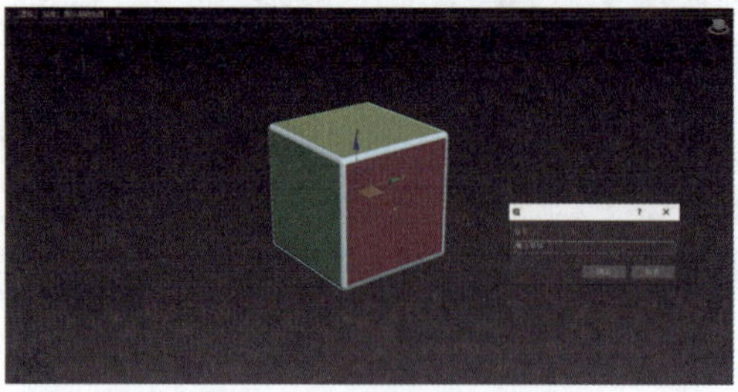 图 2-1-83　单体成组	“成组”命令

续表

序号	名称	绘制效果	所用工具及要点说明
3	添加“阵列”工具（见图 2-1-84）	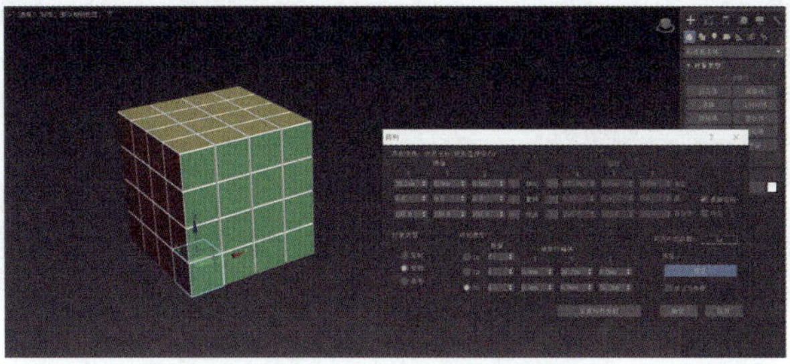 图 2-1-84 “阵列”工具	1. 阵列工具 2. 三维阵列
4	完成魔方模型（见图 2-1-85）	 图 2-1-85 魔方模型	—

2. 任务实施步骤

➢ Step 1：选择“创建”→“几何体”→“扩展基本体”→“切角长方体”按钮，在透视图中创建切角长方体，在“参数”卷展栏中设置“长度”为 30.0 mm、“宽度”为 30.0 mm、“高度”为 30.0 mm、“圆角”为 1.0，如图 2-1-86 所示。

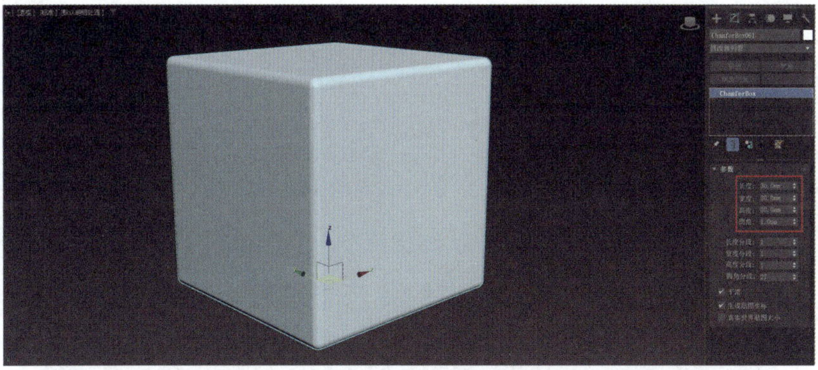

图 2-1-86 魔方块

➢ Step 2：给每个面创建颜色贴片，选择“创建”→“几何体”→“标准基本体”→“长方体”按钮，捕捉打开，前视图捕捉创建长方体，在“参数”卷展栏中设置“高度”为 0.1 mm，如图 2-1-87 所示。

图 2-1-87　创建颜色贴片

➢ Step 3：以相同的方式选择合适的视图创建颜色贴片，并修改“高度”为 0.1 mm，分别设置不同的颜色，如图 2-1-88 所示。

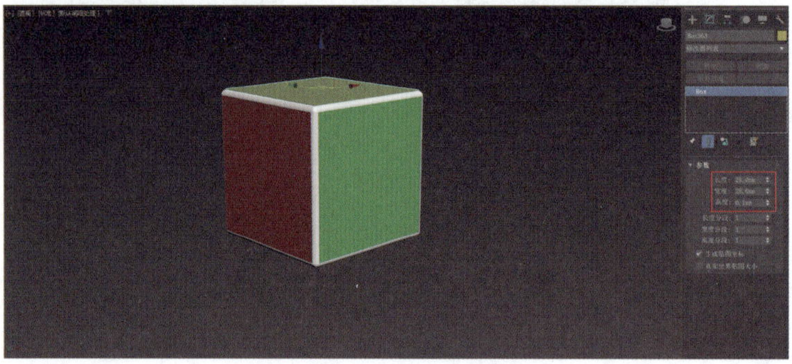

图 2-1-88　不同颜色贴片

➢ Step 4：给魔方结构成组，选择全部对象，执行菜单栏“组”→“组”命令，打开“组”对话框，并命名为“魔方单体”，单击“确定”按钮，如图 2-1-89 所示。

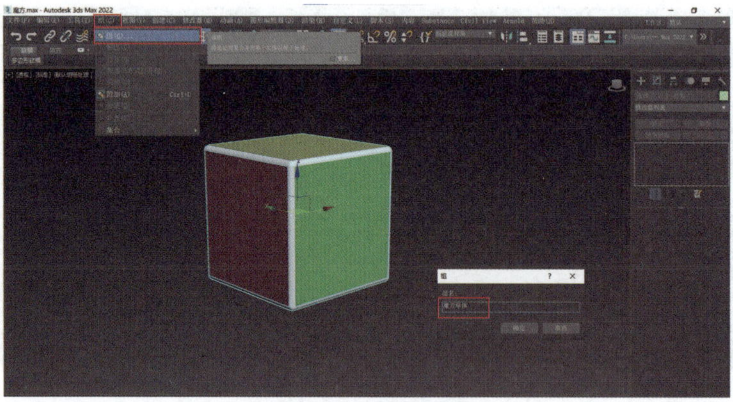

图 2-1-89　魔方单体

➢ Step 5: 选择“魔方单体”，执行菜单栏“工具”→“阵列”命令，弹出“阵列”对话框，修改参数，如图 2-1-90 所示。

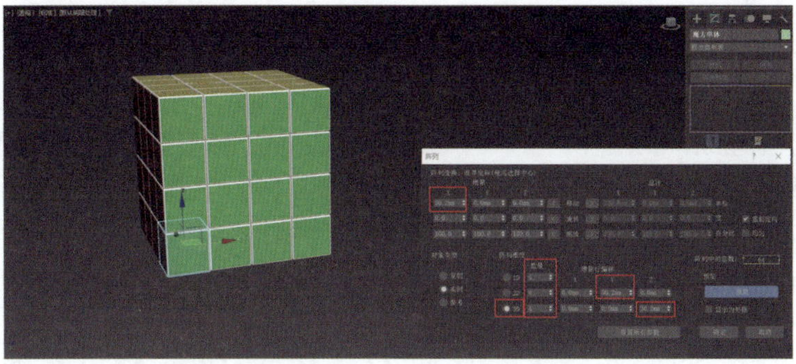

图 2-1-90 “阵列”工具

➢ Step 6: 选择魔方整体，执行菜单栏“组”→“组”命令，并命名为“魔方”，魔方模型创建完成，如图 2-1-91 所示。

图 2-1-91 魔方模型

课后拓展训练：建模小达人——现代简约电视柜模型制作

通过本项目的学习，了解掌握几何体建模的特点。通过茶几、圆桌、书桌和书柜等室内家具模型的创建，强化了工具的应用技巧。

仔细观察图 2-1-92 所示的电视柜模型，思考运用了哪些几何体与工具进行创建模型呢？电视柜参考长度为 2 100 mm × 350 mm。

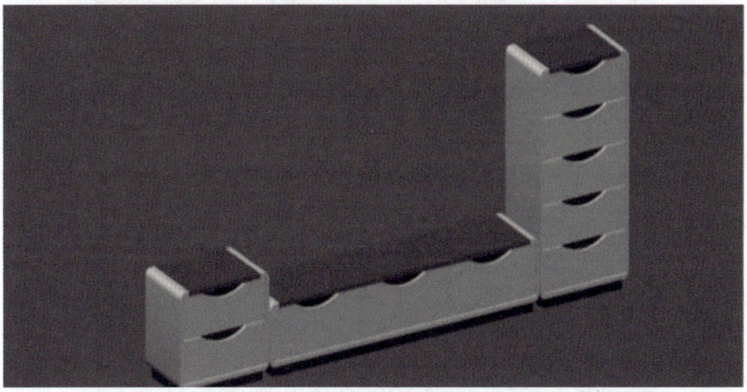

图 2-1-92 现代简约电视柜模型

项目二 二维修改器建模

二维修改器建模是 3ds Max 建模中的一个重要部分，首先，需要了解二维图形修改器的基本概念和原理。这些修改器是 3ds Max 建模软件中非常重要的工具，它们可以将简单的二维图形转换为复杂的三维模型。此外，还需要熟悉常用的二维图形修改器类型，如挤出、倒角、车削等。通过学习和掌握这一部分的内容，可以更好地应用 3ds Max 建模技术来创建出具有复杂形状和细节的三维模型。

任务 1 中式月亮门模型制作

视 频

可编辑样条线

任务介绍

本任务学习 3ds Max 软件可编辑样条线的参数：点、线段、样条线，熟悉可编辑样条线的子层级及常用命令的应用技巧，通过中式月亮门模型制作强化可编辑样条线的应用。

任务导入

观看微课视频进行可编辑样条线的课前探究学习，了解可编辑样条线的参数设置。

相关知识

可编辑样条线常用命令操作流程及任务分析见表 2-2-1。

表 2-2-1 常用命令操作流程及任务分析

序号	名称	绘制效果	常用命令要点说明
1	顶点层级（见图 2-2-1）	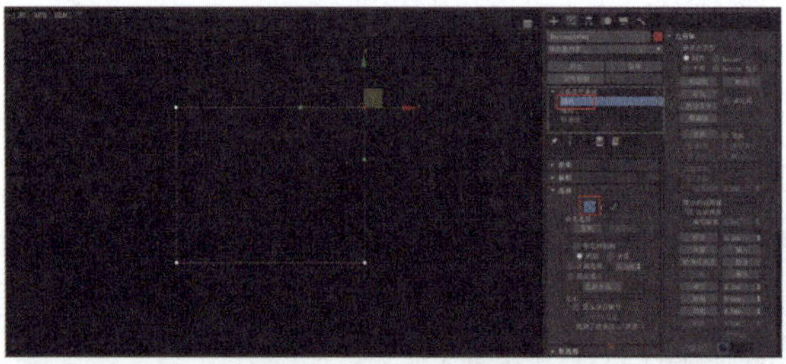 图 2-2-1 顶点层级	角点、Bezier、Bezier 角点、平滑、焊接、连接、圆角、切角
2	线段层级（见图 2-2-2）	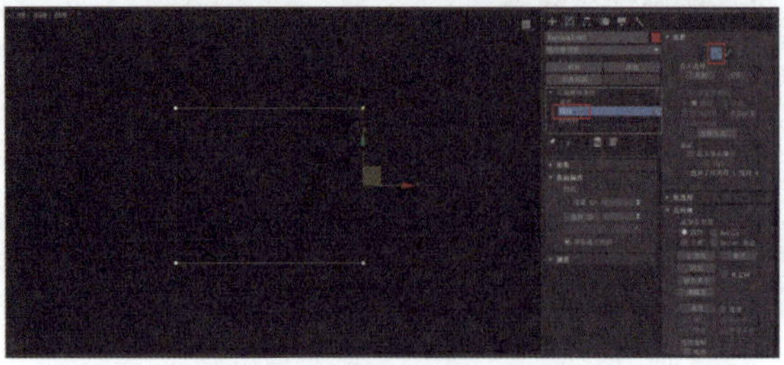 图 2-2-2 线段层级	优化、拆分

续表

序号	名称	绘制效果	常用命令要点说明
3	样条线层级（见图 2-2-3）	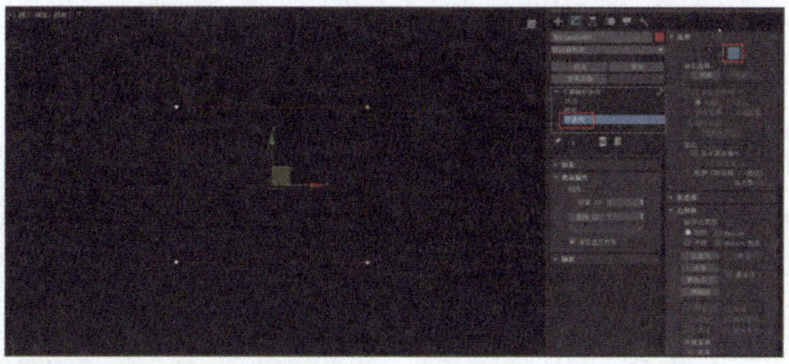 图 2-2-3　样条线层级	轮廓、修剪、布尔、分离

1. 转换为可编辑样条线的方法

3ds Max 2022 提供了很多种二维图形，但是也不能完全满足创建复杂模型的需求，因此就需要对样条线的形状进行修改。另外，由于绘制出来的样条线都是参数化对象，只能对参数进行调整，所以就需要将样条线转换为可编辑样条线。

将样条线转换为可编辑样条线的方法有以下两种：

①选择样条线并右击，在弹出的快捷菜单中选择“转换为”→“转换为可编辑样条线”命令，如图 2-2-4 所示。

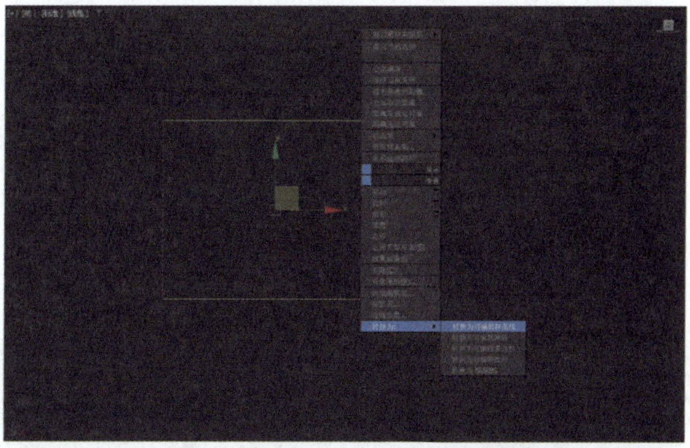

图 2-2-4　“转换为可编辑样条线”命令

②选择样条线，在“修改器列表”中为其加载一个“编辑样条线”修改器，如图 2-2-5 所示。

图 2-2-5　“编辑样条线”修改器

提示： 两种转换方法有一定的区别。与第①种方法相比，第②种方法的修改器堆栈中不只包含“编辑样条线”选项，同时还保留了原始的样条线（也包含“参数”卷展栏）。当选择“编辑样条线”选项时，其卷展栏包含“选择”“软选择”和“几何体”卷展栏，如图 2-2-6（a）所示；当选择“Rectangle”选项时，其卷展栏包括“渲染”“插值”和“参数”卷展栏，如图 2-2-6（b）所示。

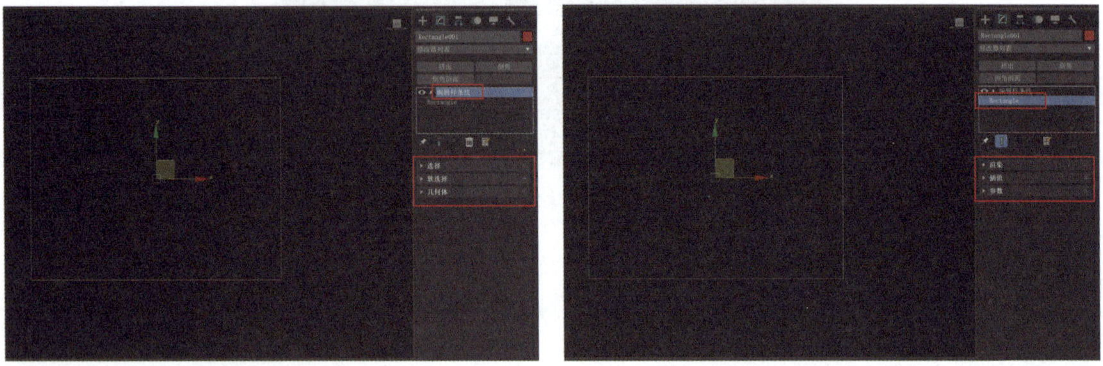

（a）“编辑样条线”卷展栏　　（b）“Rectangle”卷展栏

图 2-2-6　卷展栏

2. 顶点层级常用命令

“顶点”是样条线的子层级，任何样条线的“顶点”都是可编辑的。在“顶点”层级下，有各种各样的命令，但在室内建模中用到的只有几种，即“Bezier 角点”“Bezier”“角点”“平滑”“焊接”“圆角”和“切角”工具。

其中，前四个命令都属同一类，即顶点类型，这是绘制二维线的重要技术。选择样条线，然后切换到“修改”面板，单击“可编辑样条线”前面的“+”，然后单击“顶点”进入“顶点”层级（或按键盘上的【1】键），接着在视图中选择顶点并右击，在下拉菜单中有“Bezier 角点”“Bezier”“角点”和“平滑”四个顶点类型，如图 2-2-7 所示。

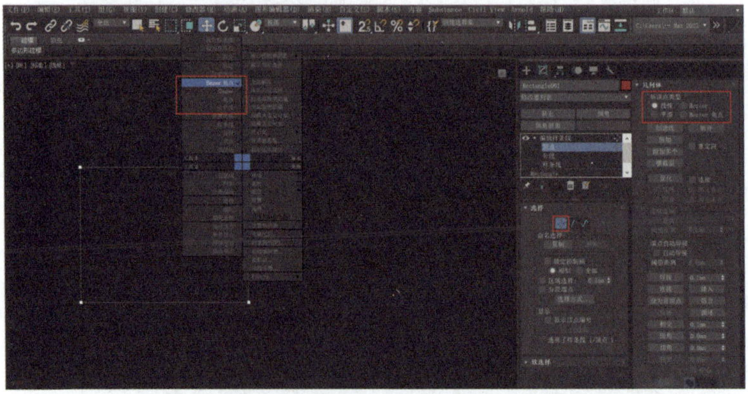

图 2-2-7　顶点类型

①“角点”：“角点”主要是针对两条直线之间的夹角点进行编辑，可以生成直线和转角曲线，如图 2-2-8 所示。图中二维样条线的四个点都属于角点，所以连接线都是直线，可以任意移动这些点。

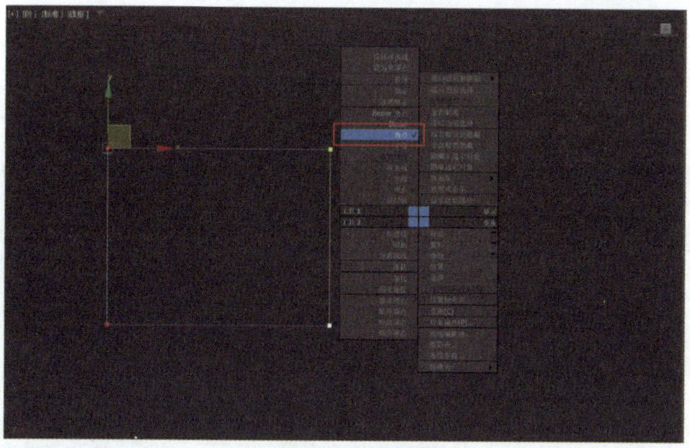

图 2-2-8 角点

②“平滑”:“平滑”点可以让两条线的连接处生成平滑的曲线。如图 2-2-9 所示，选中图中二维样条线右下角的顶点，然后右击，在弹出的菜单栏中选择“平滑”命令，该点位置的线会转换为平滑的曲线。这时候右上角的“角点”跟右下角的“平滑”点之间的线就是转角曲线。

要得到更平滑的角点，可以通过设置较高的分段数来实现。这里，在“修改”面板的“插值”卷展栏下方将“步数”值适当调大（从原来的 6 调整为 36）或者是勾选“自适应”复选框，此时的角点处变得更加平滑，如图 2-2-10 所示。

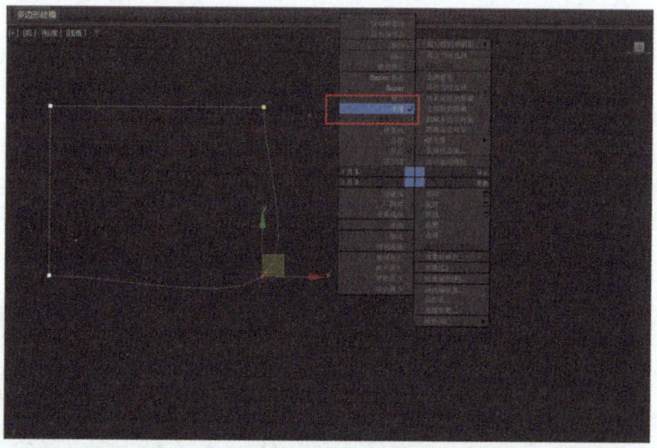

图 2-2-9 平滑

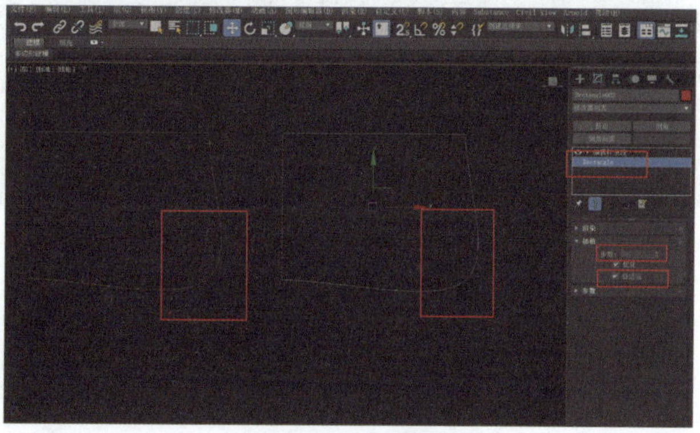

图 2-2-10 设置参数

③“Bezier”:“Bezier”的作用就是控制曲线的形状。如图 2-2-11 所示，用与前面相同的操作，将在顶点的类型设置为“Bezier”，此时顶点会出现两个控制柄，调整任一控制柄，另一个控制柄就会发生相应的变化，这样就可以调整需要的平滑效果。

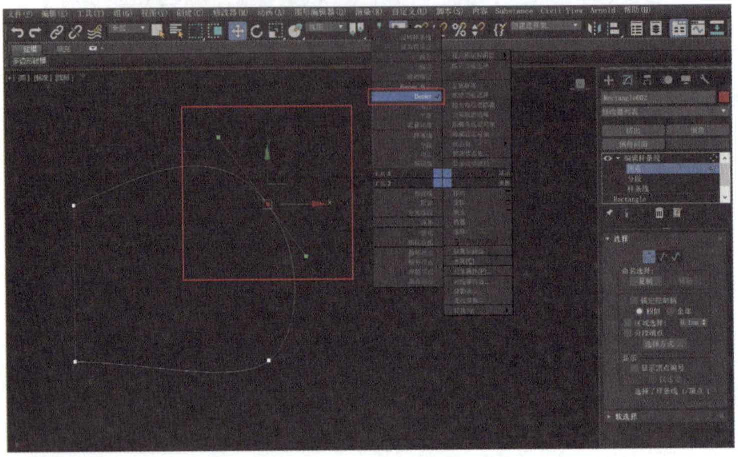

图 2-2-11 “Bezier”

提示：“Bezier”与“平滑”的不同在于，“平滑”属性的点是不能调整弧度的，其弧度是由两个顶点之间的位置决定的，“Bezier”属性的点是可以通过控制点自由调整弧度的。

④“Bezier 角点”:“Bezier 角点”结合了“Bezier”和“角点”的功能属性。“Bezier”可以控制曲线的形状，“Bezier 角点”可以控制转角曲线的形状。如图 2-2-12 所示，与“Bezier”属性的顶点相同，顶点上会有两个控制柄。不同于“Bezier”属性的顶点，“Bezier 角点”的两个控制柄是相互独立的，即当调整其中一个控制柄时，另一个控制柄不动，且每个控制柄控制的区域以顶点为界限相互独立，一个控制柄管理一边的转角曲线。

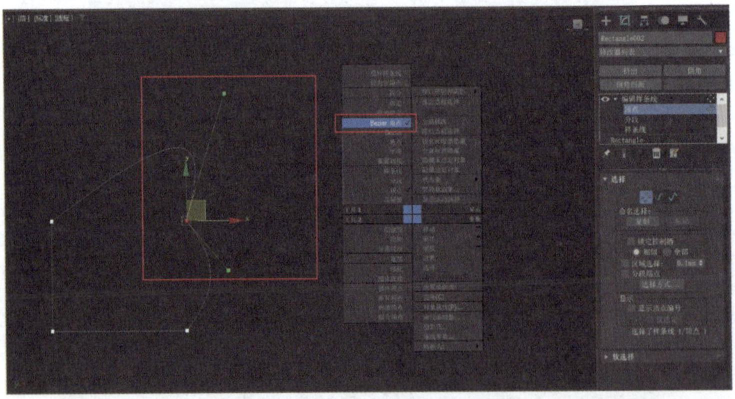

图 2-2-12 “Bezier 角点”

⑤“圆角”和“切角”工具：在“修改”面板中，“圆角”工具和“切角”工具的位置如图 2-2-13 所示。在室内建模中，“圆角”工具和“切角”工具是属于同一范畴的常用工具，因此这里将其放在一起来介绍。“圆角”工具和“切角”工具的使用方法比较简单，且效果也很直观。“圆角”工具和“切角”工具可以直接通过数值设置，也可以先选中二维样条线中要调整的点，然后单击“圆角”工具或“切角”

工具，再用鼠标在视图上进行推拉操作完成。圆角效果如图 2-2-14 所示，切角效果如图 2-2-15 所示。

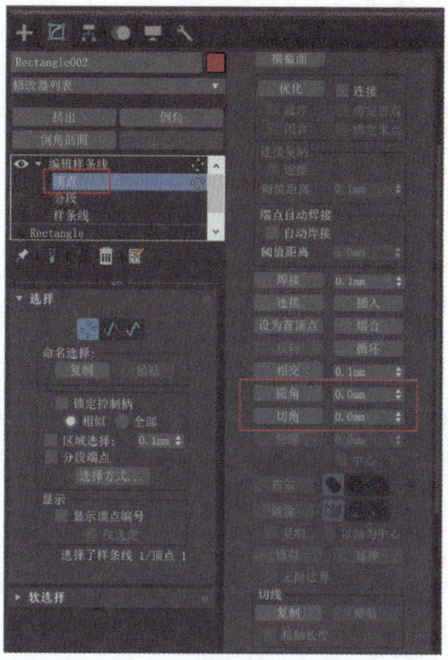

图 2-2-13　“圆角”和“切角”工具

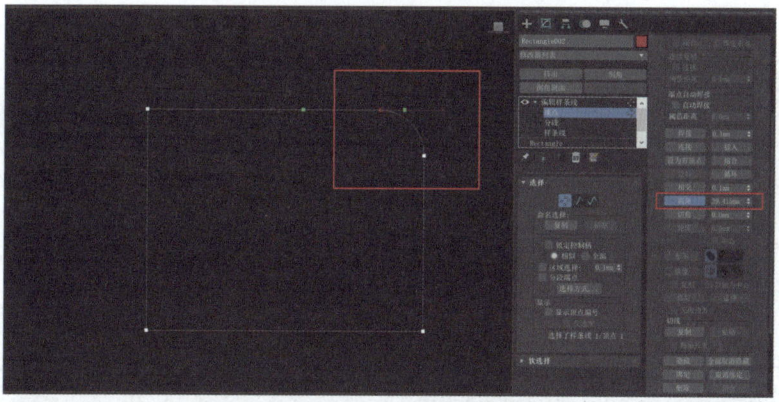

图 2-2-14　圆角效果

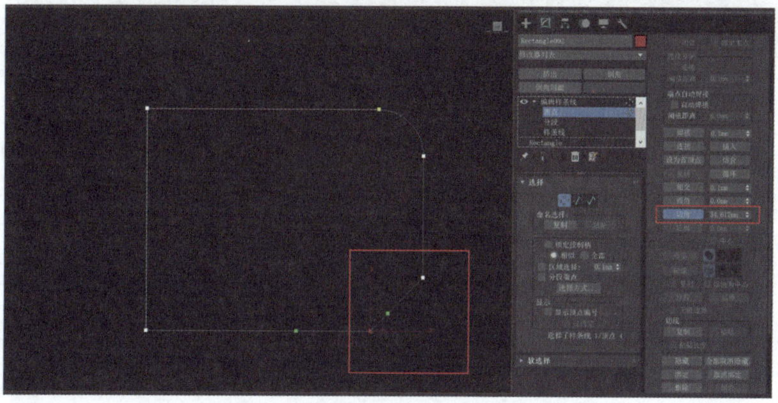

图 2-2-15　切角效果

提示：在使用“圆角”工具时，如果效果出现类似一边大一边小或不对称的情况，说明该顶点是“Bezier”或“Bezier角点”。它们的控制柄会对“圆角”产生影响，可以将顶点转换成“角点”，然后进行操作即可。因为角点没有控制柄，是不会产生影响的。

⑥“焊接”工具：将两个端点顶点或同一样条线中的两个相邻顶点转化为一个顶点。绘制的二维样条线发现该对象不是完全封闭或连续的图形，可以利用“焊接”工具将断开的顶点连接起来。打开“修改”面板，“焊接”工具如图2-2-16所示。

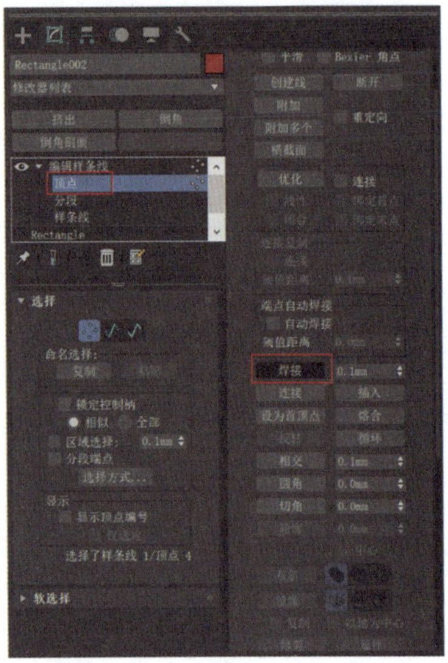

图 2-2-16 “焊接”工具

提示：“焊接”工具焊接后的参数是焊接距离，即两个顶点的距离。如果操作后两个点依然没办法闭合，可以继续调大“焊接”工具的值，直到这两个点上的线焊接成功为止。

3. 线段层级常用工具

“线段”是可编辑样条线的第二个子层级，这里我们介绍“线段”层级的常用工具，主要有“优化”工具和“拆分”工具。

①“优化”工具：“优化”工具可以给样条线添加需要的顶点。选择样条线，然后按【2】键进入“线段”层级，接着在“几何体”卷展栏中就能找到“优化”工具优化，如图2-2-17所示。

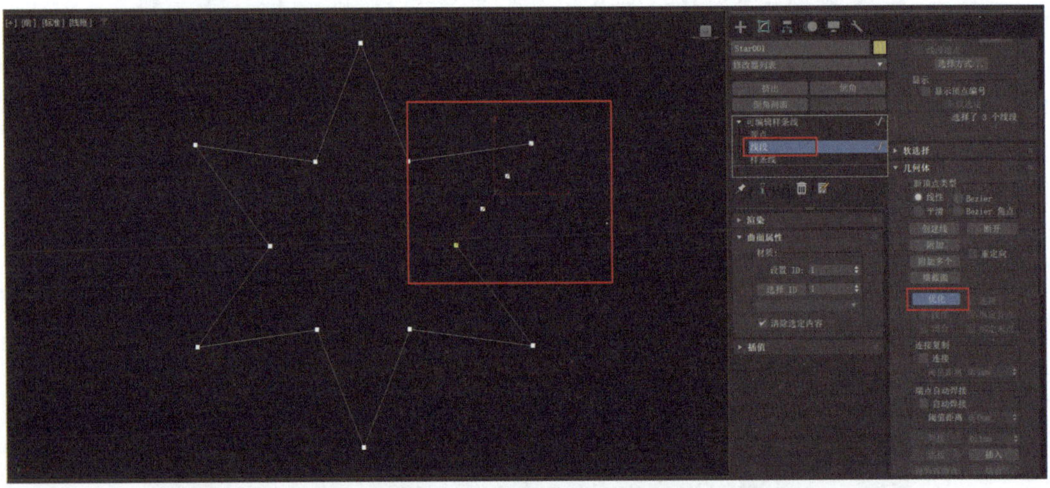

图 2-2-17 “优化”工具

提示：使用“优化”工具优化、添加的顶点，同样也可以进行移动或旋转等基本的操作，再配合“顶点”的修改命令，就可以为二维线条不断地创造新的造型，这是绘制复杂的二维线图形的基本思路。如果在绘制过程中发现某个点是多余的，可以使用【Delete】键将其删除。

②“拆分”工具：“拆分”工具可以对选择线段进行分段。在使用时可以对“拆分”工具进行参数设置，控制将当前线段均分为多少个分段。

提示：同“圆角”工具圆角一样，“Bezier”和“Bezier角点”对“拆分”效果有干扰，操作的时候需要注意。另外，两个角点之间的线段拆分肯定是平均的，“Bezier”和“Bezier角点”之间的线段拆分是不平均的。

4. 样条线层级常用工具

“样条线”是二维图形的最后一个层级，可以理解为整个样条线，其主要的操作工具有“轮廓”工具、“修剪”工具、“分离”工具和“布尔”工具。

①“轮廓”工具：按键盘上的【3】键进入“样条线”层级，在“几何体”卷展栏中可以找到“轮廓”工具，用于创建样条线的副本，如图 2-2-18 所示。

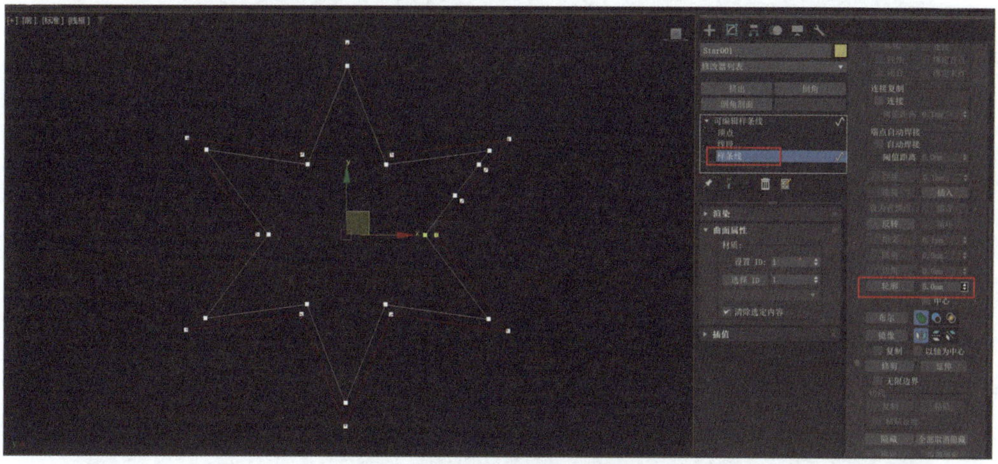

图 2-2-18 “轮廓”工具

②“修剪”工具：清理图形中的重叠部分，使端点接合于一个点上，如图 2-2-19 所示。

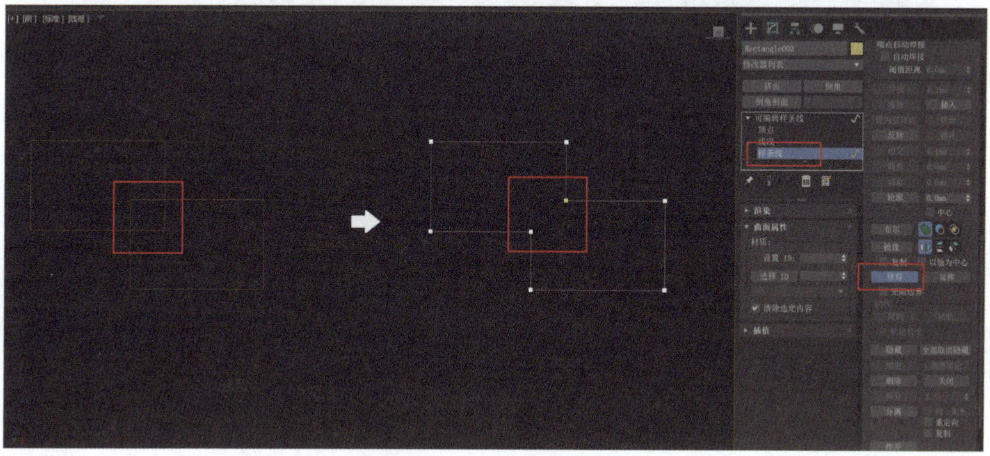

图 2-2-19 “修剪”工具

③“分离”工具：允许选择不同样条线中的几个线段，然后拆分（或复制）它们，以构成一个新图形，如图 2-2-20 所示。

◆同一图形：启用该选项后，将关闭“重定向”功能，并且“分离”操作将使分离的线段保留为形状的一部分（而不是生成一个新形状）。如果还启用了“复制”选项，则可以结束在同一位置进行的线段的分离副本。

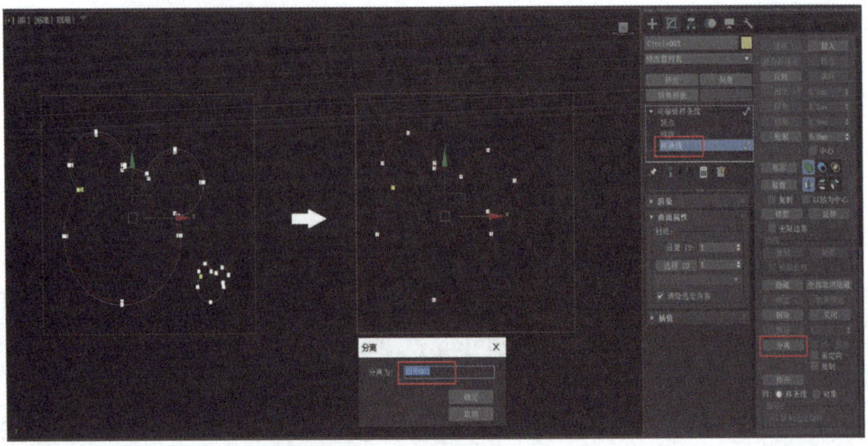

图 2-2-20 “分离”工具

◆重定向：移动和旋转新的分离对象，以便对局部坐标系进行定位，并使其与当前活动栅格的原点对齐。

◆复制：复制分离线段，而不是移动它。

④“布尔”工具：对两个样条线进行 2D 布尔运算，如图 2-2-21 所示。

图 2-2-21 “布尔”工具

◆并集：将两个重叠样条线组合成一个样条线。在该样条线中，重叠的部分会被删除，而保留两个样条线不重叠的部分，构成一个样条线。

◆差集：从第一个样条线中减去与第二个样条线重叠的部分，并删除第二个样条线中剩余的部分。

◆交集：仅保留两个样条线的重叠部分并且会删除两者的不重叠部分。

视 频

中式月亮门模型制作

任务实施

1. 任务实施分析

可编辑样条线——中式月亮门模型制作流程及任务分析见表 2-2-2。

表 2-2-2 模型制作流程及任务分析

序号	名称	绘制效果	所用工具及要点说明
1	绘制月亮门基础造型（见图 2-2-22）	 图 2-2-22 月亮门基础造型	1. 创建二维样条线（矩形、圆） 2. 转换为“可编辑样条线”→“附加” 3. “样条线”层级”→“修剪”工具
2	月亮门造型细化（见图 2-2-23）	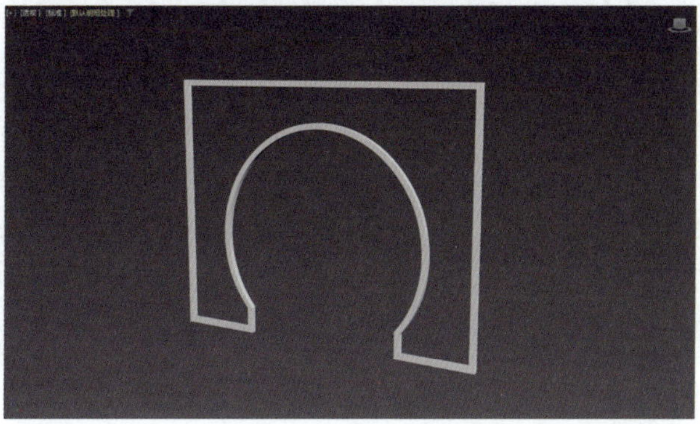 图 2-2-23 造型细化	1. “样条线”层级→“轮廓”命令 2. “挤出”修改器
3	内部纹样创建（见图 2-2-24）	 图 2-2-24 内部纹样	1. 二维图形→线 2. “对齐”工具

2. 任务实施步骤

➢ Step 1：单击“创建”→“图形”→“矩形”命令，在前视图中创建矩形，在“参数”卷展栏中设置“长度”为 2 300.0 mm、“宽度”为 3 000.0 mm，如图 2-2-25 所示。

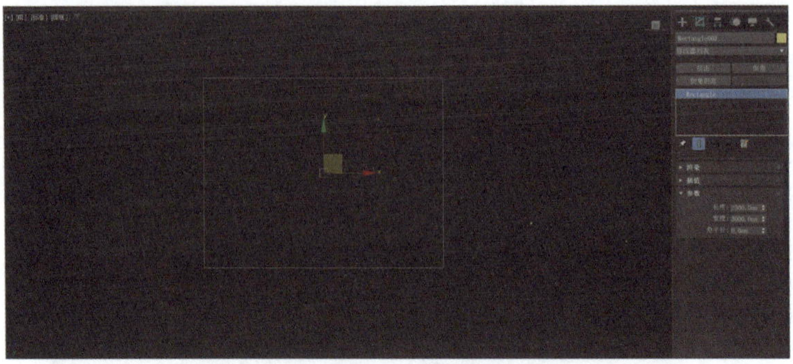

图 2-2-25　创建矩形框架

➢ Step 2：单击“创建”→“图形”→“圆”命令，在前视图中创建圆，在“参数”卷展栏中设置“半径”为 1 000.0 mm，如图 2-2-26 所示。

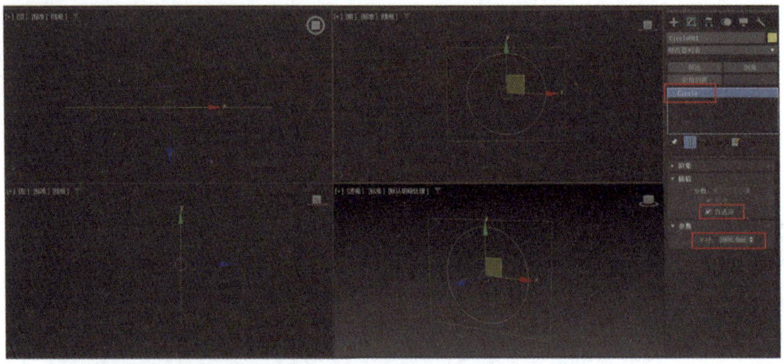

图 2-2-26　内嵌圆结构

➢ Step 3：单击“创建”→“图形”→“矩形”命令，在前视图中创建矩形，在“参数”卷展栏中设置“长度”为 600.0 mm、“宽度”为 1 500.0 mm，如图 2-2-27 所示。

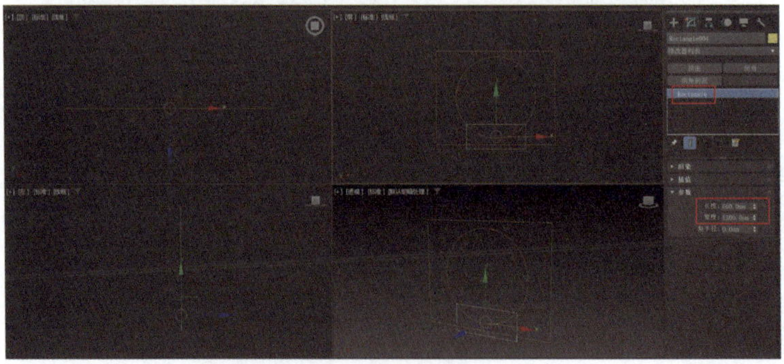

图 2-2-27　再次创建矩形

➢ Step 4：在透视图选择圆和小矩形，在工具栏中选择“对齐”工具（快捷键【Alt+A】），再选中选择较大的矩形，在弹出的对话框中选择“对齐位置”为 X、Y、Z 位置，选择“当前对象”中的“轴点”和“目标对象”中的“轴点”单选按钮进行对齐，如图 2-2-28 所示。

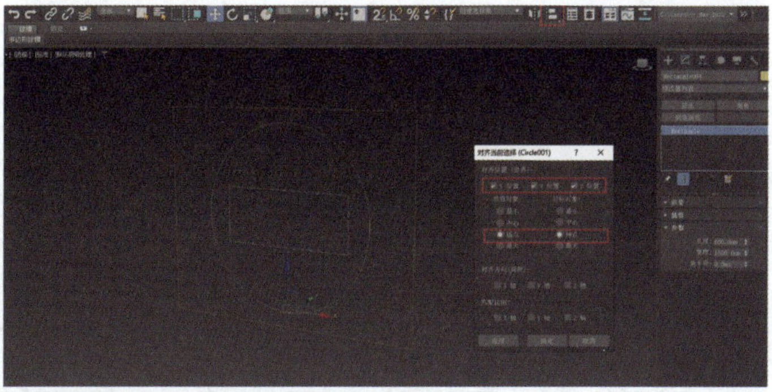

图 2-2-28 图形对齐

➢ Step 5：在前视图中选择圆和小矩形沿着 Y 轴向下移动图形的位置，如图 2-2-29 所示。

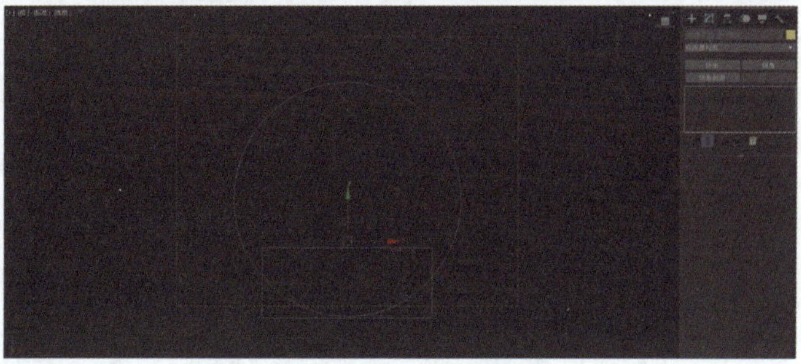

图 2-2-29 调整位置

➢ Step 6：选择小矩形并右击，选择“转换为可编辑样条线”和“附加”命令，将三个图形都附加成为一个整体，如图 2-2-30 所示。

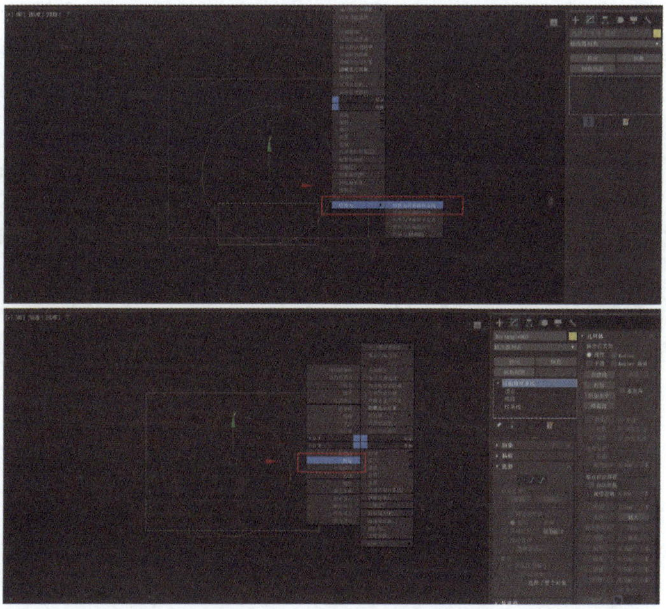

图 2-2-30 “附加”命令

➤ Step 7：选择“修改”面板“可编辑样条线”的“样条线”层级，在“几何体”卷展栏中单击“修剪”按钮，在场景中将多余的样条线修剪掉，继续在“可编辑样条线”→“顶点”层级，选中所有顶点执行“焊接”命令，焊接顶点，如图 2-2-31 所示。

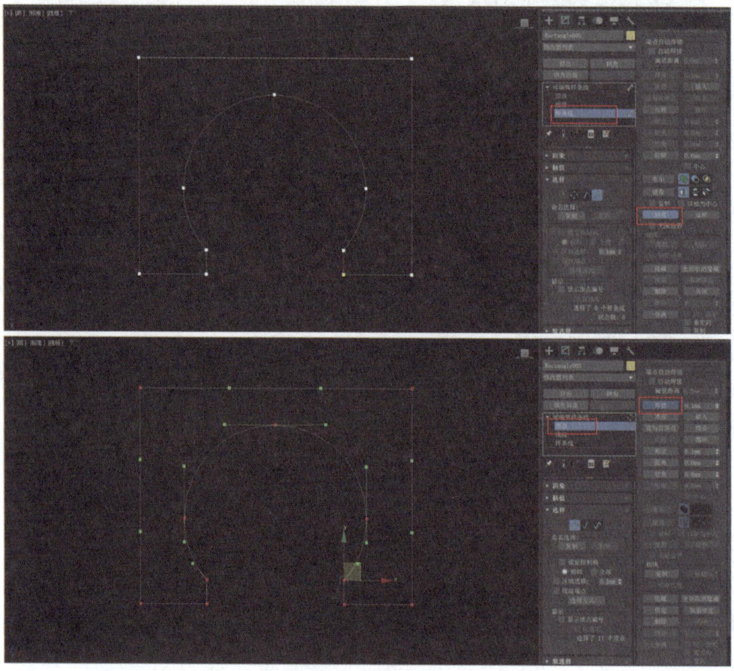

图 2-2-31　焊接顶点

➤ Step 8：选择“修改”面板“可编辑样条线”的“样条线”层级，在“几何体”卷展栏执行“轮廓”为 −50.0 mm 的命令，退出“样条线”层级，如图 2-2-32 所示。

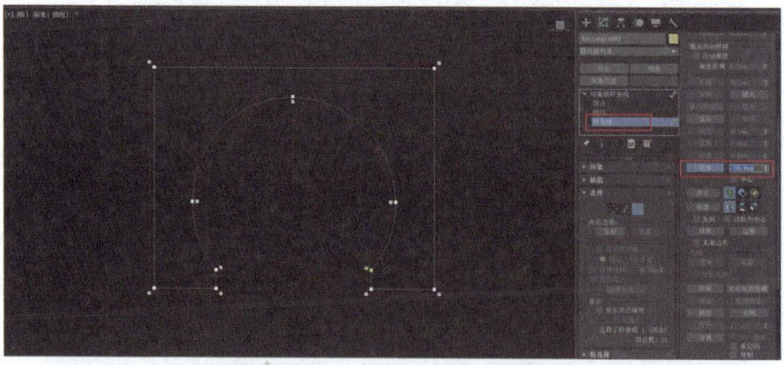

图 2-2-32　月亮门造型的宽度

➤ Step 9：在“修改器列表”执行“挤出”修改器，“数量”为 50.0 mm，如图 2-2-33 所示。

➤ Step 10：单击“创建”→“图形”→“线”命令，在前视图中创建可渲染的线，在“渲染”卷展栏中勾选“在渲染中启用”和“在视口中启用”复选框，选择“矩形”渲染类型，设置“长度”为 40.0 mm、“宽度”为 30.0 mm，根据月亮门的轮廓造型绘制纹样，选择所有内部纹样，单击工具栏“组”→“组”命令组合成一个整体，如图 2-2-34 所示。

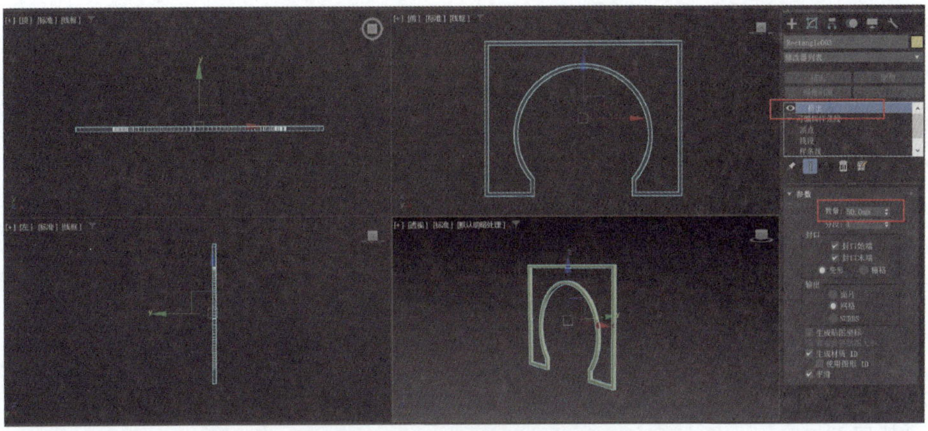

图 2-2-33　月亮门造型的厚度

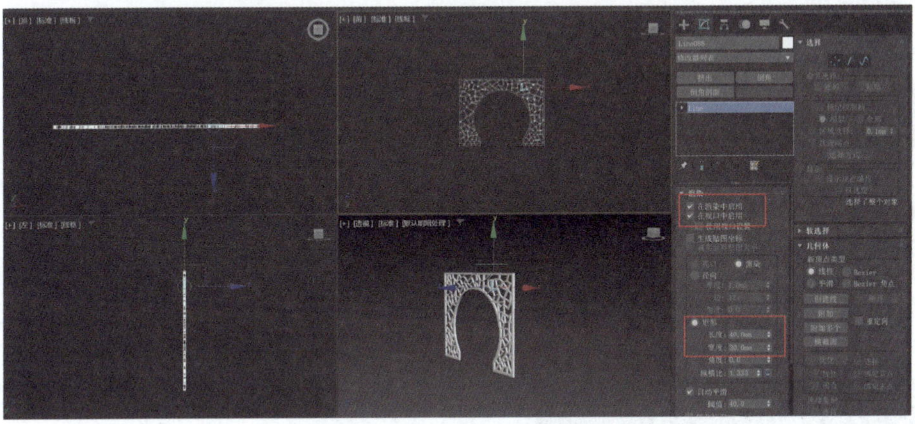

图 2-2-34　月亮门内部纹样

➢ Step 11：选择内部纹样组和外部月亮门造型框执行“对齐”命令，月亮门模型绘制完成，设置参数如图 2-2-35 所示。

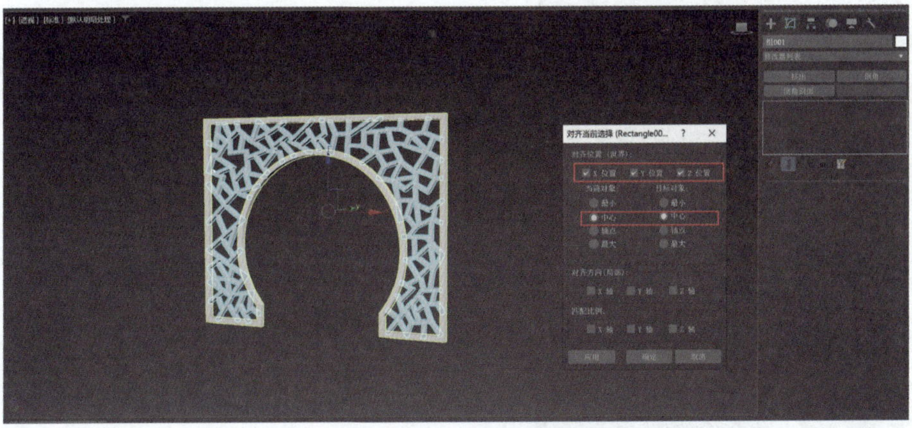

图 2-2-35　月亮门模型

任务 2 简易门模型制作

任务介绍

视 频

挤出修改器

本任务学习 3ds Max 软件“挤出”修改器，熟悉“挤出”修改器命令的应用技巧，通过地面拼花模型制作强化“挤出”修改器的应用。

任务导入

观看微课视频进行“挤出”修改器的课前探索学习，了解“挤出”修改器基本操作与参数设置。

相关知识

“挤出”修改器可以将深度添加到二维图形中，并且可以将对象转换成一个参数化对象，其参数设置面板，如图 2-2-36 所示。

①数量：设置挤出的深度。

②分段：指定要在挤出对象中创建的线段数目。

③封口：用来设置挤出对象的封口，共有以下四个选项。

◆封口始端：在挤出对象的初始端生成一个平面。

◆封口末端：在挤出对象的末端生成一个平面。

◆变形：以可预测、可重复的方式排列封口面，这是创建变形目标所必需的操作。

◆栅格：在图形边界的方形上修剪栅格中安排的封口面。

④输出：指定挤出对象的输出方式，共有以下三个选项。

◆面片：产生一个可以折叠到面片对象中的对象。

◆网格：产生一个可以折叠到网格对象中的对象。

◆ NURBS：产生一个可以折叠到 NURBS 对象中的对象。

⑤生成贴图坐标：将贴图坐标应用到挤出对象中。

⑥真实世界贴图大小：控制应用于对象的纹理贴图材质所使用的缩放方法。

⑦生成材质 ID：将不同的材质 ID 指定给挤出对象的侧面与封口。

⑧使用图形 ID：将材质 ID 指定给挤出生成的样条线线段，或指定给在 NURBS 挤出生成的曲线子对象。

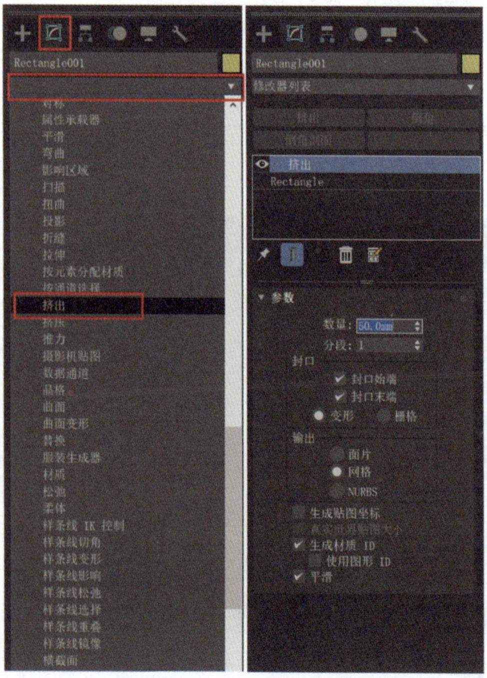

图 2-2-36 “挤出”修改器

⑨平滑：将平滑应用于挤出图形。

视 频

简易门模型制作

任务实施

1. 任务实施分析

“挤出”修改器——简易门模型制作流程及任务分析见表 2-2-3。

表 2-2-3　模型制作流程及任务分析

序号	名称	绘制效果	所用工具及要点说明
1	绘制门框（见图 2-2-37）	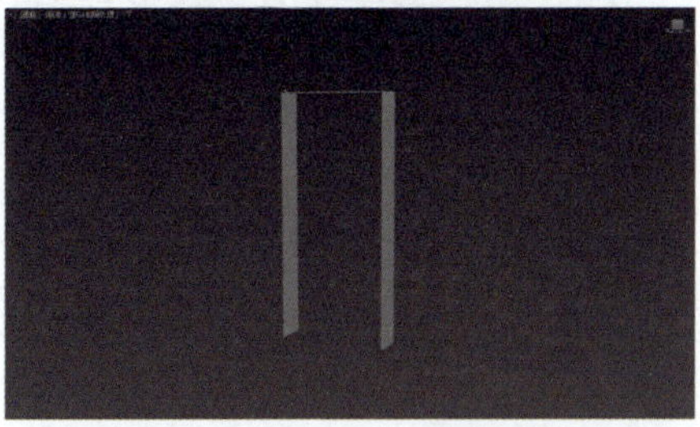 图 2-2-37　门框	1. 二维线→矩形 2. “样条线”层级→“轮廓” 3. “挤出”修改器
2	绘制门套（见图 2-2-38）	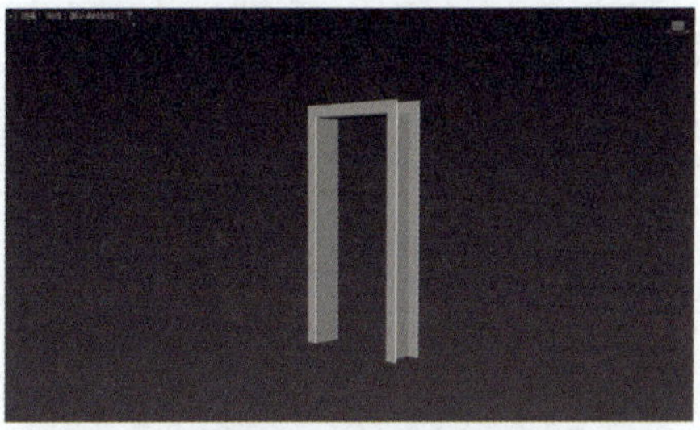 图 2-2-38　门套	1. 二维线→矩形 2. “样条线”层级→“轮廓” 3. “挤出”修改器
3	内部门板创建（见图 2-2-39）	 图 2-2-39　门板	1. 二维线→矩形 2. “样条线”层级→“附加”命令 3. 移动对齐命令
4	绘制门把手（见图 2-2-40）	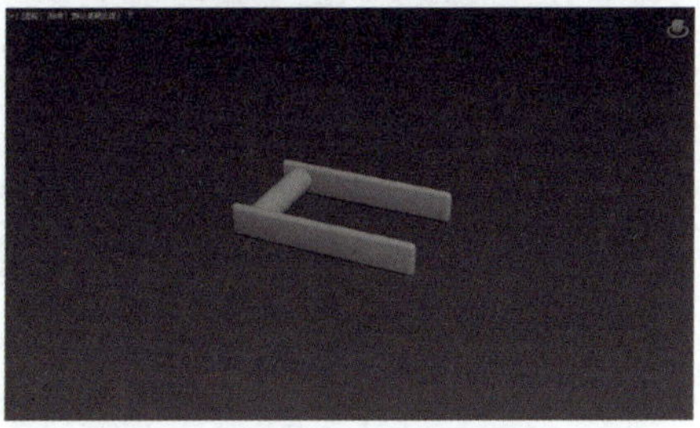 图 2-2-40　门把手	1. 创建圆柱体 2. 创建切角长方体 3. 对齐工具

续表

序号	名称	绘制效果	所用工具及要点说明
5	完成简易门模型（见图 2-2-41）	 图 2-2-41　简易门模型	—

2. 任务实施步骤

➢ Step 1：单击“创建”→“图形”→“矩形”按钮，在前视图中创建矩形，在“参数”卷展栏中设置“长度”为 2 000.0 mm、“宽度”为 900.0 mm；选择当前矩形并右击，选择“转换为”→“转换为可编辑样条线”命令，如图 2-2-42 所示。在“线段”层级选中下面的一条选段，按【Delete】键删除，如图 2-2-43 所示。

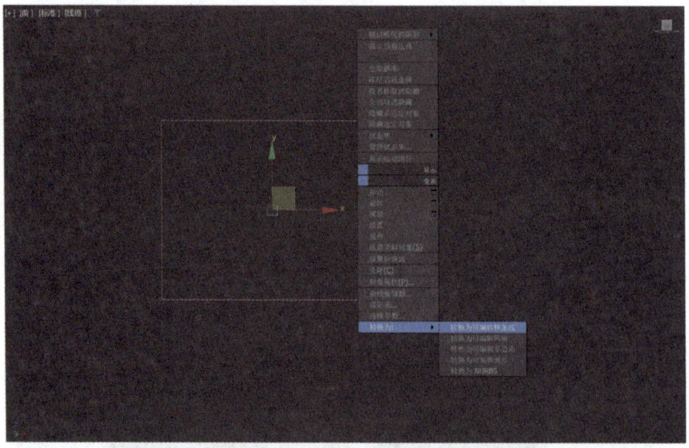

图 2-2-42　“转换为可编辑样条线”命令

图 2-2-43　门框造型线

➢ Step 2：选择“样条线”层级，执行“-10.0 mm”的轮廓命令，再次执行“挤出”命令，数量为 240.0 mm，如图 2-2-44 所示。

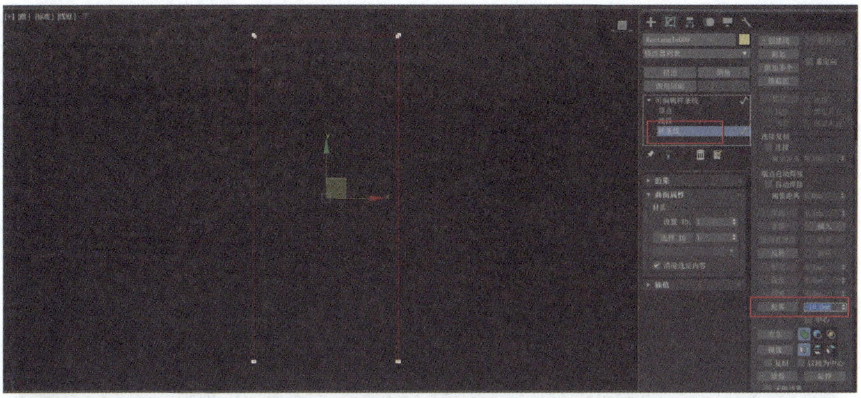

（a）门框宽度

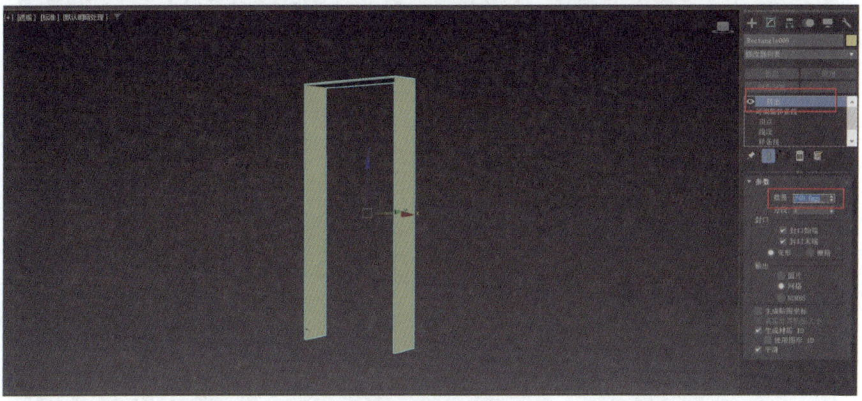

（b）门框厚度

图 2-2-44 门框

➢ Step 3：单击“创建”→“图形”→“矩形”按钮，开启“2.5D 捕捉”（捕捉设置勾选“顶点”和“中点”复选框），在前视图中门框内侧捕捉创建矩形；选择当前矩形并右击，选择“转换为”→“转换为可编辑样条线”命令，在“线段”层级选中下面的一条线段，按【Delete】键删除，如图 2-2-45 所示。

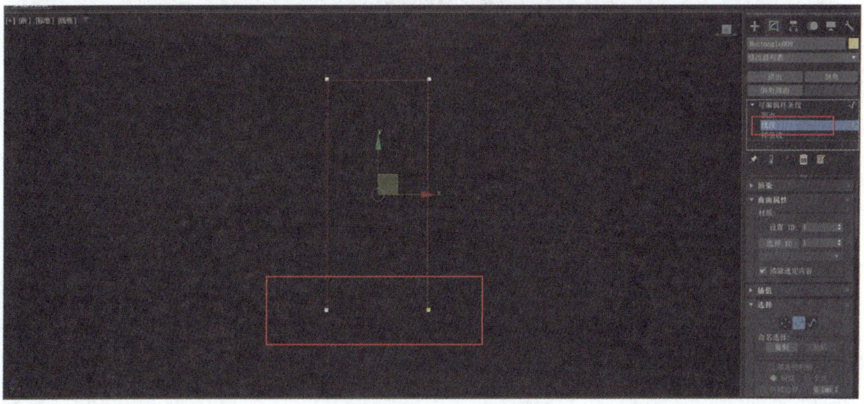

图 2-2-45 门套造型线

➢ Step 4：在“样条线”层级，执行“-100.0 mm”轮廓命令，再次执行“挤出”命令，数量为20.0 mm，捕捉移动放于门框外侧，如图 2-2-46 所示。

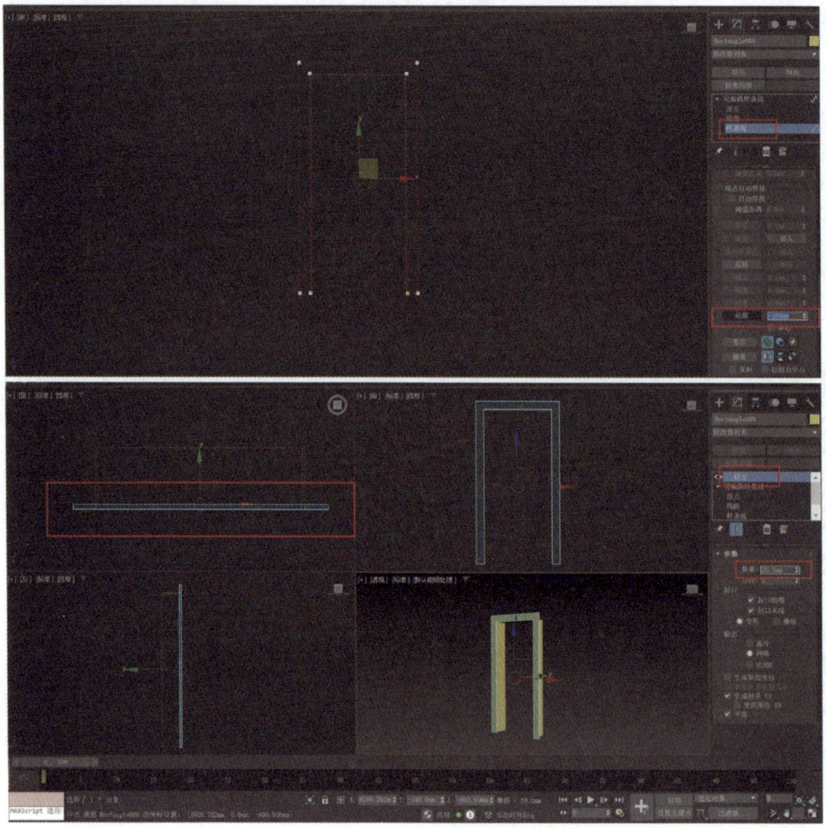

图 2-2-46　门套

➢ Step 5：选择单侧门套线以“实例”克隆 1 个，捕捉移动放于门框另一侧，如图 2-2-47 所示。

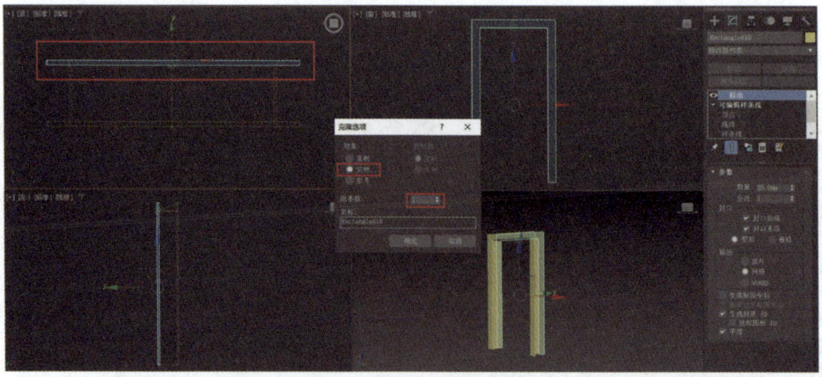

图 2-2-47　另一侧门套

➢ Step 6：单击“创建”→“图形”→“矩形”按钮，开启“2.5D 捕捉”，在前视图中门框内侧捕捉创建矩形；再次创建一个矩形，参数设置为“长度”1 500.0 mm、“宽度”300.0 mm；继续执行“对齐”工具，X、Y 和 Z 轴“当前对象”轴点和“目标对象”轴点对齐，如图 2-2-48 所示。

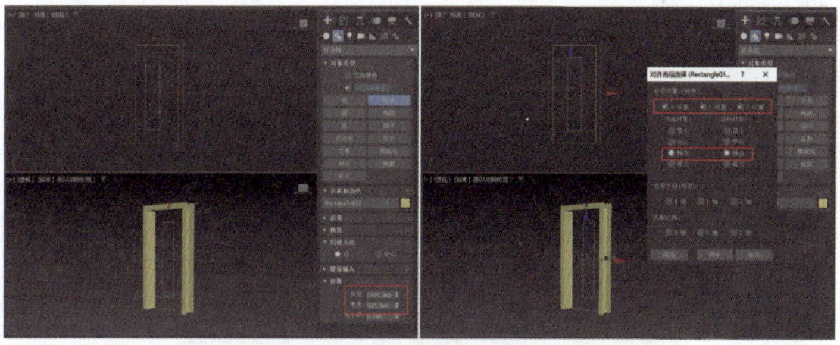

图 2-2-48 门板造型线

➢ Step 7：选择小矩形，修改器列表执行“编辑样条线”命令，在“编辑样条线”列表中选择“样条线”层级→“附加”命令；单击大矩形，修改器列表再次执行“挤出”命令，数量为50.0 mm，放置于合适的位置，如图 2-2-49 所示。

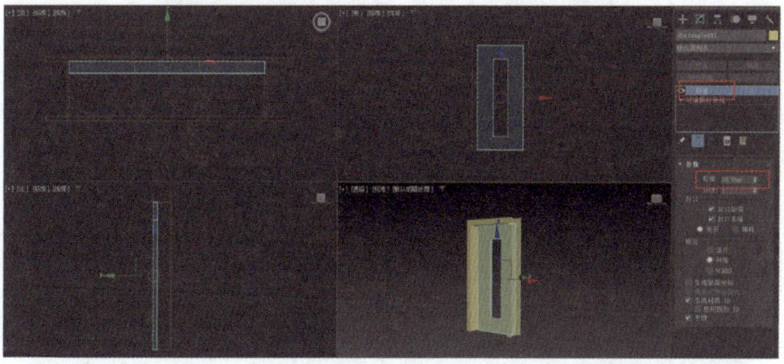

图 2-2-49 门板

➢ Step 8：单击“创建”→“几何体”→“标准基本体”→“圆柱体”按钮，在前视图门把手高度创建圆柱体，参数设置为“半径”15.0 mm，“高度”100.0 mm，如图 2-2-50 所示；再次单击“创建”→“几何体”→“扩展基本体”→“切角长方体”按钮，参数设置为“长度”35.0 mm、“宽度”200.0 mm、“高度”10.0 mm、“圆角”5.0 mm；顶视图与门锁中轴“最小”和“最大”对齐，调整位置，如图 2-2-51 所示。

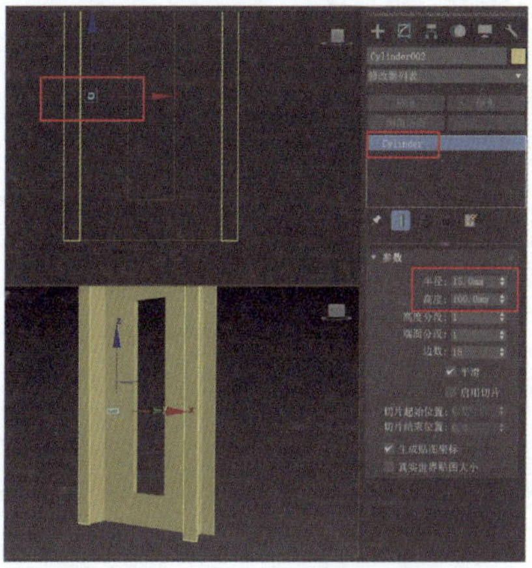

图 2-2-50 门锁内芯

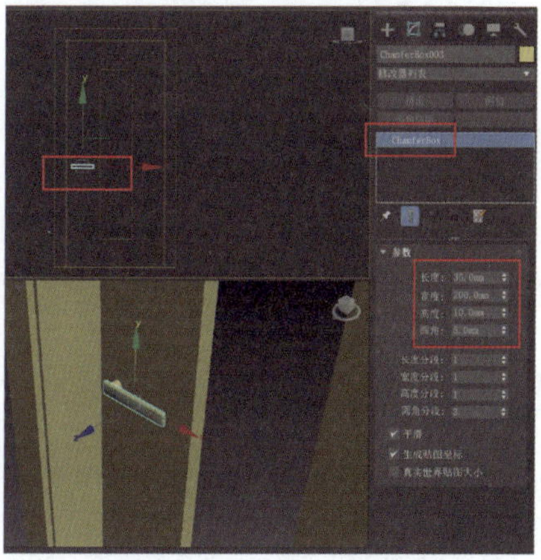

图 2-2-51 单侧门把手

➢ Step 9：在顶视图单击门把手，以“实例”克隆1个，与门锁中柱Y轴“最大”和“最小”对齐，调整位置，如图2-2-52所示。

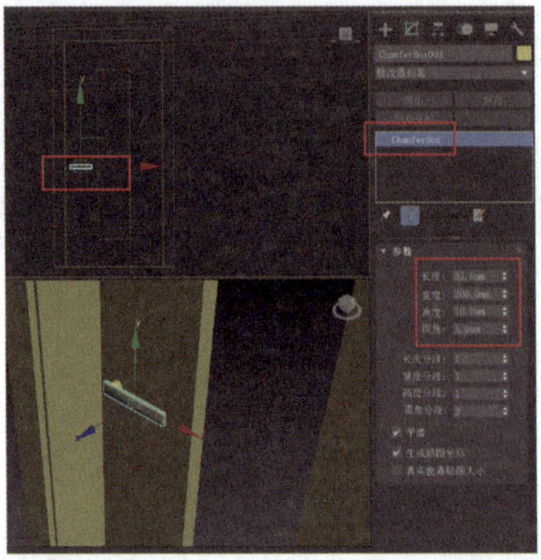

图2-2-52 另一侧门把手

➢ Step 10：调整最终效果，简易门模型绘制完成，如图2-2-53所示。

图2-2-53 简易门模型

任务3 硬包模型制作

任务介绍

本任务学习3ds Max软件“倒角”修改器，熟悉“倒角”修改器命令的应用技巧，通过硬包模型制作强化“倒角”修改器的应用。

视 频

倒角修改器

任务导入

观看微课视频进行“倒角”修改器的课前探索学习，了解“倒角”修改器基本操作与参数设置。

相关知识

“倒角”修改器可以将图形挤出为 3D 对象，并在边缘应用平滑的倒角效果，其参数设置面板包含“参数”和“倒角值”两个卷展栏，如图 2-2-54 所示。

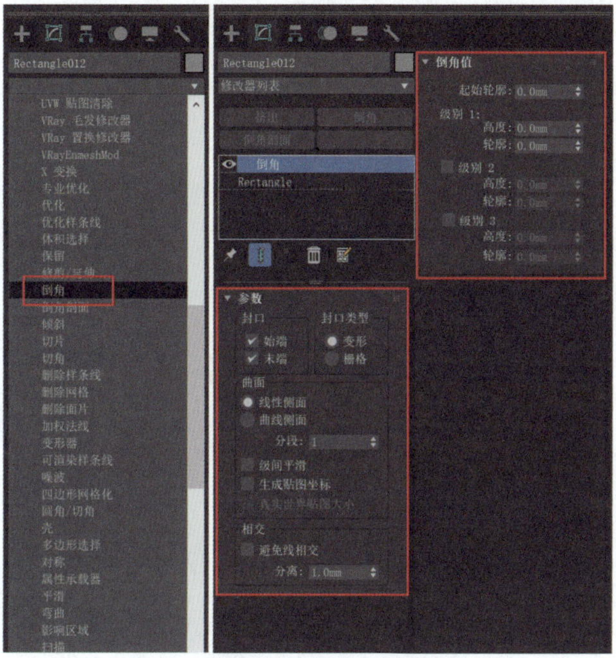

图 2-2-54 “倒角”修改器

1.“参数”卷展栏

①封口：指定倒角对象是否要在一端封闭开口。

◆始端：用对象的最低局部 z 值（底部）对末端进行封口。

◆末端：用对象的最高局部 z 值（底部）对末端进行封口。

②封口类型：指定封口的类型。

◆变形：创建适合的变形封口曲面。

◆栅格：在栅格图案中创建封口曲面。

③曲面：控制曲面的侧面曲率、平滑度和贴图。

◆线性侧面：勾选该选项后，级别之间会沿着一条直线进行分段插补。

◆曲线侧面：勾选该选项后，级别之间会沿着一条 Bezier 曲线进行分段插补。

◆分段：在每个级别之间设置中级分段的数量。

◆级间平滑：控制是否将平滑效果应用于倒角对象的侧面。

◆生成贴图坐标：将贴图坐标应用于倒角对象。

◆真实世界贴图大小：控制应用于对象的纹理贴图材质所使用的缩放方法。

④相交：防止重叠的相邻边产生锐角。

◆避免线相交：防止轮廓彼此相交。

◆分离：设置边与边之间的距离。

2. “倒角值”卷展栏

①起始轮廓：设置轮廓到原始图形的偏移距离。正值会使轮廓变大；负值会使轮廓变小。

②级别 1：包含以下两个选项。

◆高度：设置“级别 1”在起始级别之上的距离。

◆轮廓：设置“级别 1”的轮廓到起始轮廓的偏移距离。

③级别 2：在“级别 1”之后添加一个级别。

◆高度：设置“级别 1”之上的距离。

◆轮廓：设置“级别 2”的轮廓到“级别 1”轮廓的偏移距离。

④级别 3：在前一级别之后添加一个级别，如果未启用“级别 2”，“级别 3”会添加在“级别 1”之后。

◆高度：设置到前一级别之上的距离。

◆轮廓：设置“级别 3”的轮廓到前一级别轮廓的偏移距离。

视 频

硬包模型制作

任务实施

1. 任务实施分析

“倒角”修改器——硬包模型制作流程及任务分析见表 2-2-4。

表 2-2-4 模型制作流程及任务分析

序号	名称	绘制效果	所用工具及要点说明
1	绘制单个硬包结构（见图 2-2-55）	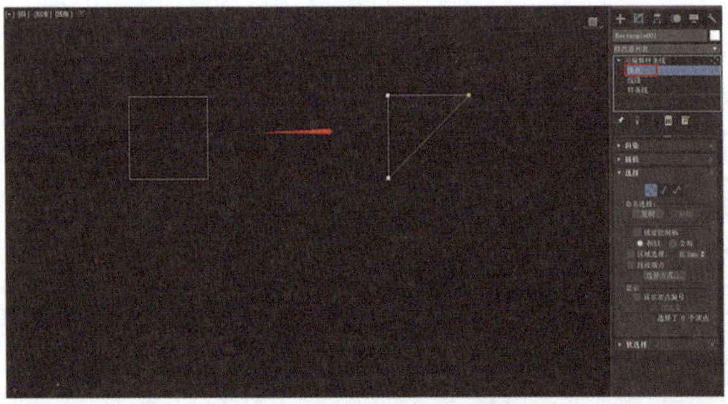 图 2-2-55 单个硬包结构	1. 二维线→矩形 2. “挤出”修改器 3. 多边形→“顶点”层级
2	添加“倒角”修改器（见图 2-2-56）	 图 2-2-56 “倒角”修改器	1. 级别 2（厚度） 2. 倒角厚度

续表

序号	名称	绘制效果	所用工具及要点说明
3	绘制一组拼花组合（见图 2-2-57）	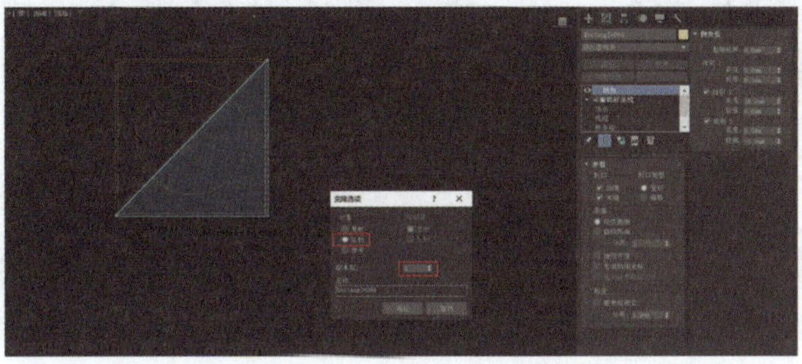 图 2-2-57 绘制一组拼花	实例旋转克隆
4	硬包拼花组合排列（见图 2-2-58）	 图 2-2-58 硬包拼花模型	—

2. 任务实施步骤

➢ Step 1：在前视图选择“创建”→“图形”→“矩形”按钮，绘制参数为“长度”300.0 mm、“宽度”300.0 mm 的矩形，选择矩形并右击，选择“转换为可编辑样条线”命令，选择“顶点”层级，把四个顶点的类型修改为“角点”类型，选中一个顶点按【Delete】键删除，退出“顶点”层级，就得到一个等腰直角三角形，如图 2-2-59 所示。

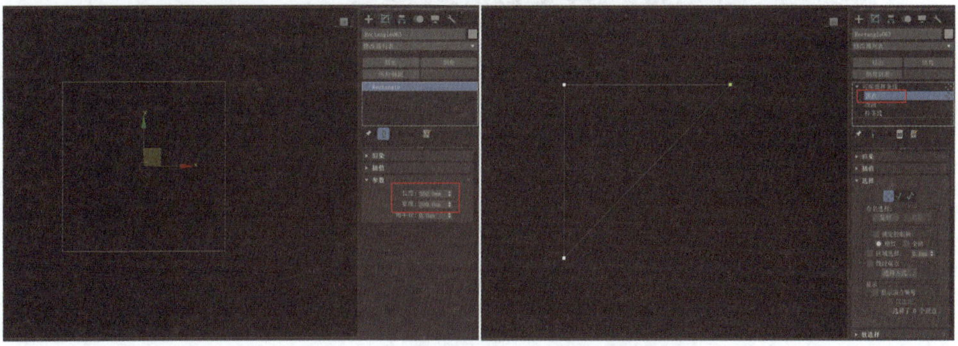

图 2-2-59 等腰直角三角形造型线

➢ Step 2：选择三角形，单击“修改器列表”，添加“倒角”修改器，设置级别 2“高度”10.0 mm，级别 3“高度”5.0 mm，“轮廓”-5.0 mm，如图 2-2-60 所示。

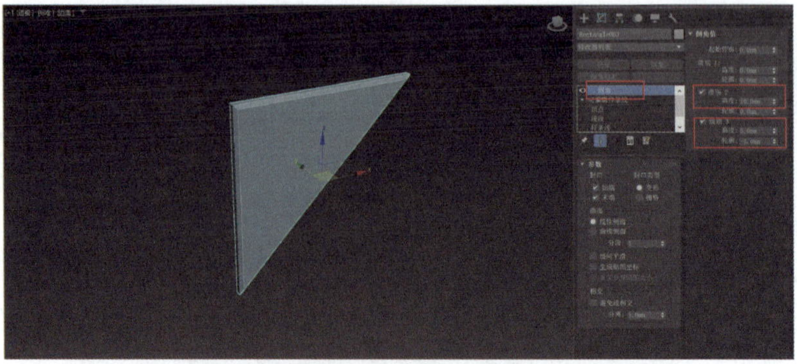

图 2-2-60　添加“倒角”修改器

➢ Step 3：在前视图选择三角硬包“旋转”工具，开启角度捕捉，按住【Shift】键旋转 180° 以“实例”克隆出 1 个，如图 2-2-61 所示。

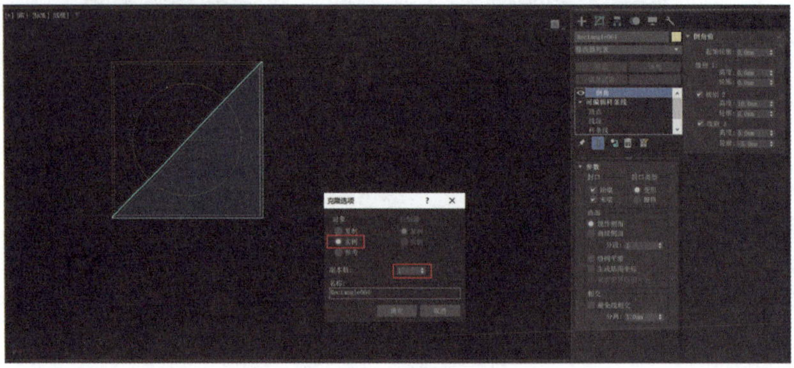

图 2-2-61　旋转克隆

➢ Step 4：在透视图选择一组硬包，单击“工具”→“阵列”工具，设置 X 轴增量 300.0 mm，列阵维度为 1D，数量为 5 个，如图 2-2-62 所示。

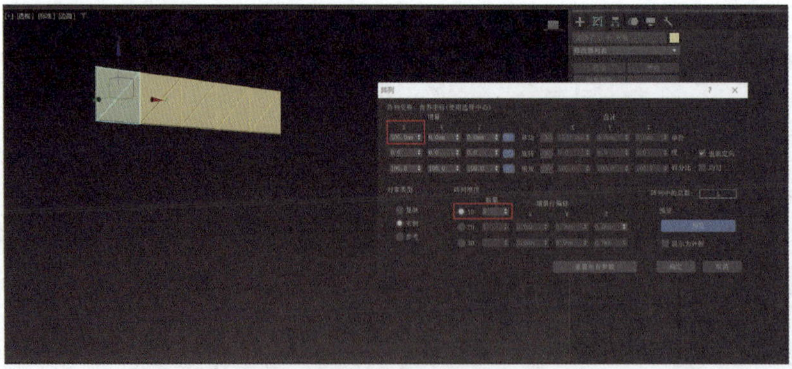

图 2-2-62　横向阵列

➢ Step 5：在透视图选择一组硬包，单击“工具”→“阵列”工具，设置 Z 轴增量 300.0 mm，列阵维度为 1D，数量为 5 个，如图 2-2-63 所示。

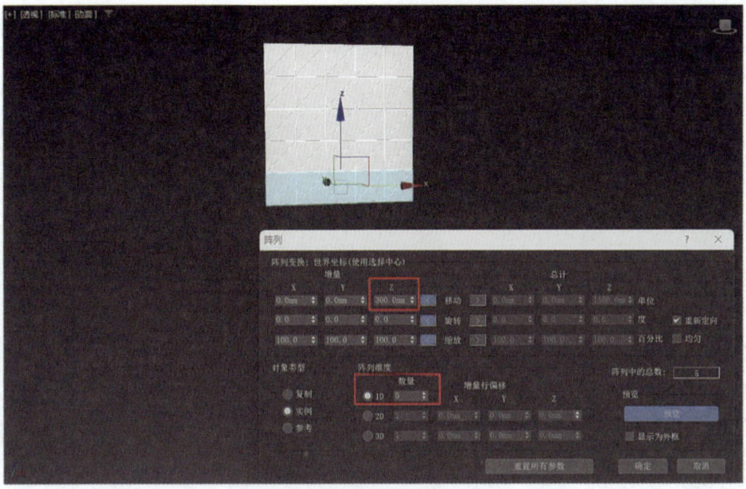

图 2-2-63 纵向阵列

➢ Step 6：在透视图旋转检查模型，硬包模型绘制完成，如图 2-2-64 所示。

图 2-2-64 硬包模型

任务 4 欧式背景墙模型制作

任务介绍

本任务学习 3ds Max 软件“倒角剖面”修改器的参数，熟悉“倒角剖面”修改器的应用技巧，通过欧式背景墙模型制作强化“倒角剖面”修改器的应用。

视 频

倒角剖面修改器

任务导入

观看微课视频进行“倒角剖面”修改器的课前探索学习，了解“倒角剖面”修改器基本操作与参数设置。

相关知识

“倒角剖面”修改器使用一个图形作为路径或“倒角剖面”来挤出另一个图形。倒角剖面在功能上可以制作踢脚线、石膏线和天花吊顶的线条。“倒角剖面”修改器参数比之前版本增加了一些功能，有经典和改进两个选项，如图 2-2-65 所示。经典方法利用创建对象的传统方法（将样条线用作剖面），改进的方法利用倒角剖面编辑器。

警告：如果删除原始倒角剖面，则倒角剖面失效。与提供图形的放样对象不同，倒角剖面只是一个简单的修改器。

1. “参数”卷展栏

①经典：使用原始方法（拾取要用作剖面的第二个图形）创建倒角剖面。

②改进：使用与加强型文本相同的系统（包含剖面预设和“倒角剖面”编辑器）创建倒角剖面。

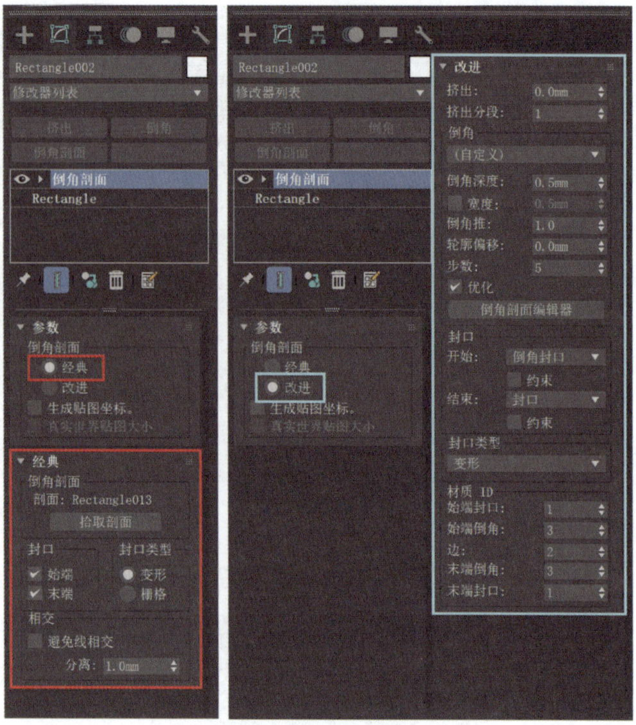

图 2-2-65 “倒角剖面”修改器

2. “经典”卷展栏

①拾取剖面：单击此按钮以选择要用于剖面路径的图形或 NURBS 曲线。随后，该路径对象的名称会出现在按钮的上方。

②“封口”组。

◆始端：对挤出图形的底部进行封口。

◆末端：对挤出图形的顶部进行封口。

③封口类型。

◆变形：使用一个确定性的封口方法，可为对象间的变形提供相等数量的顶点。

◆栅格：使用栅格创建封口，更适合封口变形。

④相交。

◆避免线相交：防止倒角曲面自相交。在指定剖面对象后可用。

注：此选项需要更多的处理器计算，而且在复杂几何体中很消耗时间。

◆分离：侧面为防止相交而应保持分开的距离。

3. “改进”卷展栏

①挤出：设置挤出深度。

②挤出分段：指定在挤出中创建的分段数。

③“倒角”组。

◆预设列表：先前创建的倒角的列表。选择“自定义”可使用您通过倒角剖面编辑器创建的倒角。预设包括：“凹面”“凸面”“凹雕”“半圆”“边缘”“线性”“S 形区域”“三步”和“两步”。注：创建并保存的任何倒角将显示在预设列表中。

◆倒角深度：倒角区域的深度。

◆倒角宽度：该复选框用于切换功能以修改倒角区域宽度。禁用后，宽度将受限于深度参数。默认设置为禁用。

◆倒角推：倒角曲线的强度。例如，使用凹面倒角预设时，0 值表示完美的线性边，-1 表示凸边，+1 表示凹边。

◆轮廓偏移：轮廓的偏移距离。

◆步数：用于分割曲线的顶点数。步数越多，曲线越平滑。

◆优化：从倒角的直线段移除不必要的步数。默认设置为启用。

④倒角剖面编辑器：切换“倒角剖面编辑器”窗口，可以创建自定义剖面。

⑤“封口”组。

◆开始：对象正面的封口。选项包括：“封口（简单封口无倒角）”“无封口（开放面）”“倒角封口”和“倒角无封口”。默认设置为“倒角封口”。

◆结束：对象背面的封口。选项包括：“封口（简单封口无倒角）”“无封口（开放面）”“倒角封口”和“倒角无封口”。默认设置为“封口”。

◆约束：对选定面使用选择约束。

⑥“封口类型”组。

◆变形：使用三角形创建封口面。

◆栅格：在栅格图案中创建封口面。

◆细分：使用细分图案创建将变形的封口面。

⑦“材质 ID”组：使用此组可将单独选定的材质应用于“始端封口”“始端倒角”“边”“末端倒角”和“末端封口”。

视 频

欧式背景墙模型制作

任务实施

1. 任务实施分析

“倒角剖面”修改器——欧式背景墙模型制作流程及任务分析见表 2-2-5。

表 2-2-5　模型制作流程及任务分析

序号	名称	绘制效果	所用工具及要点说明
1	绘制背景墙基础框架（见图 2-2-66）	 图 2-2-66　基础框架	1. 二维线→矩形 2. “克隆”工具

续表

序号	名称	绘制效果	所用工具及要点说明
2	绘制欧式样条线剖面造型（见图 2-2-67）	 图 2-2-67　欧式样条线剖面造型	1. 二维线→矩形 2. “可编辑样条线”层级→调整剖面造型
3	绘制欧式样条线单体结构（见图 2-2-68）	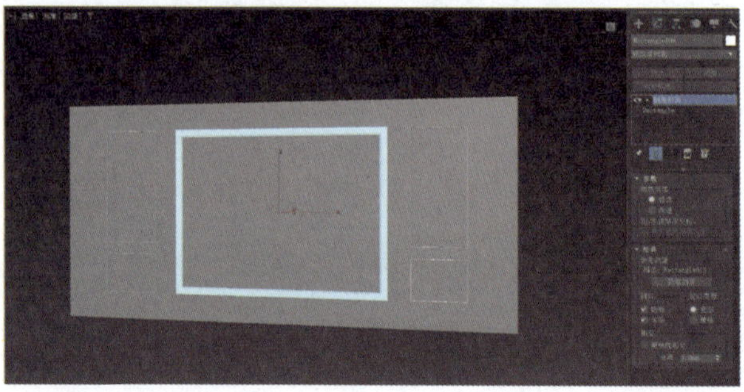 图 2-2-68　欧式背景墙装饰	1. “倒角剖面”修改器 2. “剖面 Gizmo”子层级调整
4	完成欧式背景墙模型（见图 2-2-69）	 图 2-2-69　欧式背景墙模型	—

2. 任务实施步骤

➢ Step 1：单击“创建”→“图形”→“矩形”按钮，在前视图创建矩形，参数设置为“长度”2 100.0 mm，“宽度”2 800.0 mm；继续创建矩形，参数设置为“长度”1 450.0 mm，“宽度”700.0 mm；再次创建矩形，参数设置为“长度”500.0 mm，“宽度”700.0 mm，捕捉对齐调整位置，如图 2-2-70 所示。

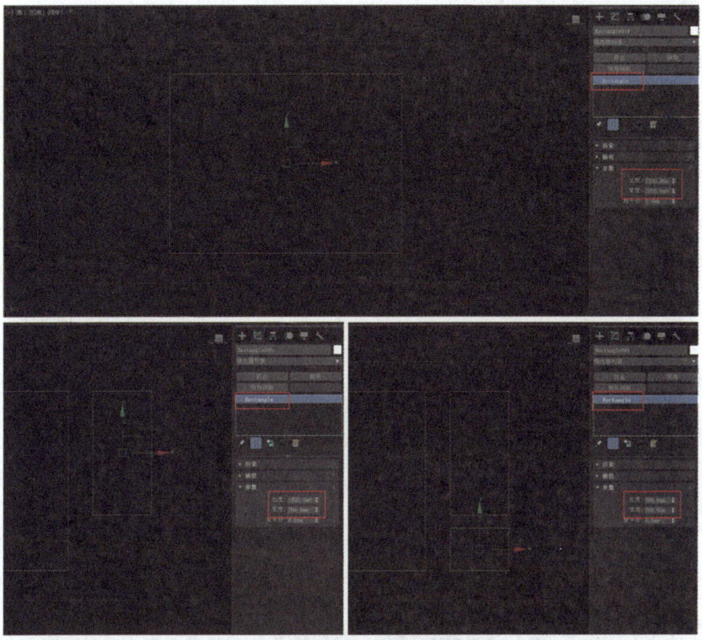

图 2-2-70 背景墙造型路径

➢ Step 2：选择右边一组造型，以“实例”克隆 1 组，捕捉对齐调整位置，如图 2-2-71 所示。

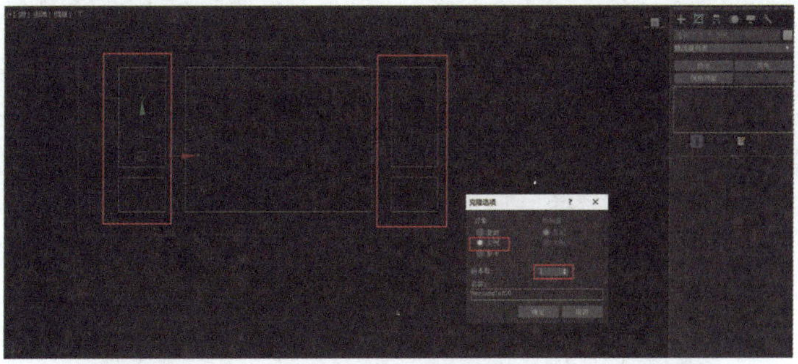

图 2-2-71 调整位置

➢ Step 3：单击“创建”→“图形”→“线”按钮，在顶视图创建剖面造型，在“可编辑样条线”的子层级内修改造型，如图 2-2-72 所示。

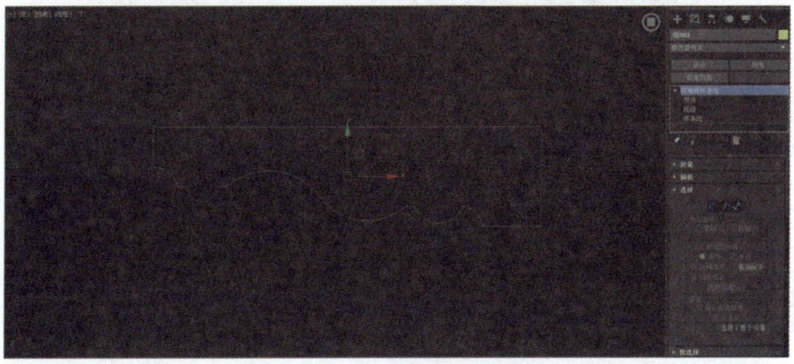

图 2-2-72 装饰线剖面造型

➢ Step 4: 单击中间大矩形,在“修改器列表”执行“倒角剖面”修改器命令,“参数”组“倒角剖面”类型选择“经典”单选按钮，单击“拾取剖面”按钮，根据视口中的效果进行调整，进入倒角剖面的子层级“剖面 Gizmo”，在 Z 轴旋转 −90°，退出子层级，如图 2-2-73 所示。

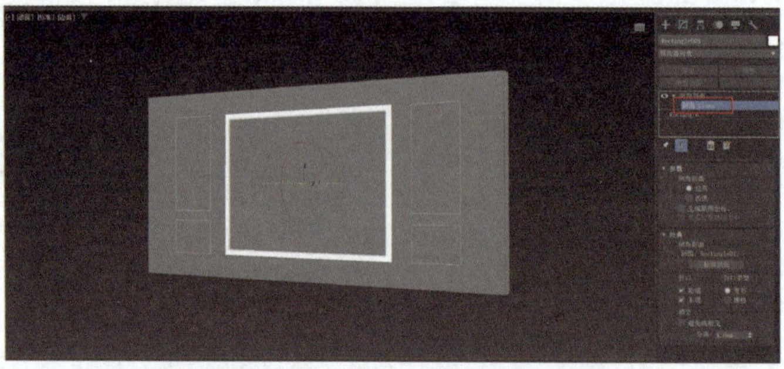

图 2-2-73 执行“倒角剖面”修改器命令

➢ Step 5：在“修改”面板选择大矩形“倒角剖面”命令并拖动到视口中其他背景墙造型线上，复制过来相同的倒角剖面效果。调整细节，欧式背景墙模型制作完成，如图 2-2-74 所示。

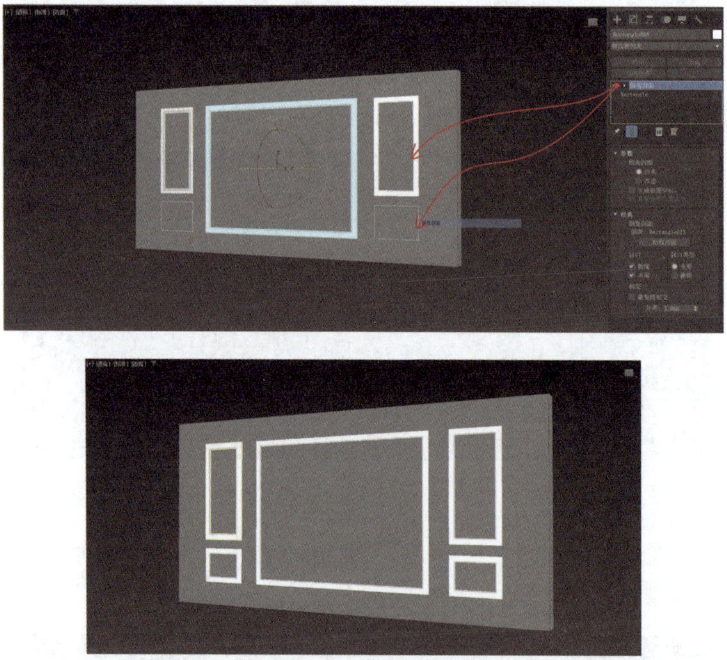

图 2-2-74 欧式背景墙模型

任务 5 螺旋花瓶模型制作

任务介绍

本项目学习 3ds Max 软件“放样”修改器，熟悉“放样”修改器的应用技巧，通过螺旋花瓶模型制作强化“放样”修改器的应用。

视 频

放样修改器

任务导入

观看微课视频进行“放样”修改器的课前探索学习，了解“放样”修改器基本操作与参数设置。

相关知识

放样是将一个二维图形作为沿某个路径的剖面，从而生成复杂的三维对象。“放样”是一种特殊的建模方法，能快速地创建出多种模型。

◆获取路径：将路径指定给选定图形或更改当前指定的路径。

◆获取图形：将图形指定给选定路径或更改当前指定的图形。

◆移动 / 复制 / 实例：用于指定路径或图形转换为放样对象的方式。

◆缩放：使用“缩放”变形可以从单个图形中放样对象，该图形在其沿着路径移动时只改变其缩放。

◆扭曲：使用“扭曲”变形可以沿着对象的长度创建盘旋或扭曲的对象，扭曲将沿着路径指定旋转量。

◆倾斜：使用“倾斜”变形可以围绕局部 x 轴和 y 轴旋转图形。

◆倒角：使用“倒角”变形可以制作出具有倒角效果的对象。

◆拟合：使用“拟合”变形可以使用两条拟合曲线来定义对象的顶部和侧剖面。

视 频

螺旋花瓶模型制作

任务实施

1. 任务实施分析

“放样”修改器——螺旋花瓶模型制作流程及任务分析见表 2-2-6。

表 2-2-6　模型制作流程及任务分析

序号	名称	绘制效果	所用工具及要点说明
1	绘制螺旋花瓶截面与路径（见图 2-2-75）	 图 2-2-75　截面与路径	二维线→星形（修改参数）

续表

序号	名称	绘制效果	所用工具及要点说明
2	添加“放样”工具（见图 2-2-76）	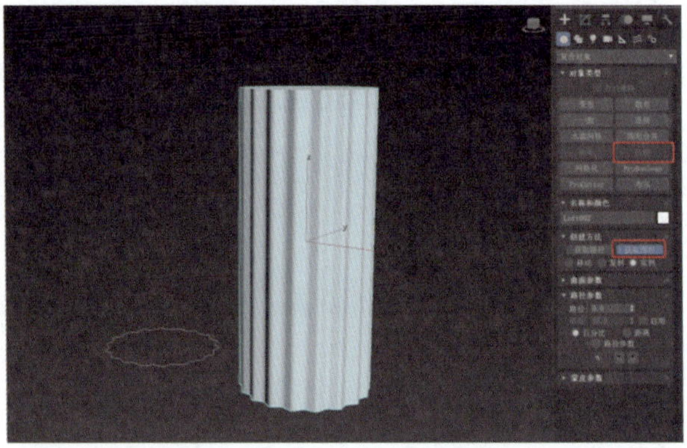 图 2-2-76 “放样”工具	1. 选择路径 2. 添加“放样” 3. 获取图形（花瓶截面）
3	“修改”面板调节“缩放”（见图 2-2-77）	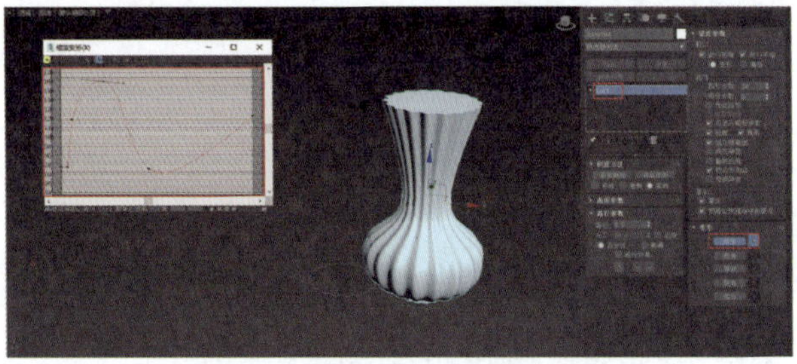 图 2-2-77 调节“缩放”效果	1. 插入点 2. 修改点的属性
4	“修改”面板调节“扭曲”（见图 2-2-78）	 图 2-2-78 调节“扭曲”效果	1. 选择控制点 2. 调整数值控制扭曲程度
5	调节花瓶轮廓（见图 2-2-79）	 图 2-2-79 调节花瓶轮廓	1. 取消勾选“封口末端”复选框 2. 调节路径步数

续表

序号	名称	绘制效果	所用工具及要点说明
6	完成螺旋花瓶模型（见图 2-2-80）	 图 2-2-80 螺旋花瓶模型	—

2. 任务实施步骤

➢ Step 1：单击“创建”→“图形”→“星形”按钮，在顶视图创建星形，修改参数“半径 1”为 100.0 mm，“半径 2”为 90.0 mm，“圆角半径 1”为 5.0 mm，“圆角半径 2”为 5.0 mm。单击“创建”→“图形”→“线”按钮，前视图创建由下向上的直线作为花瓶的路径，如图 2-2-81 所示。

图 2-2-81 截面与路径

➢ Step 2：单击“路径”按钮，单击“创建”→“几何体”→“复合对象”→“放样”按钮，创建方法：单击“获取图形”按钮进行拾取花瓶截面，如图 2-2-82 所示。

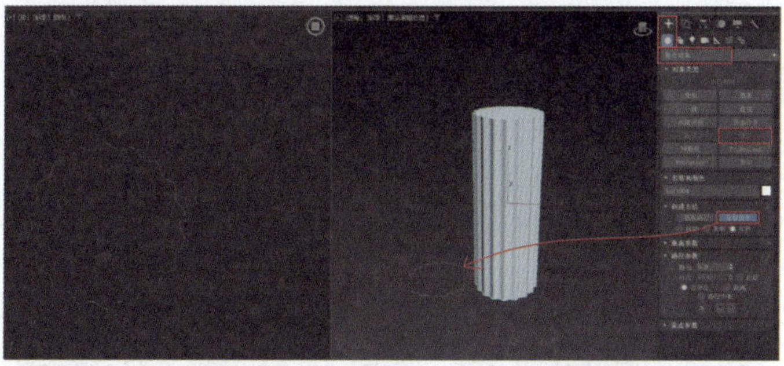

图 2-2-82 添加“放样”

➢ Step 3：选择“修改”面板“变形”卷展栏，选择“缩放变形”→“插入角点”命令，选择点右击更改点的类型为“Bezier 角点”并调节花瓶的弯曲程度，如图 2-2-83 所示。

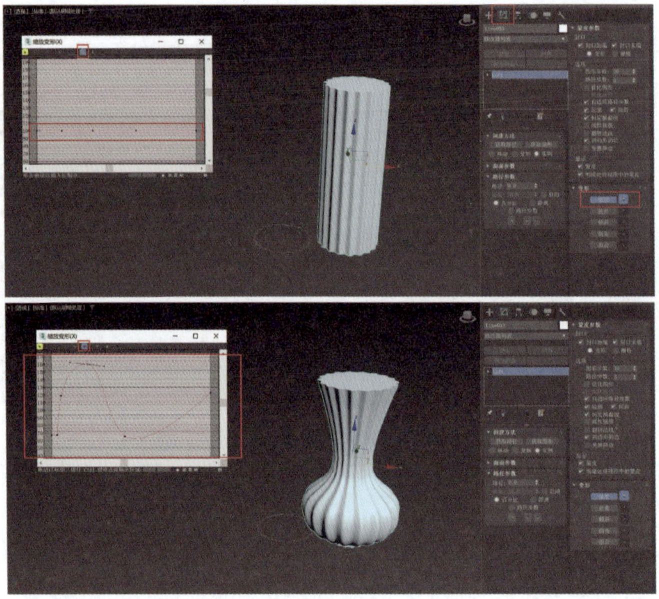

图 2-2-83　调整“缩放”效果

➢ Step 4: 选择“修改”面板“变形”卷展栏，选择“扭曲”变形按钮，弹出“扭曲变形”对话框，调节一端顶点的高度来控制螺旋的样式，如图 2-2-84 所示。

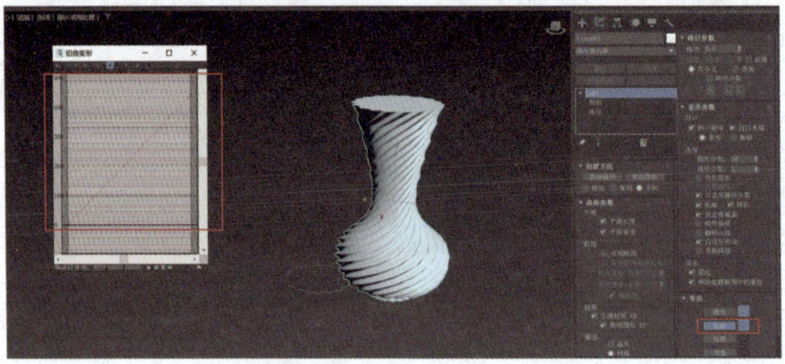

图 2-2-84　调整扭曲变形效果

➢ Step 5：花瓶表面的线条不够顺滑，选择“修改”面板“蒙皮参数”卷展栏，取消勾选“封口末端”复选框，设置“图形步数”为 10，“路径步数”为 50，如图 2-2-85 所示。

图 2-2-85　调整整体圆润程度

➢ Step 6：选择花瓶，在“修改器列表”的“壳”修改器，绘制花瓶的厚度“外部量”为 2.0 mm，螺旋花瓶模型创建完成，如图 2-2-86 所示。

图 2-2-86　螺旋花瓶模型

课后拓展训练：建模小达人——美式房门模型制作

通过本项目的学习，了解掌握二维修改器建模的特点及各层级的常用命令。通过二维图形创建模型，强化修改器命令的应用技巧。通过创建简易门模型达到举一反三的拓展能力，仔细观察图 2-2-87 所示的美式房门模型，思考建模的过程中运用了哪些层级及命令，如何设置相应的参数呢？美式房门参考门洞大小 2 000 mm × 900 mm。

图 2-2-87　美式房门模型

项目三　三维修改器建模

修改器是 3ds max 建模中用到的非常重要的编辑工具，能够对基础模型进行再编辑，并且有详细的设置参数。它在命令面板的“修改”面板里，为了提高工作效率，一般我们都把修改器添加到按钮上。

任务 1　玄关柜模型制作

任务介绍

本项目学习 3ds Max 软件“可编辑多边形”修改器的参数：点、边、边界、多边形、元素，熟悉“可编辑多边形”修改器的子物体层级及常用命令的应用技巧，通过玄关柜模型制作强化“可编辑多边形”修改器的应用。

视 频

可编辑多边形1

视 频

可编辑多边形2

任务导入

观看微课视频进行“可编辑多边形”修改器的课前探索学习，了解可编辑多边形的基本操作及基本参数。

相关知识

可编辑多边形常用命令操作流程及要点说明见表 2-3-1。

表 2-3-1 常用命令操作流程及要点说明

序号	名称	绘制效果	常用命令要点说明
1	点层级（见图 2-3-1）	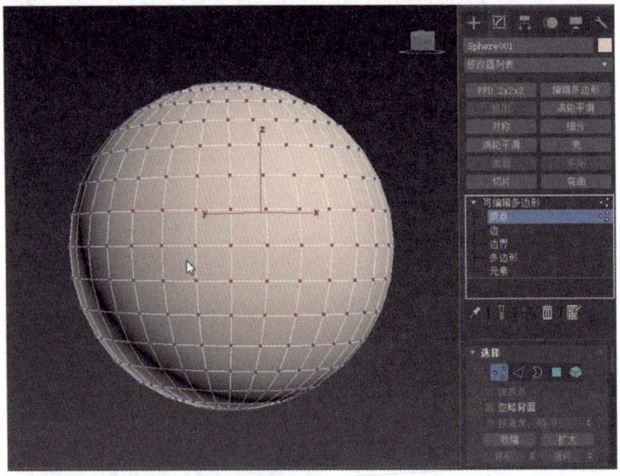 图 2-3-1 点层级	移动、移除、循环、扩大可以快速选择点、删除点
2	边层级（见图 2-3-2）	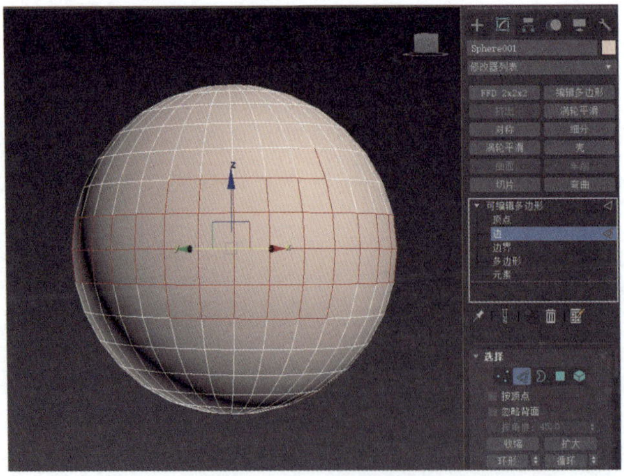 图 2-3-2 边层级	1. 切角：可以完成复杂造型的圆滑 2. 连接：创建边与边之间新的边

续表

序号	名称	绘制效果	常用命令要点说明
3	边 界 层 级（见图 2-3-3）	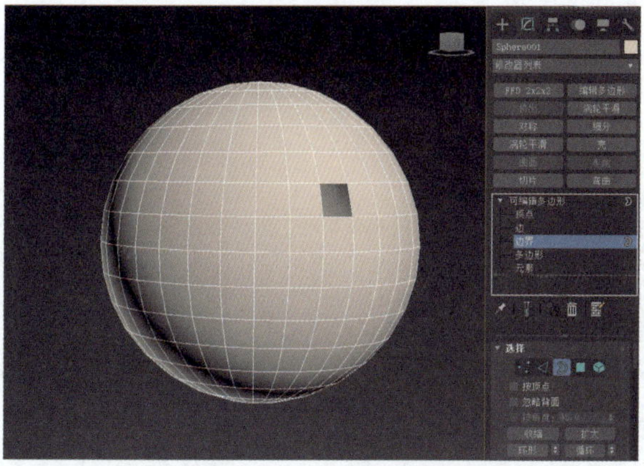 图 2-3-3　边界层级	完成缺面封口
4	多边形层级（见图 2-3-4）	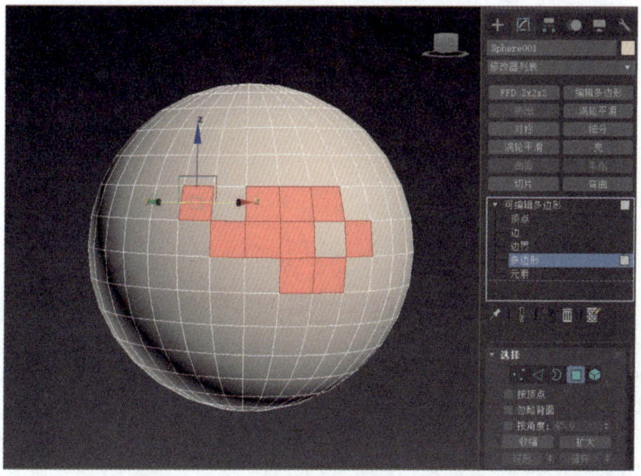 图 2-3-4　多边形层级	1. 挤出：增加面 2. 轮廓：改变面的形状 3. 倒角：集合挤出与轮廓的特点 4. 插入：缩小面
5	元 素 层 级（见图 2-3-5）	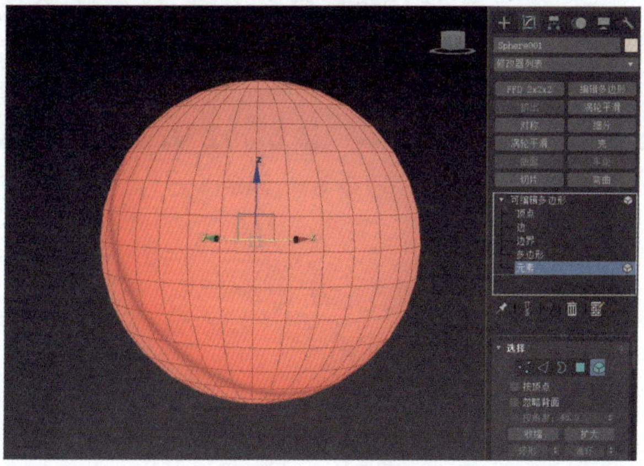 图 2-3-5　元素层级	平滑组：不同图形之间可以使用平滑组，让模型圆滑

1. 点层级常用命令

①移除：可以移除多余的点，面不缺失。

②断开：点与点之间的分开。

③焊接、目标焊接：可以将分离的点焊接在一起。

④挤出：可以手动挤出点。

⑤切角：可以完成切角量，如图 2-3-6 所示。

图 2-3-6　挤出与切角

2. 边层级

①移除：可以移除多余的线，面不缺失。

②挤出：可以手动挤出边。

③切角：可以完成切角量。

④连接：边与边之间创建新的边，如图 2-3-7 所示。

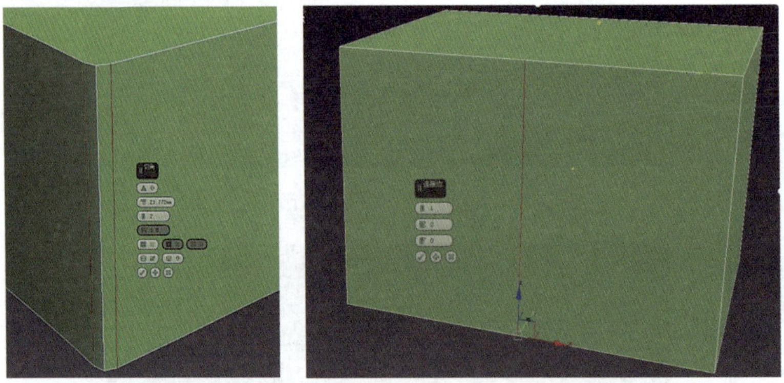

图 2-3-7　连接

3. 边界层级

封口：用于单个多边形封住整个边界环。

4. 多边形层级

①挤出：可以手动挤出面。

②轮廓：用于增大或减少连续的选定多边形的外边。

③倒角：可以进行交互式操作，执行倒角处理。

④插入：执行没有高度的倒角操作，如图 2-3-8 所示。

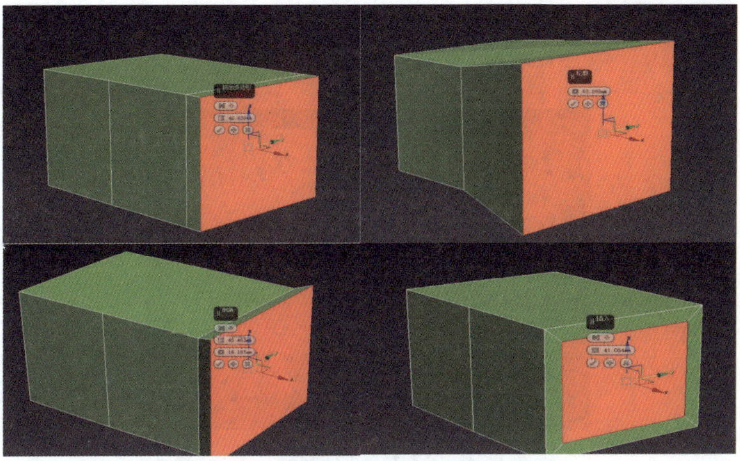

图 2-3-8 挤出、倒角与插入

5. 层级

平滑组：不同图形之间可以使用平滑组，让模型圆滑。

视 频

玄关柜
框架制作

任务实施

1. 任务实施分析

“可编辑多边形”修改器——玄关柜模型制作流程及任务分析见表 2-3-2。

表 2-3-2 模型制作流程及任务分析

序号	名称	绘制效果	所用工具及要点说明
1	绘制基础框架（见图 2-3-9）	 图 2-3-9 基础框架	1. 二维线→矩形 2. “挤出”修改器 3. 多边形→顶点层级
2	基础框架切角（见图 2-3-10）	 图 2-3-10 基础框架切角	多边形→边层级→“切角”命令（注意切角的量及段数）

续表

序号	名称	绘制效果	所用工具及要点说明
3	内部构造创建（见图2-3-11）	 图 2-3-11　内部分割	1. 二维线→矩形 2. “挤出”修改器 3. 移动对齐命令
4	绘制左侧抽屉（见图2-3-12）	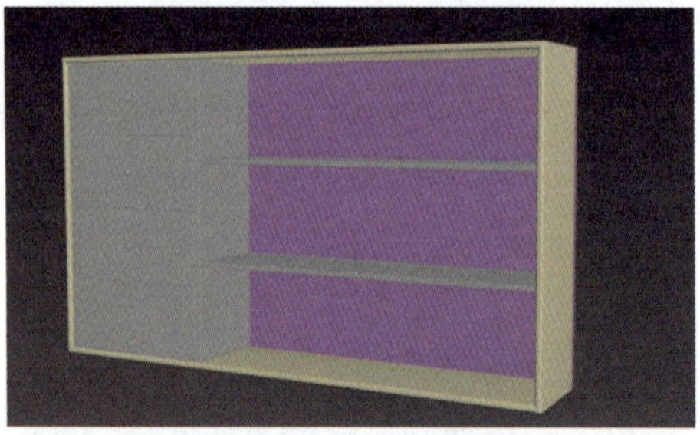 图 2-3-12　左侧抽屉	1. 多边形建模→边层级 2. 层级常用命令：挤出、切角、插入、倒角
5	绘制右侧抽屉（见图2-3-13）	 图 2-3-13　右侧抽屉	1. 多边形建模→边层级、多边形层级 2. 层级常用命令：挤出、切角、插入、倒角
6	绘制柜腿（见图2-3-14）	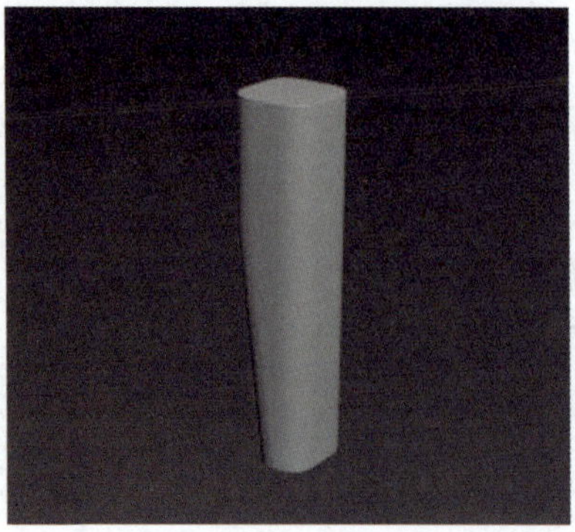 图 2-3-14　柜腿	1. 多边形建模→边层级 2. 层级常用命令：挤出、切角

续表

序号	名称	绘制效果	所用工具及要点说明
7	完成玄关柜模型（见图 2-3-15）	 图 2-3-15 玄关柜	—

2. 任务实施步骤

（1）绘制基础框架

➢ Step 1：在顶视图绘制矩形，尺寸为 300 mm × 1 600 mm，挤出 20 mm，侧板尺寸为 300 mm × 900 mm，完成复制移动，如图 2-3-16 所示。

图 2-3-16 基础绘制

➢ Step 2：转化为可编辑多边形，完成顶角的移动，如图 2-3-17 所示。

图 2-3-17 顶角斜切

（2）基础框架切角

➢ Step 1：选择顶板，在“可编辑多边形”列表中选择“边”层级，选择“切角”命令，输入切角量 10 mm，连接边分段 5，依次完成四块板的切角，如图 2-3-18 所示。

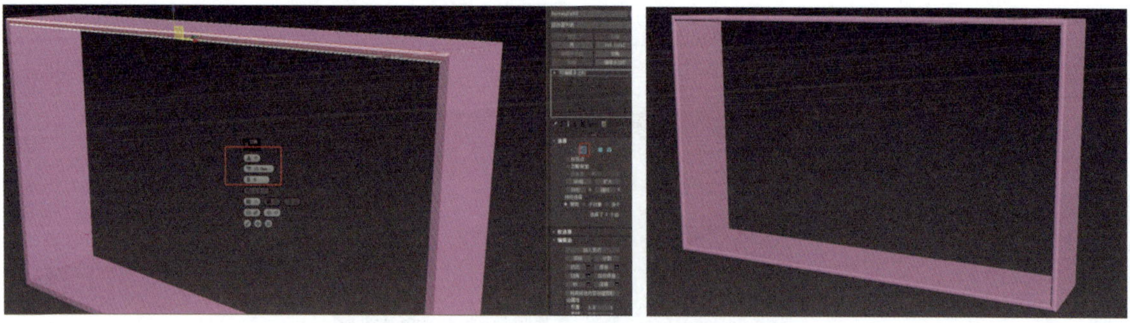

图 2-3-18 一次切角

➤ Step 2：选择顶板，在“可编辑多边形”列表中选择“边”层级，选择剩余未切角的线，执行“切角”命令，输入切角量 2 mm，连接边分段 5，同样方法，依次完成底板、两侧侧板的切角，如图 2-3-19 所示。

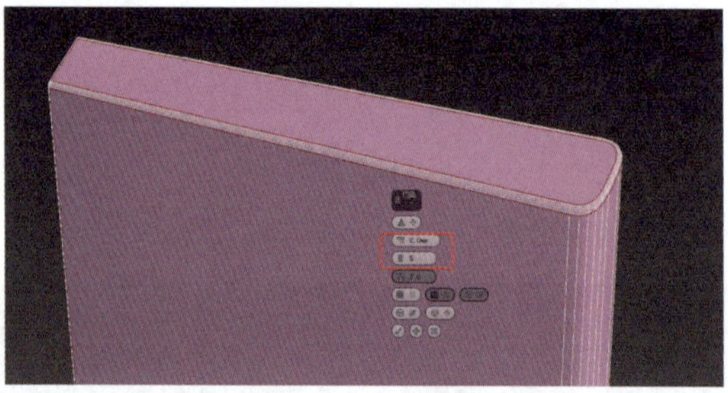

图 2-3-19 二次切角

视 频

玄关柜背板及抽屉制作

（3）内部构造创建

➤ Step 1：绘制背板。绘制长方形，转化为“可编辑样条线”，选择“点”层级，调整点的位置，执行“圆角”命令，将数值调整为 2 mm，执行“挤出”命令，数值 20 mm。转化为“可编辑多边形”，选择“多边形”层级，执行“插入”命令，数值 1 mm。选择“边”层级，执行“切角”命令，输入切角量 1 mm，连接边分段。

➤ Step 2: 绘制立板。捕捉绘制长方形，转化为“可编辑样条线”，调整位置，执行“挤出”命令，数值 20 mm，执行“切角”命令，输入“数量”2 mm，“分段”2，“张力”0.5，依次执行，完成内部层板，如图 2-3-20 所示。

图 2-3-20 内部构造

（4）绘制左侧抽屉

➢ Step 1：绘制长方形，执行“挤出”命令，数值 20 mm，输入“数量”2 mm，“分段”2，“张力”0.5，如图 2-3-21 所示。

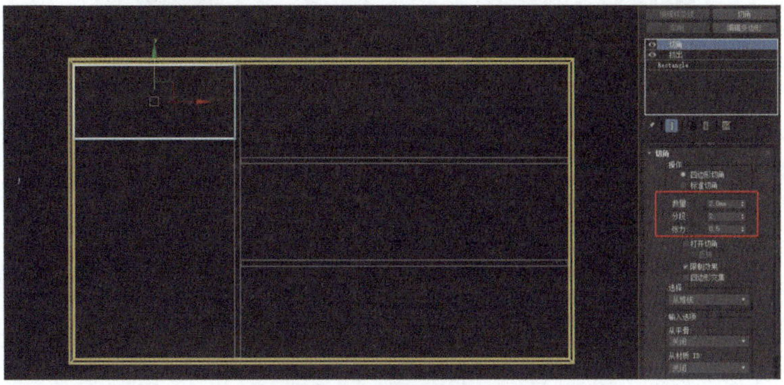

图 2-3-21　左侧抽屉

视 频

圆形拉手制作

➢ Step 2：绘制圆形拉手。选择圆形，半径 5.0 mm，执行“挤出”命令，数值 5 mm，转化为“可编辑多边形”，选择“多边形”层级，执行“倒角”命令，数值 3 mm，轮廓 5 mm，执行“挤出”命令，数值 10 mm，执行“插入”命令，数值 6 mm，执行“切角”命令，“数量”5 mm，“分段”4，如图 2-3-22 所示。

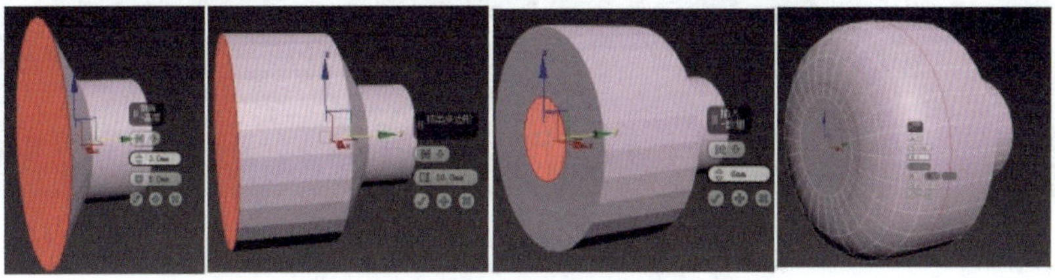

图 2-3-22　圆形拉手

➢ Step 3：依次复制完成左侧三个抽屉，如图 2-3-23 所示。

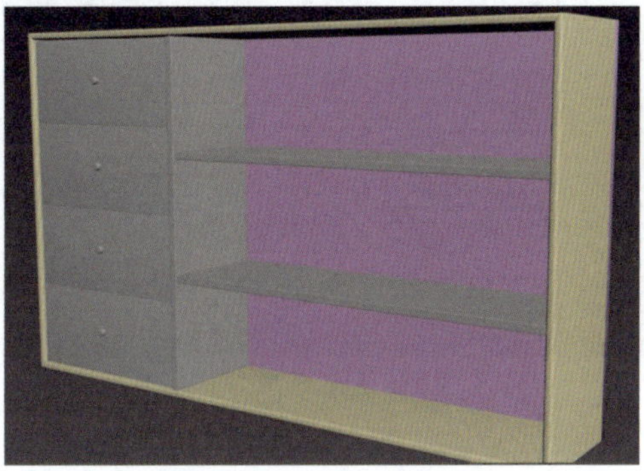

图 2-3-23　左侧三抽屉

视 频

右侧抽屉及暗藏拉手制作

（5）绘制右侧抽屉

➢ Step 1：绘制矩形，根据场景调整大小，执行“挤出”命令，输入“数量”2 mm，“分段”2，

“张力”0.5，依次进行复制移动，调整位置，如图 2-3-24 所示。

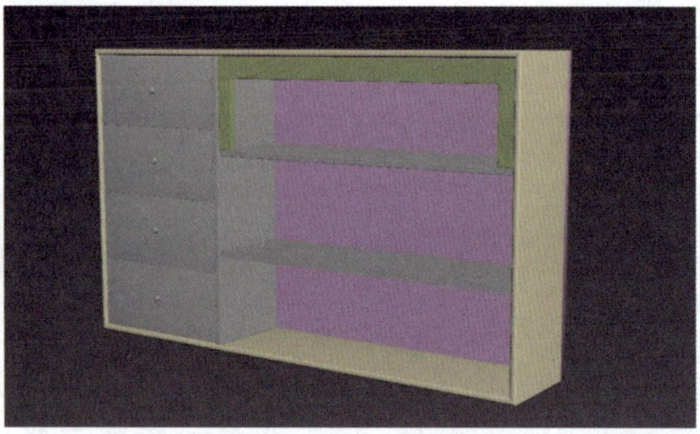

图 2-3-24　右侧抽屉

➢ Step 2: 绘制矩形，调整大小，执行“挤出”命令，数值 20 mm。绘制矩形（暗藏拉手），调整大小，转化为“可编辑样条线”，选择“点”层级，执行“圆角”命令，调整大小，挤出 20 mm，调整位置，执行“复合基本体”→“超级布尔”→“差集”命令，效果如图 2-3-25 所示。

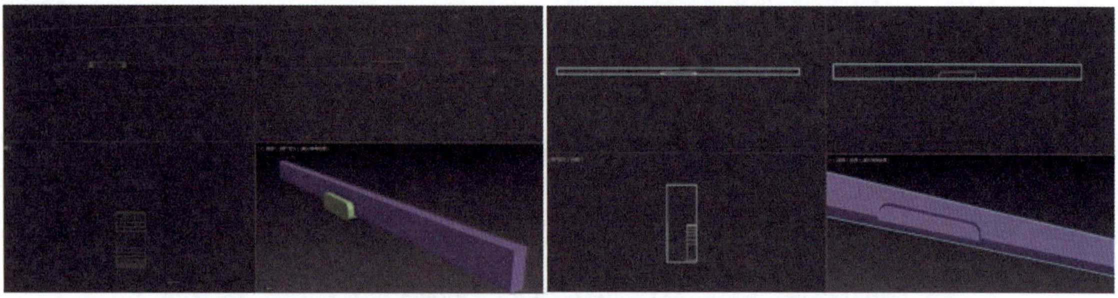

图 2-3-25　暗藏拉手

➢ Step 3：依次执行复制，调整位置，如图 2-3-26 所示。

图 2-3-26　右侧三抽屉

（6）绘制柜腿造型

➢ Step 1: 绘制矩形，执行“挤出”命令，数值 250 mm，转化为“可编辑多边形”，选择“边”层级，执行“切角”命令，切角量数值 20 mm，连接分段数 8，执行“连接”命令，连接数量 1，调整线的位置，选择“点”层级，调整点的位置，完成造型，如图 2-3-27 所示。

➤ Step 2：选择柜腿模型，执行“复制”命令，执行“镜像”命令，依次完成四个柜腿，并调整位置，如图 2-3-28 所示。

➤ Step 3：绘制装饰板，开启捕捉，矩形调整大小，执行“挤出”命令，数值 20 mm，执行“切角”命令，“数量”2 mm，“分段”2，“张力”0.5，依次进行复制移动调整，如图 2-3-29 所示。

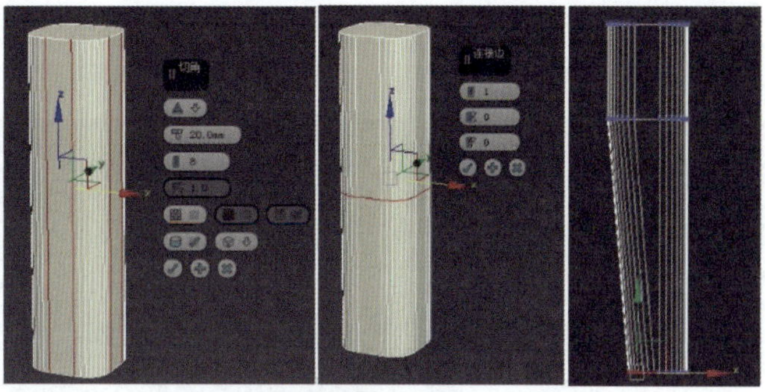

图 2-3-27　柜腿

图 2-3-28　柜腿位置调整

图 2-3-29　装饰板

任务 2　旋转楼梯模型制作

任务介绍

本任务学习 3ds Max 软件中实体修改器建模——壳、弯曲、细分修改器，通过对现有三维模型添加一个或多个修改器使之变形生成新的三维模型，通过技能点的训练，强化实体修改器建模的应用。

视 频

壳、弯曲、细分命令

任务导入

观看微课视频进行壳、弯曲、细分修改器的课前探索学习，了解壳、弯曲、细分修改器的基本操作及基本参数。

相关知识

壳、弯曲、细分修改器常用命令操作流程及要点说明见表 2-3-3。

表 2-3-3　常用命令操作流程及要点说明

序号	名称	绘制效果	常用命令要点说明
1	“壳”修改器（见图 2-3-30）	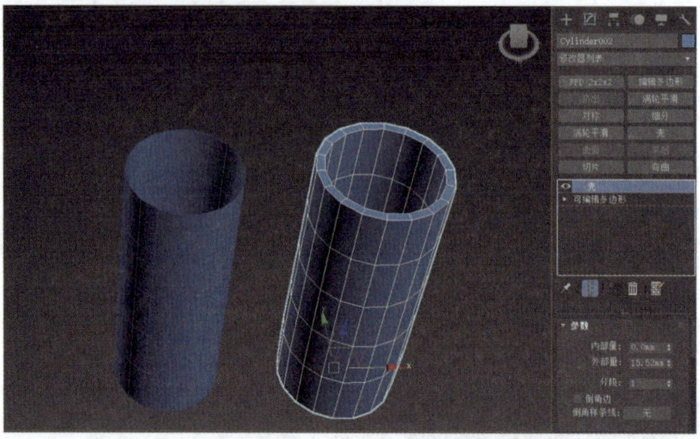 图 2-3-30　壳修改器	内部量，外部量控制物体的厚度
2	“弯曲”修改器（见图 2-3-31）	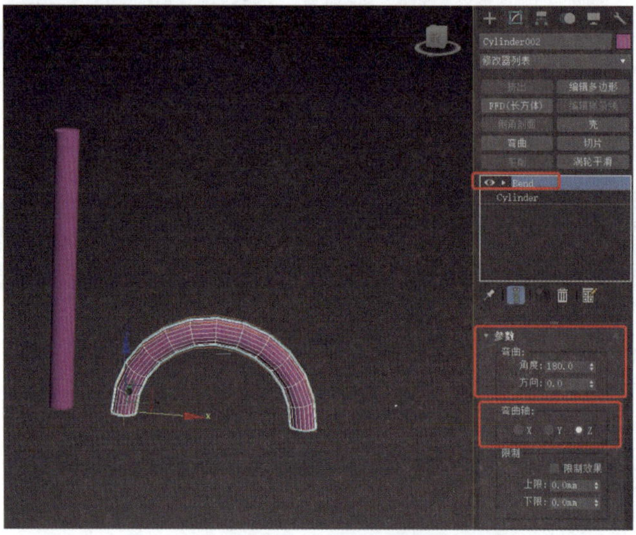 图 2-3-31　弯曲修改器	使用弯曲角度、方向及弯曲轴调整弯曲的位置
3	“细分”修改器（见图 2-3-32）	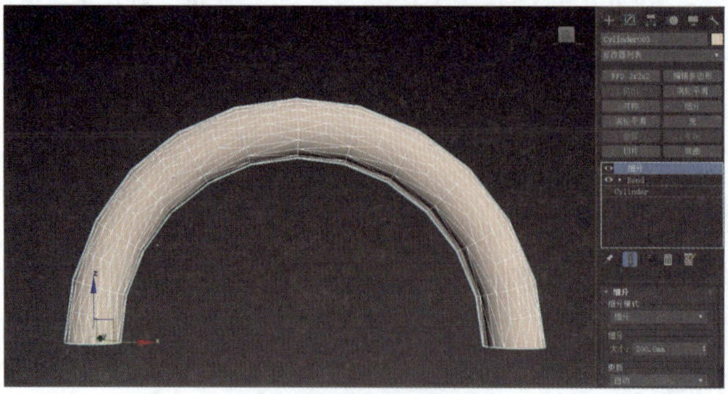 图 2-3-32　细分修改器	使用细分，增加物体的细分面。数值越小，细分面越多，物体越圆滑

①“壳”修改器：可以将三维模型的表皮或者闭合图形增加厚度。

②“弯曲”修改器：对物体进行弯曲处理，可以调节弯曲的角度和方向，以及弯曲所依据的坐标轴向，还可以将弯曲修改限制在一定的区域之内。

③“细分”修改器：将三维模型进行细分，用于实体修改器操作。

视 频

旋转楼梯模型制作

任务实施

1. 任务实施分析

壳、弯曲、细分修改器——旋转楼梯模型制作流程及任务分析见表 2-3-4。

表 2-3-4 模型制作流程及任务分析

序号	名称	绘制效果	所用工具及要点说明
1	创建楼梯（见图 2-3-33）	 图 2-3-33 基础楼梯	1. 参考图片 2. 导入
2	“细分”修改器（见图 2-3-34）	 图 2-3-34 楼梯细分	1.“细分”修改器参数 2. 细分大小
3	“弯曲”修改器（见图 2-3-35）	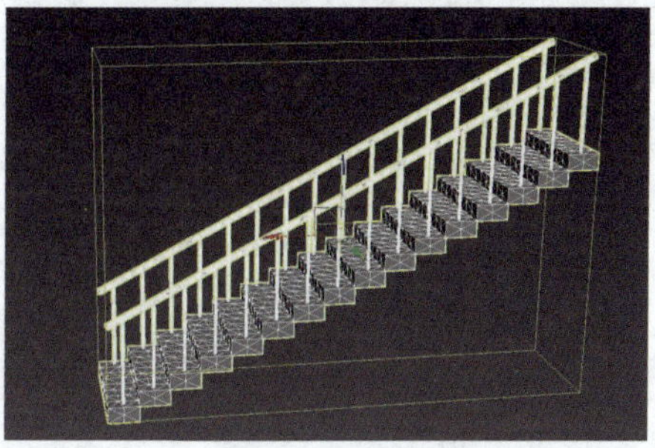 图 2-3-35 楼梯弯曲	1. 方向 2. 大小 3. 轴

续表

序号	名称	绘制效果	所用工具及要点说明
4	完成旋转楼梯模型（见图2-3-36）	 图 2-3-36　旋转楼梯	—

2. 任务实施步骤

➢ Step 1：导入楼梯模型，如图 2-3-37 所示。

图 2-3-37　楼梯创建

➢ Step 2：增加“细分”修改器命令，修改细分“大小”，值为 150.0 mm，如图 2-3-38 所示。

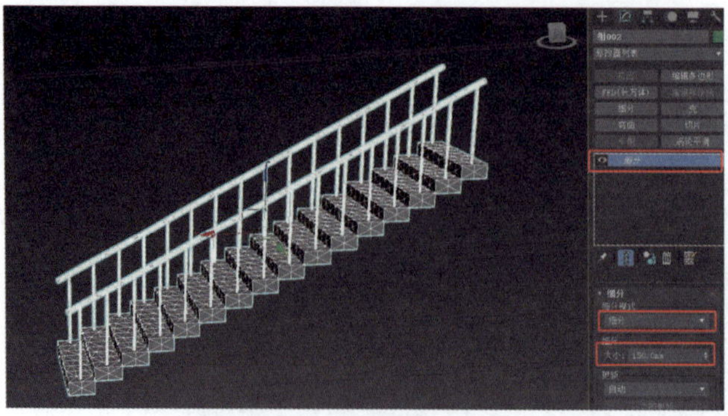

图 2-3-38　楼梯细分

➢ Step 3：增加“弯曲”修改器，“角度”为 192.5，“方向”为 −90.0，“弯曲轴”为“X”轴，完成造型如图 2-3-39 所示。

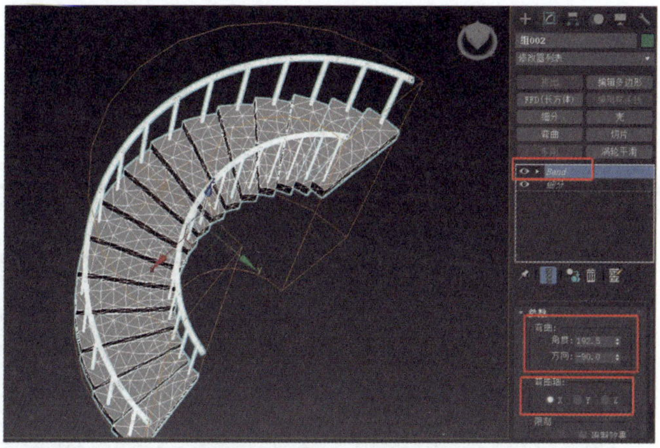

图 2-3-39　楼梯弯曲

➢ Step 4：取消边面显示，完成造型创建，如图 2-3-40 所示。

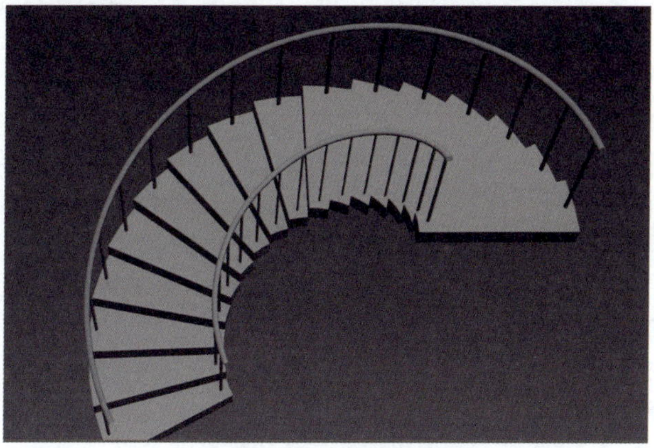

图 2-3-40　旋转楼梯

任务 3　花瓶模型制作

任务介绍

本任务学习 3ds Max 软件中 FFD 修改器，通过图片参考建模，进行 FFD 修改器编辑，通过调节控制点来产生柔和的效果，通过花瓶模型的制作强化 FFD 修改器的应用。

视 频

FFD修改器

任务导入

观看微课视频进行 FFD 修改器的课前探索学习，了解 FFD 修改器的基本操作及基本参数。

相关知识

FFD 修改器命令操作流程及要点说明见表 2-3-5。

表 2-3-5　常用命令操作流程及要点说明

序号	名称	绘制效果	常用命令要点说明
1	FFD 修改器（见图 2-3-41）	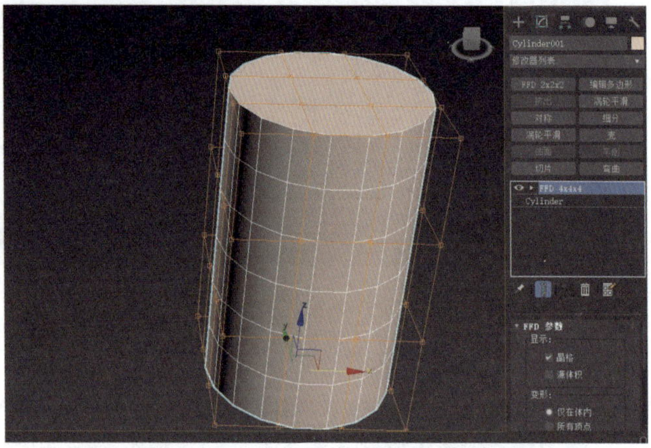 图 2-3-41　FFD 修改器	控制点的移动、缩放

① FFD 2×2×2：表示 X 方向 2 个控制点，Y 方向 2 个控制点，Z 方向 2 个控制点。

② FFD 长方体：可以任意设置控制点的数量，达到柔和的效果。

③ FFD：控制点层级可以随意移动、缩放，完成造型的创建。

视频

艺术花瓶模型制作

任务实施

1. 任务实施分析

FFD 修改器——花瓶模型制作流程及任务分析见表 2-3-6。

表 2-3-6　模型制作流程及任务分析

序号	名称	绘制效果	所用工具及要点说明
1	参考图片，完成圆柱体的创建（见图 2-3-42）	 图 2-3-42　参考图片建模	1. 参考图片 2. 圆形 3. 挤出

续表

序号	名称	绘制效果	所用工具及要点说明
2	增加分段数（见图 2-3-43）	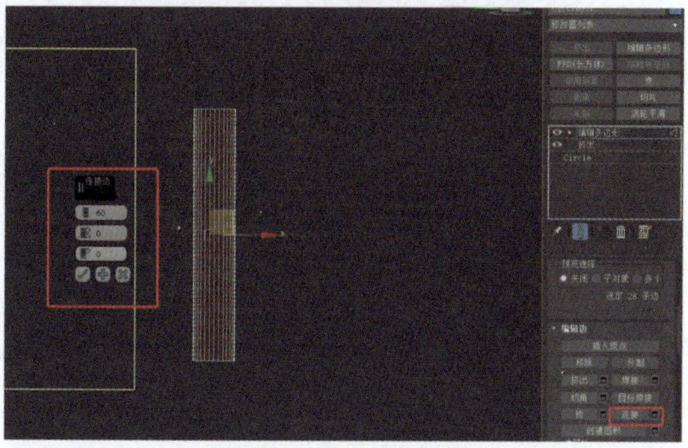 图 2-3-43 增设分段	1. 编辑多边形 2. “连接”按钮
3	FFD 修改器（见图 2-3-44）	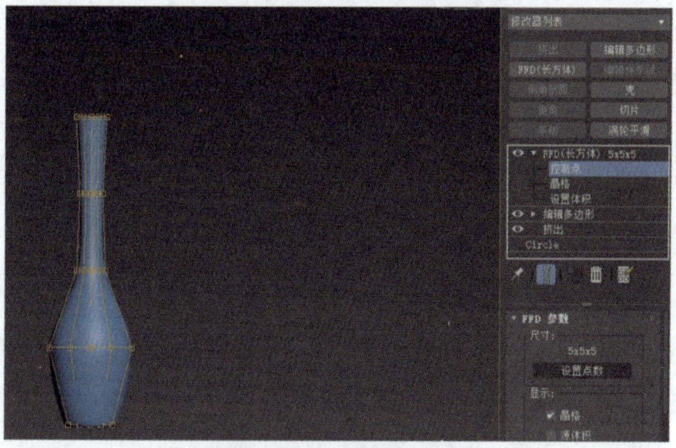 图 2-3-44 修改图形	1.FFD 修改器 2. 控制点层级 3. 移动、缩放命令
4	完成花瓶模型（见图 2-3-45）	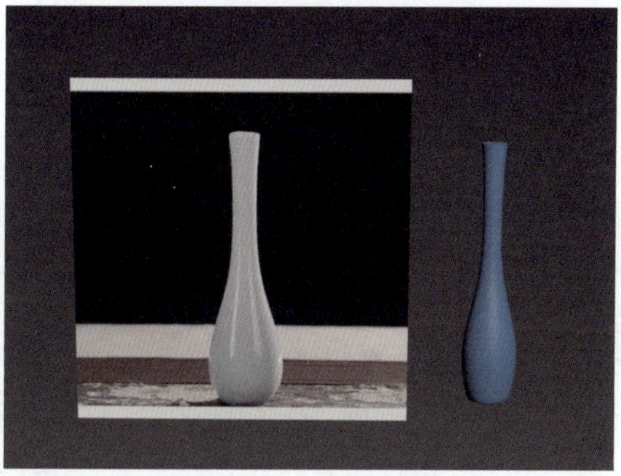 图 2-3-45 模型完成	—

2. 任务实施步骤

➢ Step 1：查看图片花瓶样式，进行参考图片建模参照，绘制圆形，执行“挤出”修改器命令，挤出高度可以根据参考图片的尺寸进行修改，如图 2-3-46 所示。

➢ Step 2：在前视图，选择“编辑多边形”→“边”层级→“连接”按钮，如图 2-3-47 所示。

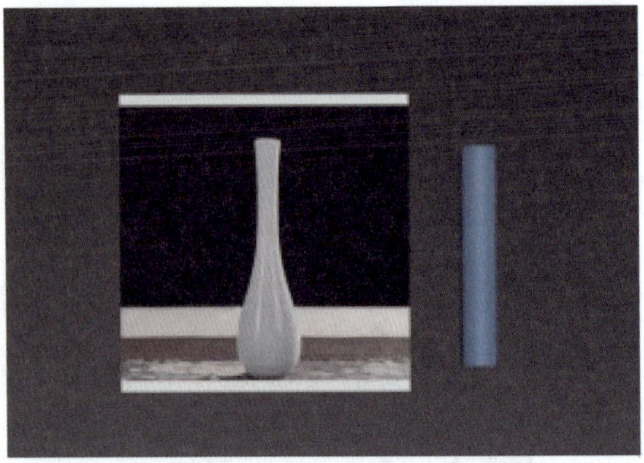

图 2-3-46 参考图片建模

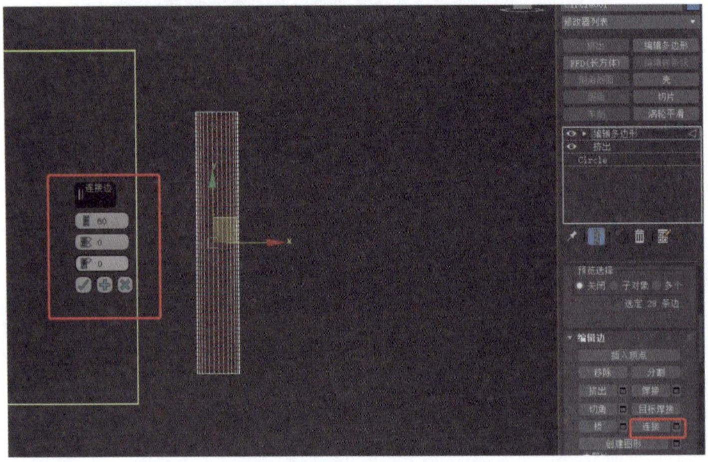

图 2-3-47 编辑图形

➢ Step 3: 选择 FFD 长方体修改器，调整“设置点数”为 5 × 5 × 5，通过调整控制点，缩放移动，完成造型，如图 2-3-48 所示。

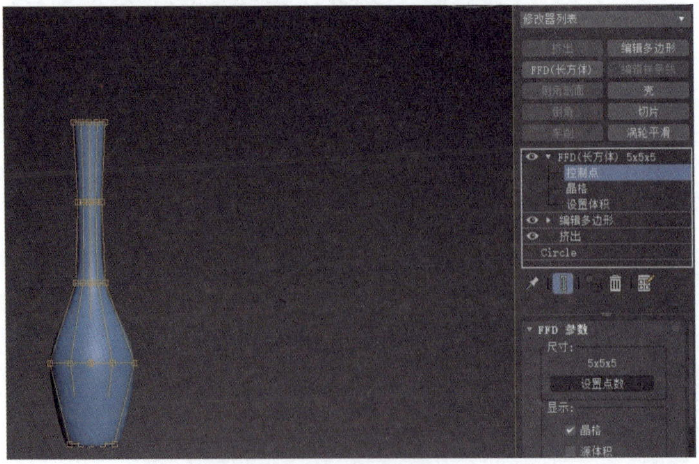

图 2-3-48 修改图形

➢ Step 4：通过缩放控制点、移动控制点，完成花瓶造型创建，如图 2-3-49 所示。

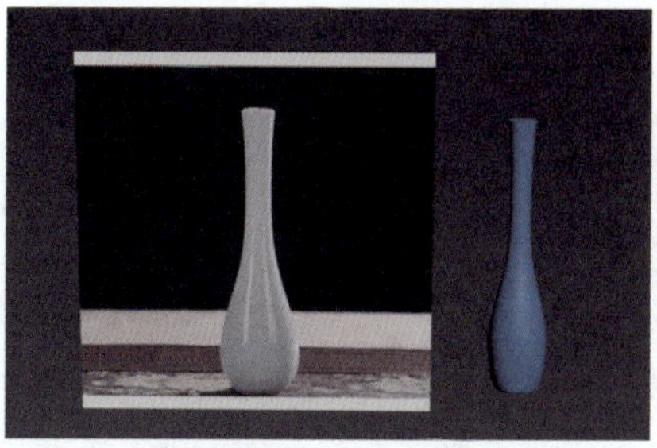

图 2-3-49 模型完成

任务 4 醒酒杯模型制作

任务介绍

本任务学习 3ds Max 软件中的“切片”修改器，通过图片参考建模，绘制轮廓线，进行车削的命令，再进行切片的命令进行异形造型的创建。通过醒酒器模型的制作强化“切片”修改器的应用。

视 频

切片修改器

任务导入

观看微课视频进行“切片”修改器的课前探索学习，了解“切片”修改器的基本操作及基本参数。

相关知识

“切片”修改器常用命令操作流程及要点说明见表 2-3-7。

表 2-3-7 常用命令操作流程及要点说明

序号	名称	绘制效果	常用命令要点说明
1	切片方向（见图 2-3-50）	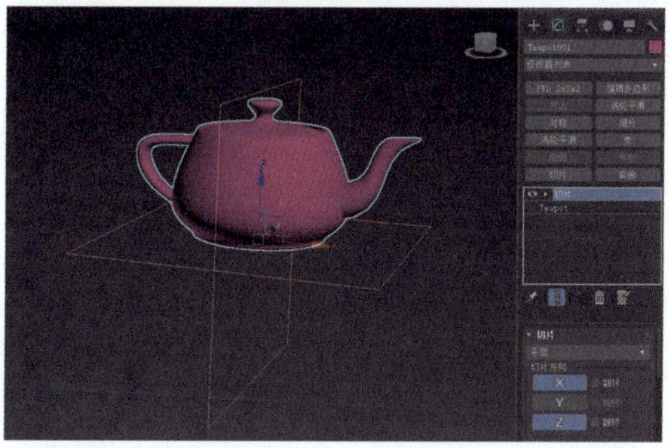 图 2-3-50 切片方向	X、Y、Z 轴的方向

续表

序号	名称	绘制效果	常用命令要点说明
2	切片类型（见图 2-3-51）	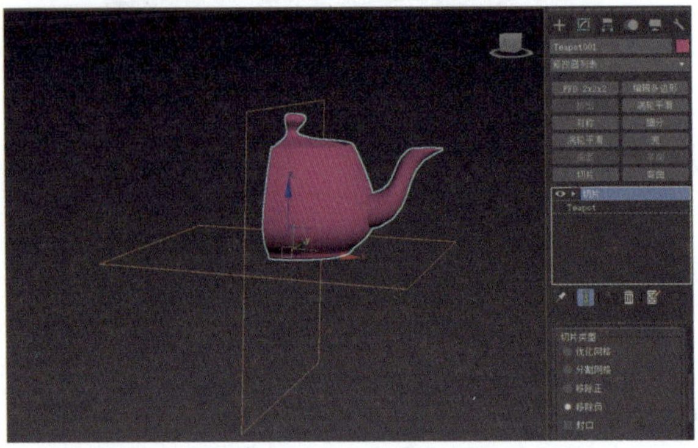 图 2-3-51　切片类型	移除正、移除负
3	切片平面（见图 2-3-52）	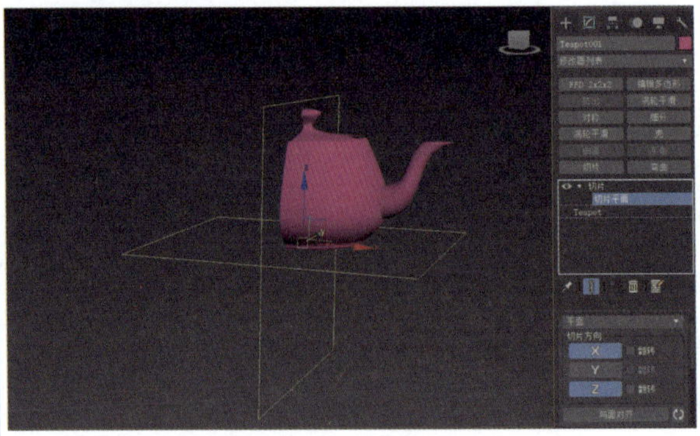 图 2-3-52　切片平面	切片平面的移动与旋转

①切片方向：X 方向切片是沿着 X 轴进行正向或负向切面，Y 方向切片是沿着 Y 轴进行正向或负向切面，Z 方向切片是沿着 Z 轴进行正向或负向切面。

②切片类型：切片类型分为优化网格、分化网格、移除正、移除负。优化网格与分化网格针对网格及栅格进行切面，移除正与移除负是针对模型进行切面。

③切片平面：通过切片平面可以随意移动、旋转切片的位置，完成造型的创建。

视频

醒酒器模型制作

任务实施

1. 任务实施分析

切片修改器——醒酒器模型制作流程及任务分析见表 2-3-8。

表 2-3-8 模型制作流程及任务分析

序号	名称	绘制效果	所用工具及要点说明
1	参考图片抠图（见图 2-3-53）	 图 2-3-53 参考图片	1. 平面抠图 2. “挤出”修改器 3. 多边形→“顶点”层级
2	绘制醒酒器轮廓（见图 2-3-54）	 图 2-3-54 绘制轮廓	1. 线的运用 2. “Bezier 角点”应用
3	车削、壳修改器修改器醒酒器模型（见图 2-3-55）	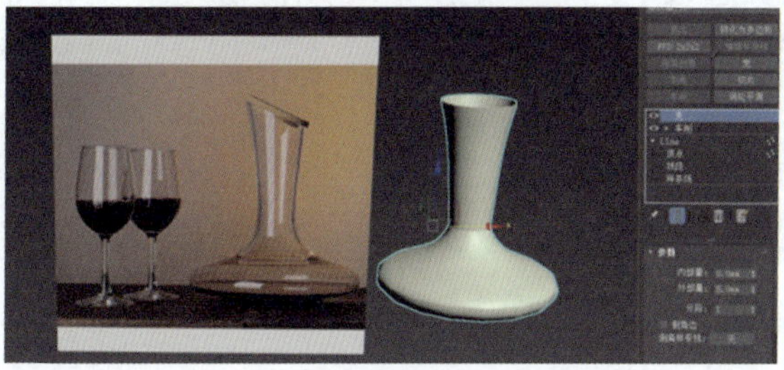 图 2-3-55 撤销	1. “车削”修改器 2. “壳”修改器 3. 移动对齐命令
4	“切片”修改器调整模型（见图 2-3-56）	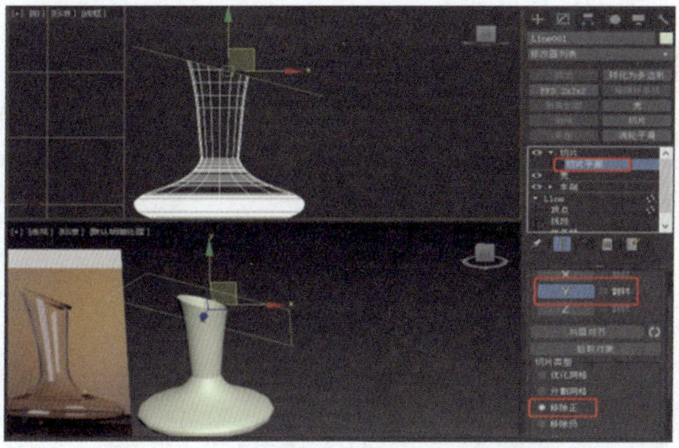 图 2-3-56 切片	1. “切片”修改器 2. 移动对齐旋转命令

续表

序号	名称	绘制效果	所用工具及要点说明
5	完成醒酒器模型（见图 2-3-57）	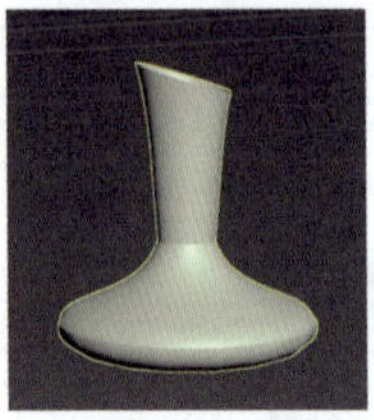 图 2-3-57　模型完成	—

2. 任务实施步骤

➢ Step 1：参考图片抠图。查看图片的详细尺寸，根据尺寸在 3ds Max 里完成平面尺寸的创建，并将图片放入场景中，如图 2-3-58 所示。

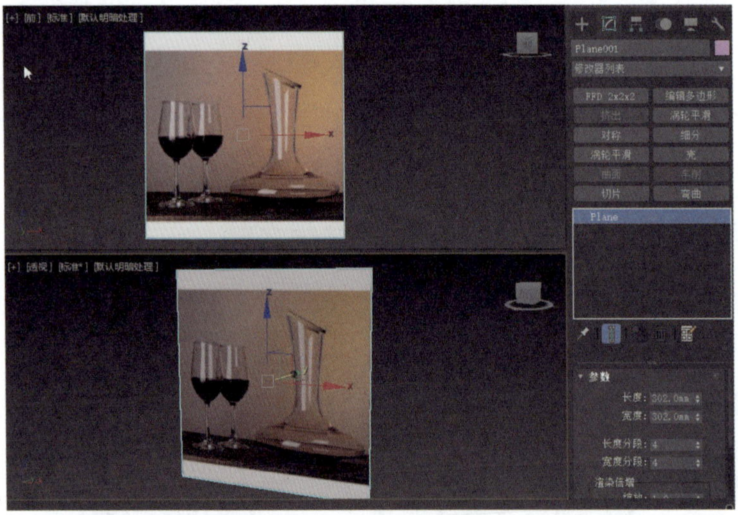

图 2-3-58　参考图片

➢ Step 2：绘制醒酒器轮廓。在前视图，选择“图形”→“线”→“点”层级，选择“自适应”复选框，参考图片绘制醒酒器的外侧轮廓，通过顶点层级进行点的调整，如图 2-3-59 所示。

图 2-3-59　绘制轮廓

➢ Step 3：车削修改器修改醒酒器模型。增加“车削”修改器命令，如图 2-3-60 所示。

图 2-3-60 车削

➢ Step 4：增加“壳”修改器命令，增加模型的厚度，厚度为 5.0 mm，如图 2-3-61 所示。

图 2-3-61 壳

➢ Step5: 切片修改器调整模型。增加“切片”修改器命令，调整切片平面的位置，选择“移除正”单选按钮，完成造型创建，如图 2-3-62 所示。

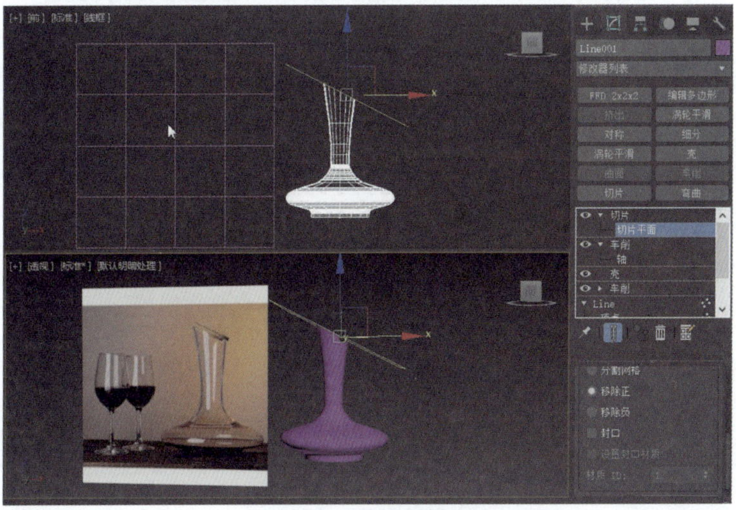

图 2-3-62 切片模型完成

任务5 软包沙发型制作

任务介绍

视频

涡轮平滑修改器

本任务学习3ds Max软件中“涡轮平滑”修改器，“涡轮平滑”修改器主要是平滑场景中的几何体，使用涡轮平滑参数来控制新曲面的大小、数量和它们影响对象曲面的方式。通过软包沙发模型的制作强化“涡轮平滑”修改器的应用。

任务导入

观看微课视频进行“涡轮平滑”修改器的课前探索学习，了解“涡轮平滑”修改器的基本操作及基本参数。

相关知识

“涡轮平滑”修改器常用命令操作流程及要点说明见表2-3-9。

表2-3-9 常用命令操作流程及要点说明

序号	名称	绘制效果	常用命令要点说明
1	主体（见图2-3-63）	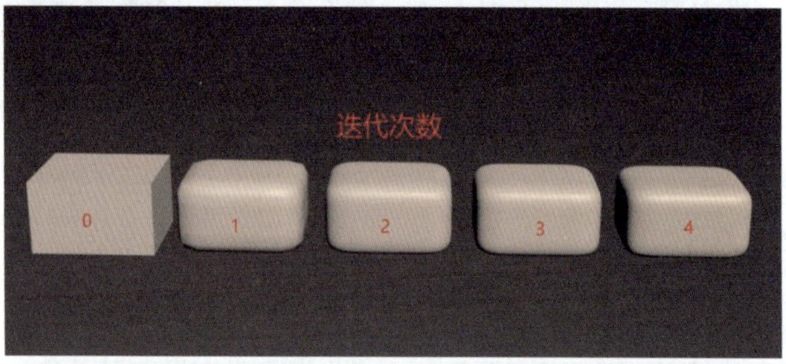 图2-3-63 迭代次数	设置网格细分的次数，范围为0~10
2	曲面参数（见图2-3-64）	 图2-3-64 曲面参数	平滑结果对所有曲面应用相同的平滑组

1. 主体

（1）迭代次数

设置网格细分的次数。增加该值时，每次新的迭代会通过在迭代之前对顶点、边和曲面创建平滑差补顶点来细分网格。修改器会细分曲面来使用这些新的顶点。默认值为 1，范围为 0 至 10。

（2）渲染迭代次数

允许在渲染时选择一个不同数量的平滑迭代次数应用于对象。启用渲染迭代次数，并使用右边的字段来设置渲染迭代次数。

（3）等值线显示

启用该选项后，3ds Max 仅显示等值线，即对象在进行光滑处理之前的原始边缘。使用此项的好处是减少混乱的显示。禁用后，3ds Max 会显示通过涡轮平滑添加的所有面；因此更高的迭代次数会产生更多数量的线条。默认设置为禁用状态。

（4）明确的法线

允许“涡轮平滑”修改器为输出计算法线，此方法要比 3ds Max 用于从网格对象的平滑组计算法线的标准方法更快速。默认设置为禁用状态。因此，如果涡轮平滑结果直接用于显示或渲染，通常启用此选项会使其加快速度。同时，法线质量会稍微提高。然而，如果在“涡轮平滑”修改器上应用了任意的拓扑效果的修改器，例如编辑网格，这些法线会丢失并计算新的法线，对操作产生潜在的负面影响。因此记住仅在涡轮平滑产生效果后没有修改器改变对象拓扑的情况下，启用“明确的法线”，这一点很重要。

2. “曲面参数”组

①平滑结果：对所有曲面应用相同的平滑组。

②材质：防止在不共享材质 ID 的曲面之间的边创建新曲面。

③平滑组：防止在不共享至少一个平滑组的曲面之间的边上创建新曲面。

视 频

软包沙发
模型制作

任务实施

1. 任务实施分析

“涡轮平滑”修改器——软包沙发模型制作流程及任务分析见表 2-3-10。

表 2-3-10　模型制作流程及任务分析

序号	名称	绘制效果	所用工具及要点说明
1	绘制几何体（见图 2-3-65）	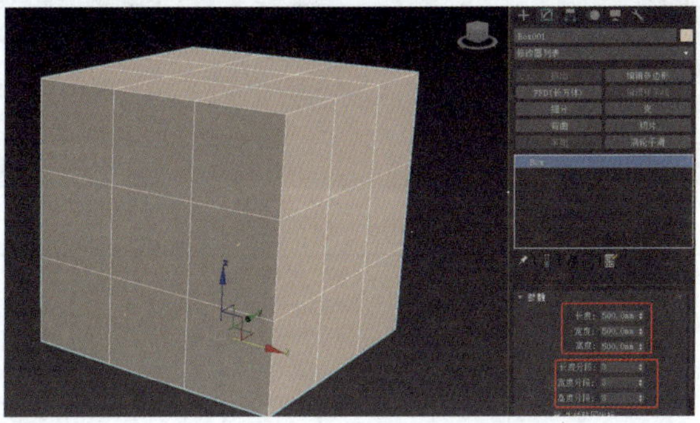 图 2-3-65　几何体绘制	1. 标准基本体建模 2. “修改”面板

续表

序号	名称	绘制效果	所用工具及要点说明
2	多边形修改几何体（见图 2-3-66）	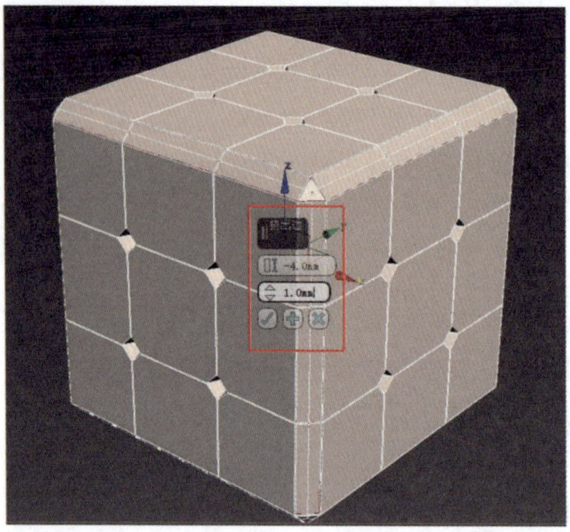 图 2-3-66　层级修改	1. 多边形→“顶点”层级 2. 多边形→“边”层级
3	涡轮平滑平滑几何体（见图 2-3-67）	 图 2-3-67　涡轮平滑	1. 多边形→“边”层级 2. 涡轮平滑
4	完成软包沙发模型（见图 2-3-68）	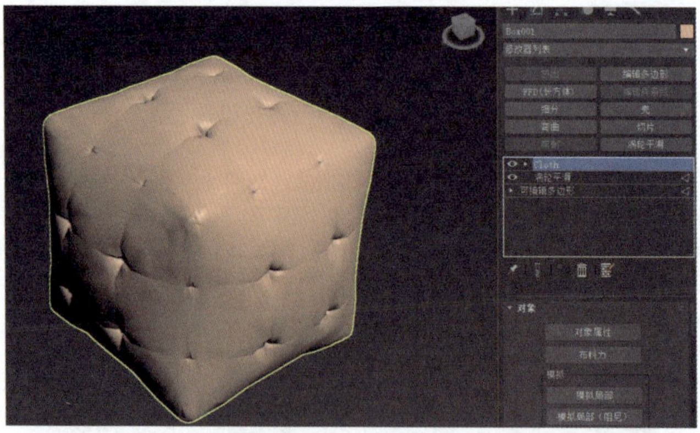 图 2-3-68　模型完成	1. 涡轮平滑 2. Cloth 修改器

2. 任务实施步骤

（1）绘制几何体

➢ Step：根据实际沙发尺寸创建长方体，500.0 mm × 500.0 mm × 500.0 mm，分段 3 段，如图 2-3-69 所示。

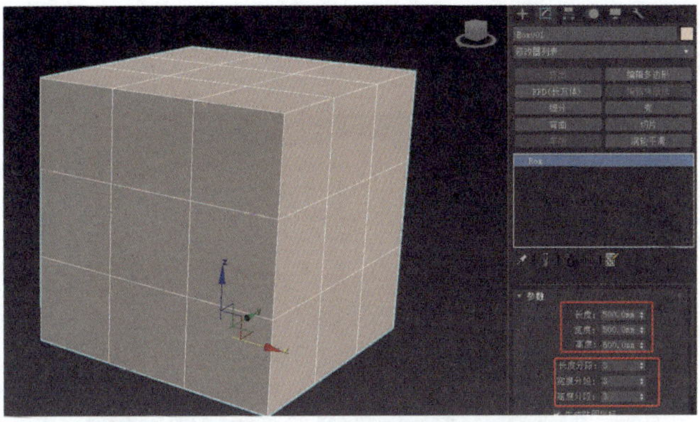

图 2-3-69 几何体绘制

（2）多边形修改几何体

➢ Step 1：可编辑多边形，顶点层级，分别在顶视图、前视图、左视图选中中间顶点，如图 2-3-70 所示。

➢ Step 2：执行多边形“挤出”修改器命令，挤出为 −40.0 mm、20.0 mm，如图 2-3-71 所示。

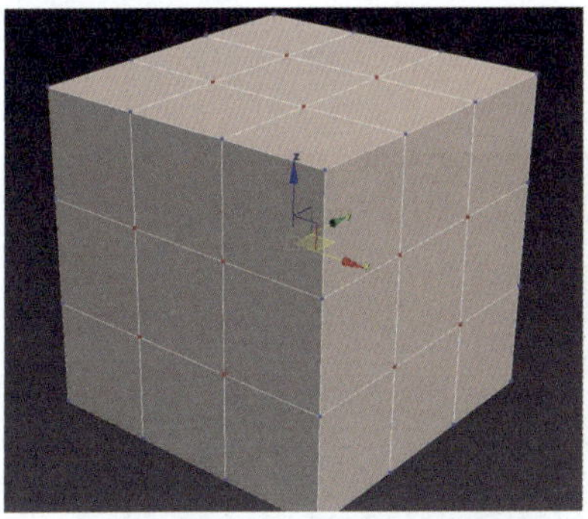

图 2-3-70 可编辑多边形

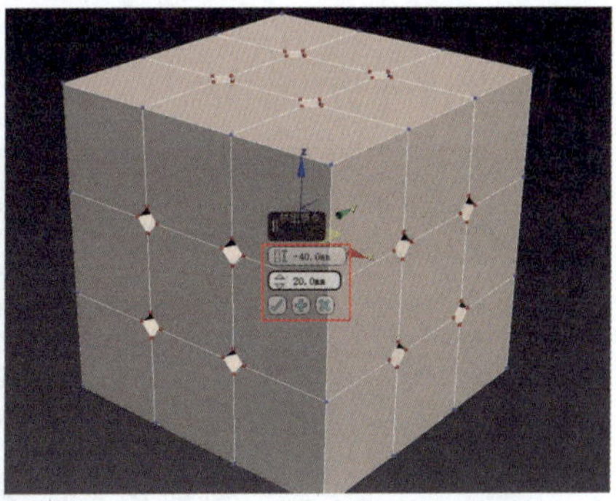

图 2-3-71 “挤出”修改器

➢ Step 3：选择多边形“边”层级，选择外轮廓所有边，执行“切角”命令，切角类型为四边形，切角量为 25.0 mm，如图 2-3-72 所示。

➢ Step 4：选择多边形“顶点”层级，选择点，执行“挤出”命令，挤出为 −5.0 mm、2.0 mm，如图 2-3-73 所示。

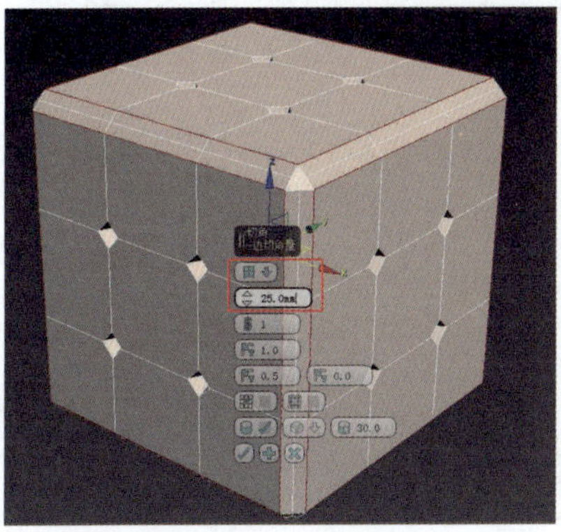

图 2-3-72 切角量

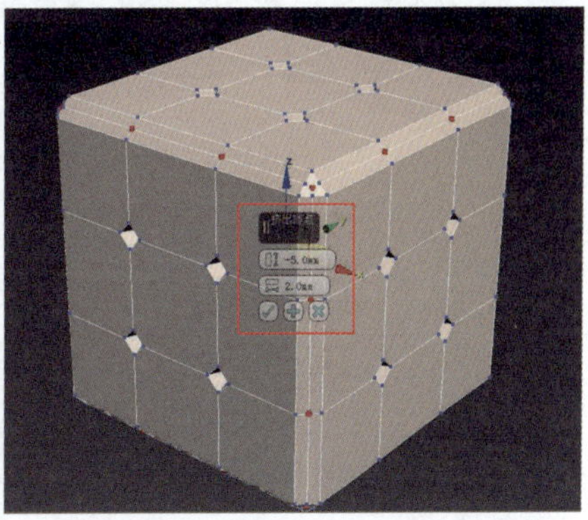

图 2-3-73 切角挤出

➢ Step 5：选择多边形“边”层级，选择边，执行“挤出”命令，挤出为 −4.0 mm、1.0 mm，如图 2-3-74 所示。

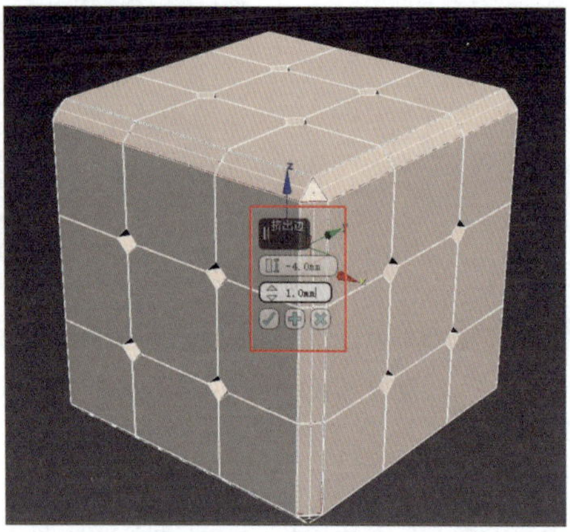

图 2-3-74　边挤出

（3）涡轮平滑命令平滑几何体

➢ Step 1：增加“涡轮平滑”修改命令，如图 2-3-75 所示。

图 2-3-75　涡轮平滑

➢ Step 2：增加 Cloth 修改命令，增加模型的压力，压力值为 50.0，如图 2-3-76 所示。

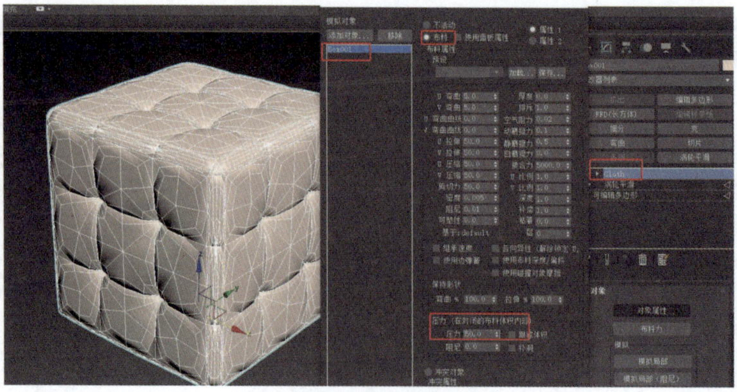

图 2-3-76　Cloth 修改器

（4）调完成软包沙发模型

➢ Step：Cloth 模拟，完成模型创建，如图 2-3-77 所示。

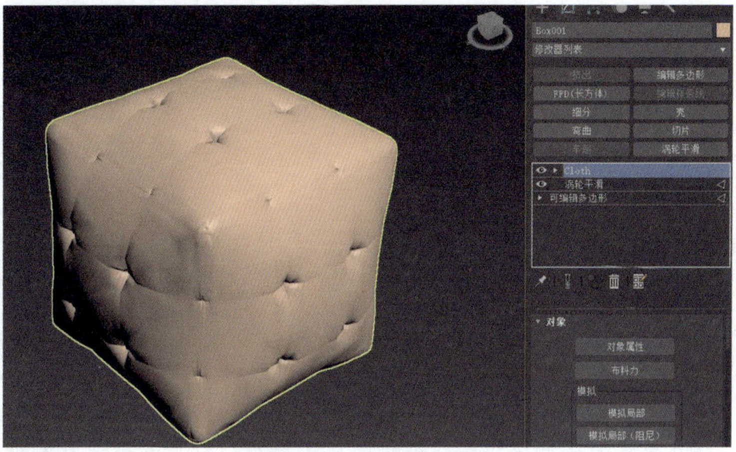

图 2-3-77　模型完成

课后拓展训练：建模小达人——沙发凳模型制作

通过本任务知识点学习，了解掌握“涡轮平滑”修改器建模的特点及使用技巧。通过创建软包沙发模型，强化了工具使用命令，通过创建沙发凳模型达到举一反三的拓展能力，同时思考在模型制作过程中，运用了哪些层级及命令？如何设置相应的参数？

模型详细信息：半径 300 mm，高度 400 mm，如图 2-3-78 所示。

图 2-3-78　沙发凳

模块三
表 现 篇

本模块主要学习的重点内容包含摄影机布设、灯光表现、材质表现以及渲染设置的知识技能，这些内容都是三维空间效果图制作过程中的重要内容，摄影机布设能够选择合适的视角与空间范围进行构图，灯光布设能够在场景中模拟真实的灯光效果，材质创建与赋予能够使三维模型充分表现真实的材质肌理效果，渲染设置则是导出效果图前最重要的一步，例如设置图像大小、渲染方式、灯光计算方式等，决定着渲染的效果图品质。能够充分掌握这些技能才能使效果图虚拟现实效果，真实表达设计意图的同时美观展示设计方案。

知识目标

1. 掌握 3ds Max 软件中不同类型摄影机的特点和创建与编辑要点；
2. 掌握 3ds Max 软件中不同类型 VRay 灯光的功能特点、创建方法以及参数设置技巧；
3. 掌握 VRay 材质的基础设置参数及使用技巧；
4. 掌握渲染设置技巧。

技能目标

1. 能够熟练根据设计需求合理构图，布设摄影机并熟练调整摄影机参数；
2. 能够熟练创建灯光并设置灯光的各项参数，灵活运用灯光制作所需效果；
3. 能够熟练创建不同材质，并使用材质编辑器为场景中的模型赋予材质；
4. 能够熟练设置 VRay 渲染器的各选项卡的参数进行效果图渲染。

素养目标

1. 具有科学设计的设计观；
2. 具有发现问题、分析问题及解决问题的思维能力；
3. 具备职业技能及职业素养的建构能力。

项目一 摄影机、灯光表现

摄影机与灯光表现是三维空间效果图制作过程中的重要内容，通过摄影机创建设置来进行效果图的布局构图，通过灯光创建设置满足场景中的光效表现，完成效果图表现的第一步。

任务 1　现代客厅摄影机设置

视 频

标准摄影机-物理摄影机

任务介绍

本任务学习 3ds Max 软件中摄影的类型及参数，了解摄影机布设的方法，同时熟练掌握摄影机修改参数的调整技巧，通过学习能够从特定角度观察场景，从而使效果图体现所需展示的内容。

任务导入

视 频

标准摄影机基础知识

观看微课视频进行摄影机内容的课前探索学习，了解物理摄影机的基本操作及参数调整。

相关知识

1. 标准摄影机基础知识

标准摄影机知识要点见表 3-1-1。

表 3-1-1　标准摄影机知识要点

序号	名称	图例	常用命令要点说明
1	物理摄影机（见图 3-1-1）	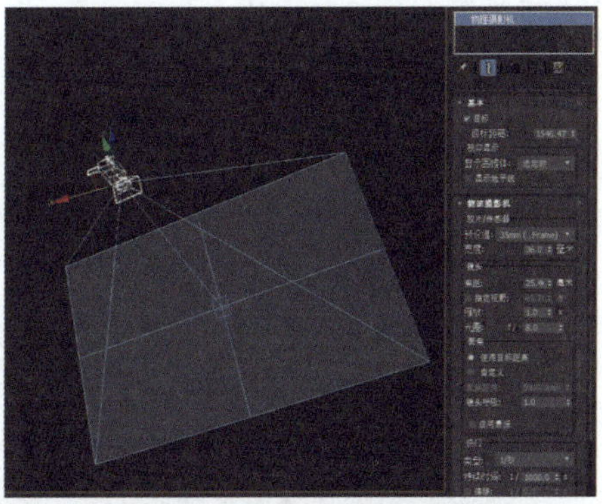 图 3-1-1　物理摄影机	1. 焦距：可以对场景显示范围进行调整 2. 光圈：光圈值影响曝光和景深，光圈数值越低，则光圈越大且景深越窄
2	目标摄影机（见图 3-1-2）	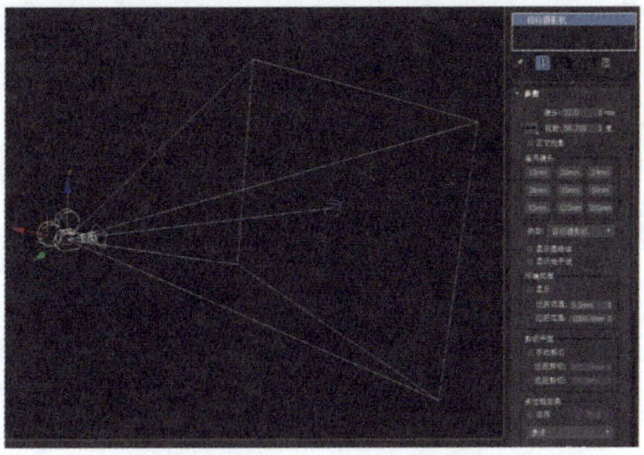 图 3-1-2　目标摄影机	1. 镜头：可以对场景显示范围进行调整 2. 剪切平面：选择性渲染场景内容 3. 显示安全框：显示渲染范围； 4. 应用摄影机矫正修改器：调整透视角度

续表

序号	名称	图例	常用命令要点说明
3	自由摄影机（见图 3-1-3）	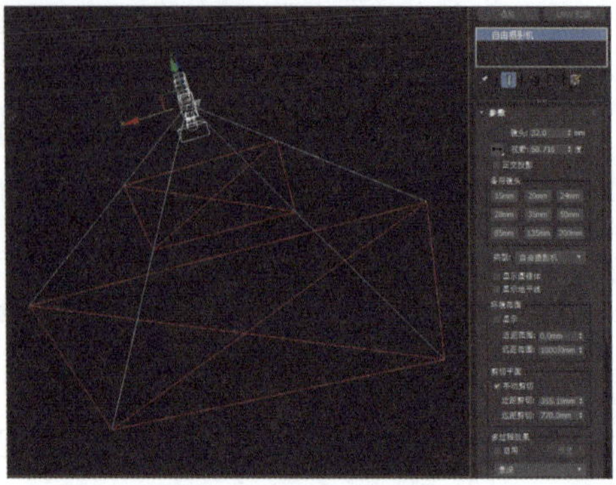 图 3-1-3　自由摄影机	1. 没有目标点 2. 拍摄画面稳定

摄影机决定了效果图的展示内容及构图效果，例如显示哪些物体和场景以及所显示的物体和场景的方位、大小在渲染效果图时都通过摄影机视口展示出来，所以，掌握 3ds Max 中摄影机的用法和操作技巧是做好效果图表现很关键的一环。

3ds Max 软件中为用户提供了三种标准摄影机，即物理摄影机、目标摄影机和自由摄影机，其创建面板如图 3-1-4 所示。这三种摄影机的特点和用途各不相同，其创建后在场景中均有图标显示，可以在视口中选择摄影机视口，查看效果图的显示内容，如图 3-1-5 所示。

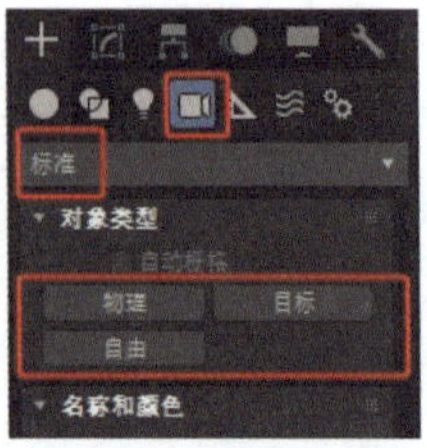

图 3-1-4　标准摄影机创建命令面板

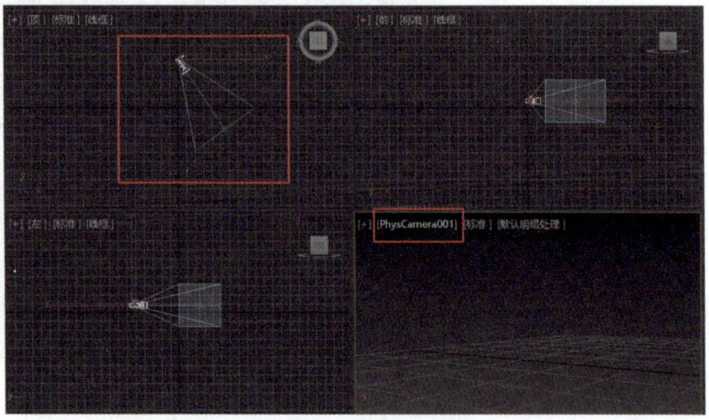

图 3-1-5　摄影机图标及摄影机视口

（1）物理摄影机

物理摄影机可以通过设置快门速度、光圈、景深和曝光等参数调整效果图的效果，其具体的功能和参数设置与用户常见的真实摄影机相同，所以称之为物理摄影机。

①创建物理摄影机。

➢ Step 1：打开要添加摄影机的 3ds Max 文件，在透视图中调整场景需要显示的方向和内容，达到预计效果的视口显示。

➢ Step 2：单击“创建”命令面板“摄影机”中的“物理”按钮，再在顶视图中单击并拖动创建物理摄影机。

➢ Step 3：将视口调成摄影机视口进行观察（快捷键【C】），然后分别在顶、前、左视图中调整摄影机的位置点和目标点的位置，达到预计效果的视角即可。

提示：快速创建物理摄影机方法。在透视图中调整场景需要显示的方向和内容达到预计效果后，按【Ctrl+C】组合键即可，此时原来的透视图视口将变成摄影机视口，且该视口中显示的内容就是目标效果的内容，此方法可以快速达到目标，减少工作量。若在快速创建摄影后对显示还需调整，可分别在顶、前、左视图中调整摄影机的位置点或目标点的位置，即可修改调整摄影机视口的内容。

②修改物理摄影机参数。

我们可以通过调整摄影机参数来控制最终的渲染效果。“物理摄影机”的参数修改需要在“修改”命令面板中完成，其卷展栏可调整选项如图 3-1-6 所示，下面对“物理摄影机”部分常用的选项功能进行讲解，如图 3-1-7 所示。

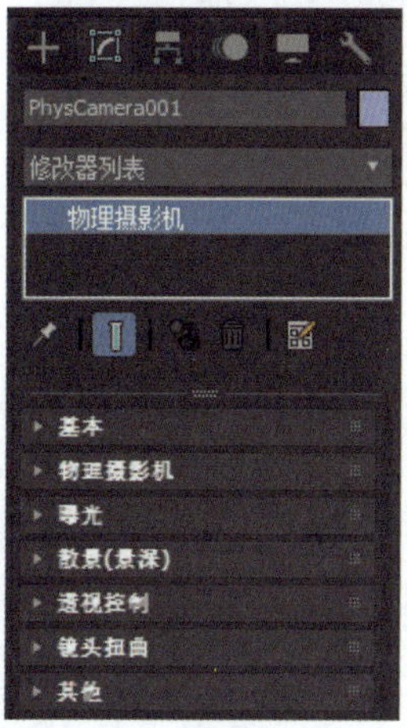

图 3-1-6　物理摄影机“修改”面板

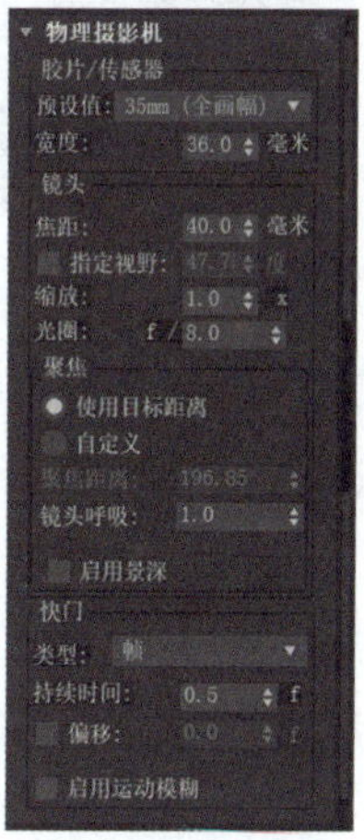

图 3-1-7　“物理摄影机”卷展栏

◆预设值：用于选择胶片模型或电荷耦合传感器，选项包含 35 mm 胶片以及多种行业标准传感器设置，每个设置有其对应的默认宽度值。

◆焦距 / 指定视野：“焦距”与“指定视野”选项相互关联，可以设置摄影机在场景中能看到的区域内容，焦距数值越小，看到的视野角度越大，反之焦距数值越大，看到的视野角度越小。

◆光圈：光圈值影响曝光和景深，光圈数值越低，则光圈越大且景深越窄。

◆聚焦：可以在此选择使用目标距离或自定义聚焦距离。勾选“启用景深”选项后，摄影机在不等于焦距的距离上生成模糊效果，景深的效果由光圈设置决定。

（2）目标摄影机

目标摄影机由摄影机图标（代表观看位置）、目标点和观察区三部分组成，其最大的特点是使用时用户可以分别调整摄影机图标或者目标点的位置，从而调整所看的区域及内容。

①创建目标摄影机。

➢ Step 1：单击“创建”命令面板“摄影机”中的“目标”按钮，再在顶视图中单击并拖动创建目标摄影机，方向是由观看点到目标点进行拖动。

➢ Step 2：单击透视图视口后按【C】键，则该视图以摄影机模式显示，根据此视口看到的内容画面在顶、前、左视图中分别调整位置点和目标点的位置，如图 3-1-8 所示。

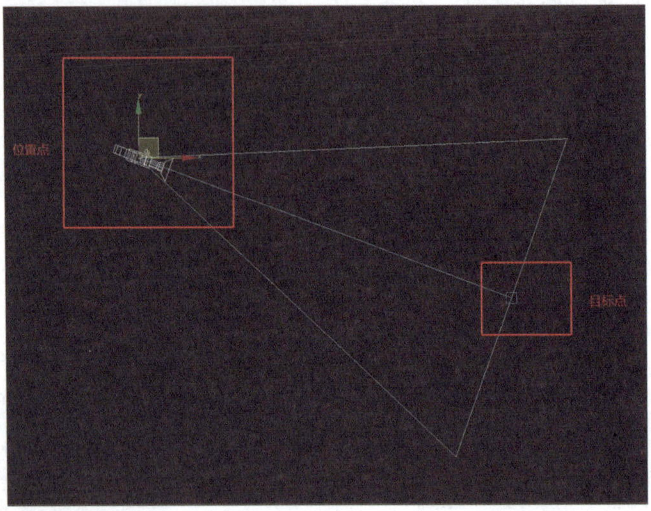

图 3-1-8 调整摄影机的位置点和目标点

➢ Step 3：若摄影机视口中画面内容未达到预计效果，在除摄影机视口的任意视口中单击摄影机的目标点，然后在“修改”面板中调整参数，不要一起选中目标点。

②修改目标摄影机参数。

目标摄影机类型在室内空间效果图制作中较为常用，“目标摄影机”的参数修改需要在“修改”命令面板中完成，其卷展栏如图 3-1-9 所示，下面对“参数”卷展栏常用的选项功能进行讲解。

◆镜头：镜头数值用于控制镜头的尺寸大小，数值越小视口中看到的视野越广，在下方“备用镜头”中设置了九个常用的镜头尺寸，方便快速使用。

◆“环境范围”设置区：用于设置摄影机拍摄区域中出现的大气效果的范围，室内空间一般不使用。“近距范围”和“远距范围”数值分别用于设置大气效果的出现位置和结束位置距摄影机图标的距离。

◆“剪切平面”设置区：“剪切平面”命令是在室内效果图表现过程中较为常用的操作，有时为了更多地表现室内的场景内容，会将摄影机的角度拉得广一些，此时摄影机有可能会被拖动到墙体以外导致遮挡，因此使用“剪切平面”命令即可排除遮挡摄影机的墙体。勾选“手动剪切”复选框后，设置“近距剪切”和“远距剪切”的数值后可以设置近距剪切平面和远距剪切平面距离摄影机图标的距离，只有在二者之间范围内的场景内容才能显示出来，如图 3-1-10 所示。

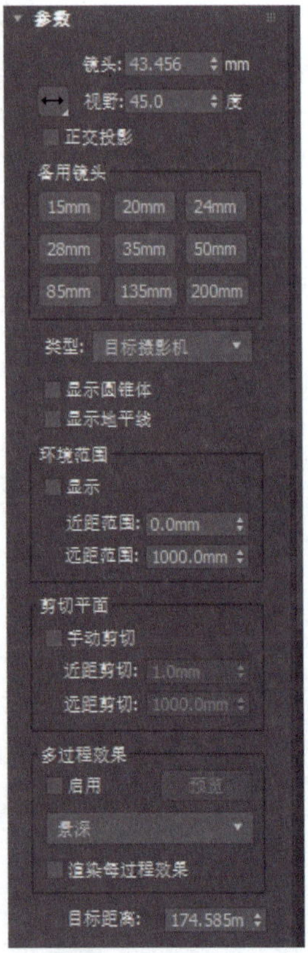

图 3-1-9 目标摄影机“修改”面板“参数”卷展栏

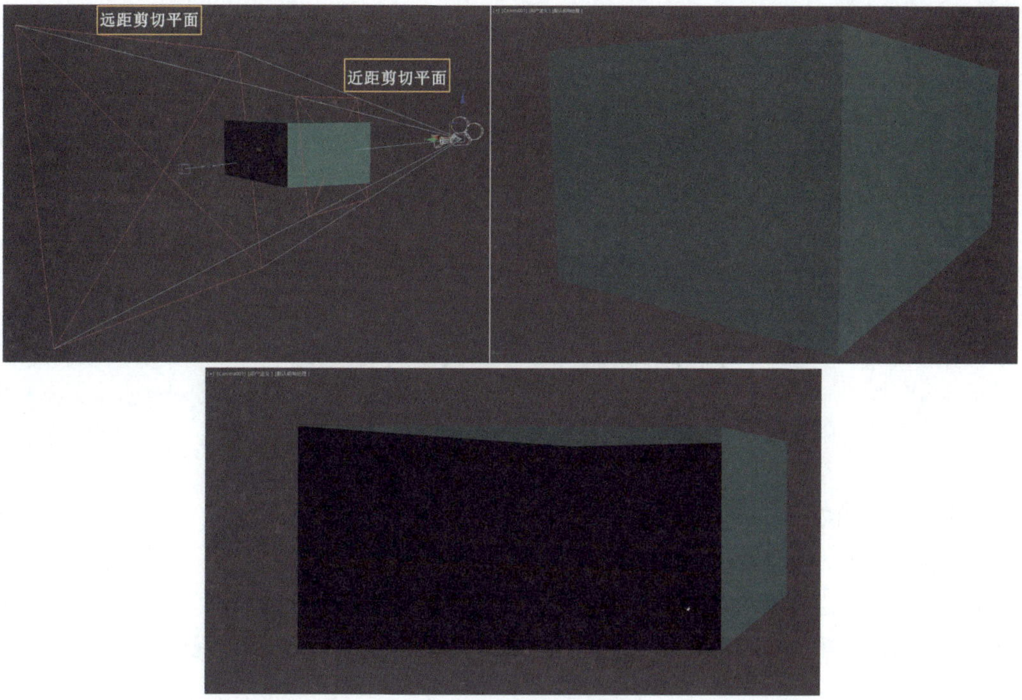

图 3-1-10 剪切平面及剪切前后摄影机视口的效果

提示：显示摄影机安全框。安全框在视口中显示为多个同心的矩形框样式，在摄影机视口中按【Shift+F】组合键即可显示安全框，再按一次可以取消安全框显示，如图 3-1-11 所示。在渲染输出时，效果图的渲染尺寸可能跟视口大小并不一样，开启“显示安全框”才能以输出图的尺寸大小来展示出全部渲染内容，从而调整摄影机位置及参数使重要内容位于渲染区内。多层的安全框内的内容都会渲染出来，但是根据画面内容区分不同安全级别，设置显示哪几层安全框可以执行“视图”→“视口背景”→“配置视口背景”命令，在弹出的对话框中选择“安全框”选项卡，从而进行勾选设置，如图 3-1-12 所示。

图 3-1-11 摄影机视口安全框显示

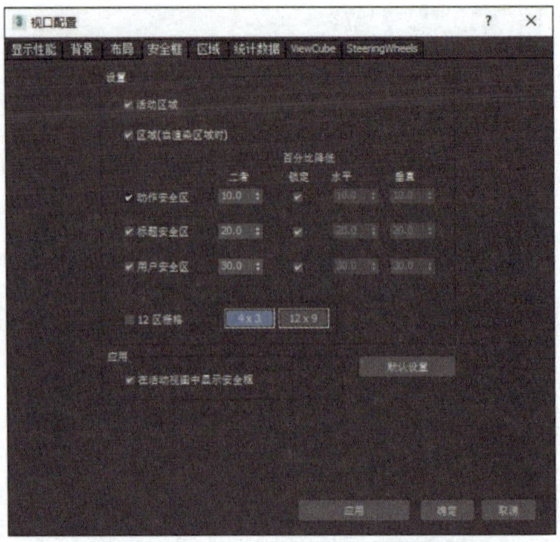

图 3-1-12　“视口配置”对话框

◎ **知识点：**应用摄影机矫正修改器

在设置摄影机时，分别移动摄影机位置点、目标点的时候容易导致二者并不在同一高度水平线上，此时的场景内容会有较大透视，在室内场景表现中容易效果不佳，那么单击摄影机位置点后右击选择“应用摄影机矫正修改器”命令即可对画面进行矫正，使其在两点透视中，垂直线保持垂直，如图 3-1-13 所示。

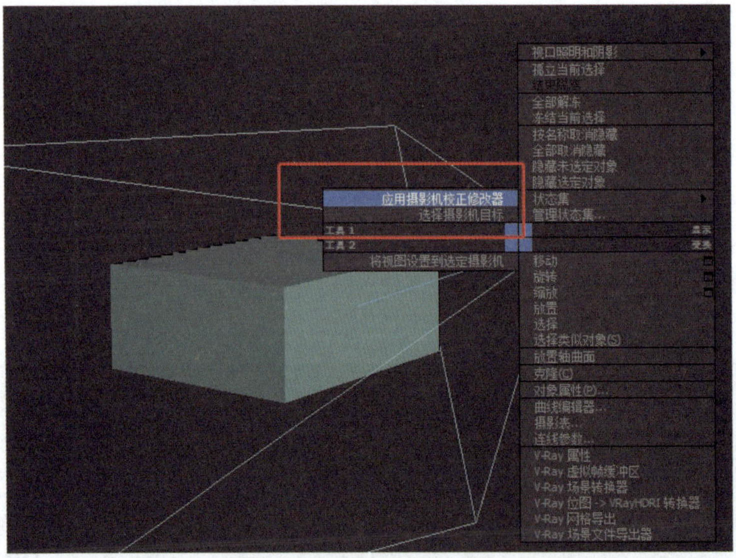

图 3-1-13　“应用摄影机矫正修改器”命令

（3）自由摄影机

自由摄影机不同于目标摄影机，它没有目标点，只能通过移动和旋转摄影机图标来控制摄影机的位置和观察角度，不受目标点影响，相对自由，拍摄画面较为稳定，适用于对拍摄画面有固定要求的动画场景。

自由摄影机的创建方法及参数修改与目标摄影机相同，只是创建出来的摄影机没有目标点，在参数面板中“类型”选项可以切换，如图 3-1-14 所示。

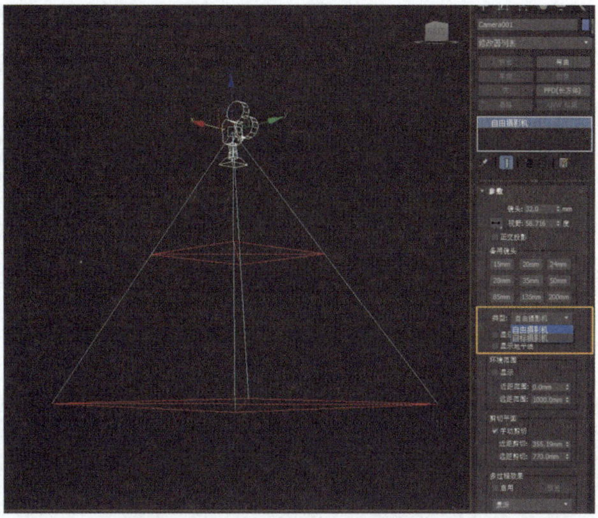

图 3-1-14　自由摄影机及参数面板

视 频

VRay摄影机基础知识

2. VRay 摄影机基础知识

VRay 摄影机知识要点见表 3-1-2。

表 3-1-2　VRay 摄影机知识要点

序号	名称	图例	常用命令要点说明
1	VRay 穹顶相机（见图 3-1-15）	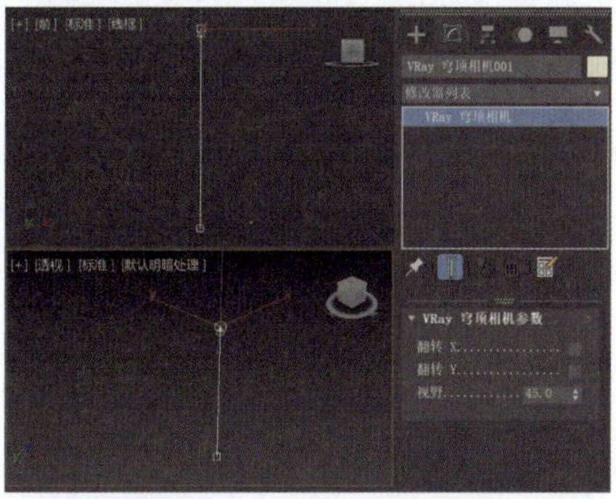 图 3-1-15　VRay 穹顶相机	1. 通常用于渲染半球圆顶效果 2. 参数面板：调整渲染图像沿 X 或者 Y 轴翻转，视野决定渲染的视角大小
2	VRay 物理相机（见图 3-1-16）	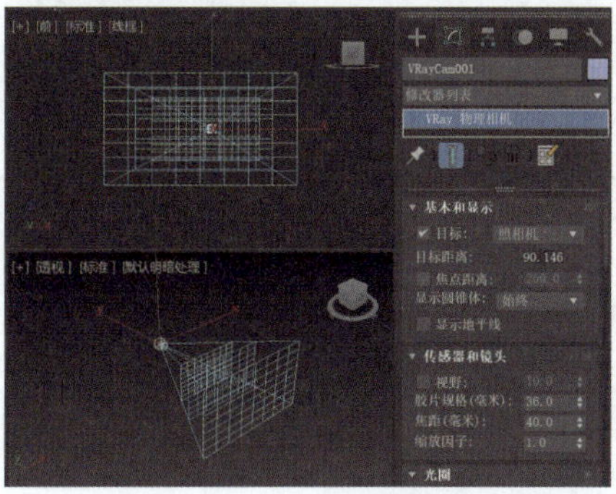 图 3-1-16　VRay 物理相机	1. 目标：控制目标点位置 2. 胶片规格：控制摄影机看到的范围 3. 焦距：用于调整摄影机的焦距 4. 缩放因子：控制摄影机视口的缩放 5. 光圈数：控制摄影机光圈的大小 6. 快门速度：控制进光时间来模拟真实相机，影响渲染画面亮度 7. 光晕：模拟真实相机的光晕效果

3ds Max 软件中安装 VRay 渲染器后，为用户提供了两种新的 VRay 摄影机，即 VRay 穹顶相机和 VRay 物理相机，其创建面板如图 3-1-17 所示。这两种摄影机的特点和用途不同，其创建后在创建中均有图标显示，可以在视口中选择摄影机视口，查看效果图的显示内容。

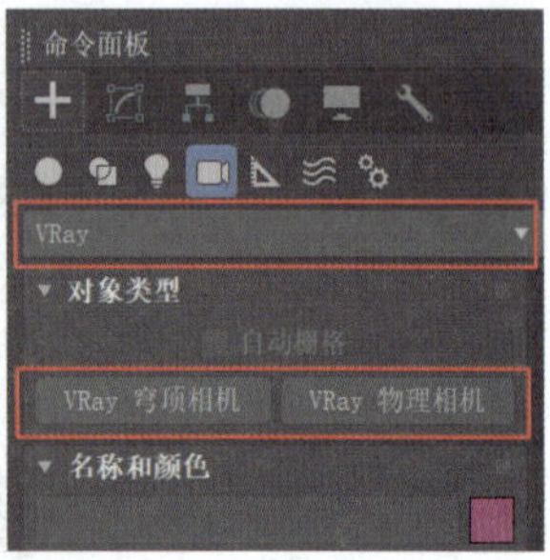

图 3-1-17 VRay 相机创建命令面板

（1）VRay 穹顶相机

VRay 穹顶相机通常用于渲染半球圆顶效果，其创建方式同标准摄影机的创建方式一样，选择“VRay 穹顶相机”按钮并在视口中单击拖动即可，其在场景中样式及参数调整面板如图 3-1-18 所示，可以调整渲染图像沿 X 或者 Y 轴翻转，视野则决定渲染的视角大小。

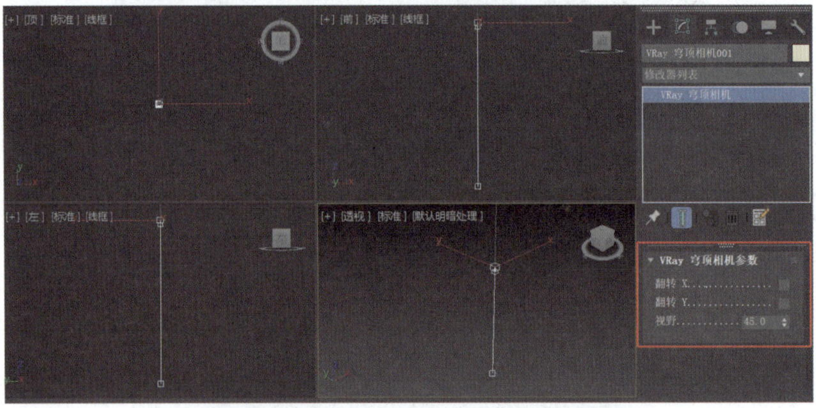

图 3-1-18 VRay 穹顶摄影机场景图标及参数面板

（2）VRay 物理相机

VRay 物理相机与标准类型的“物理摄影机”的功能和应用技巧相似，更贴近现实中的相机功能，都具有光圈、快门、曝光、ISO 等调节功能，VRay 物理相机能够比 3ds Max 中的标准物理摄影机更加模拟真实成像，制作出更加真实的效果图。

VRay 物理相机的参数修改需要在“修改”命令面板中完成，其卷展栏可调整选项如图 3-1-19 所示，下面对 VRay 物理相机部分重要功能的参数调节进行讲解。

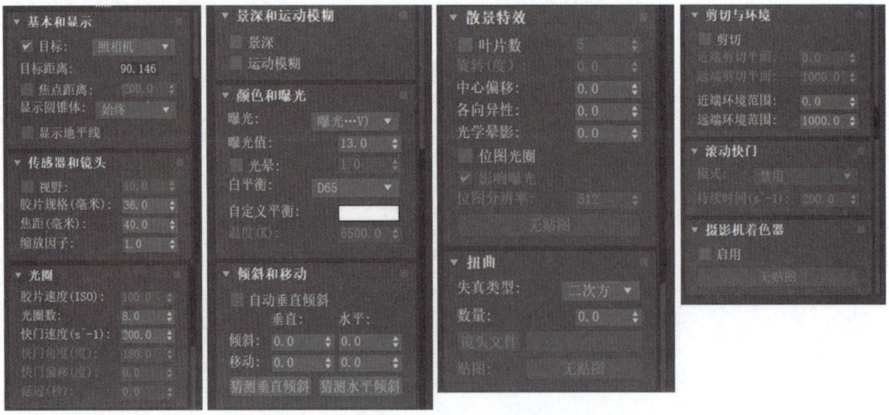

图 3-1-19 VRay 物理相机修改面板参数

①目标：勾选“目标”复选框后，相机的目标点将位于焦平面上，取消勾选后，可以在“目标距离”的文本框内输入数值控制目标点位置。

②胶片规格：可以通过“胶片规格”右侧的文本框输入数值控制摄影机看到的范围，数值越大，看到的范围越广。

③焦距：用于调整摄影机的焦距。

④缩放因子：可以通过“缩放因子”右侧的文本框输入数值控制摄影机视口的缩放，相当于普通相机可以设置广角镜头。

⑤光圈数：可以通过“光圈数”右侧的文本框输入数值控制摄影机光圈的大小，数值越小，渲染的图片亮度越高。提示：渲染画面较暗的情况下，可以不必重新修改灯光，修改“光圈数”的数值可以提高画面亮度。

⑥快门速度：可以通过“快门速度”右侧的文本框输入数值控制进光时间来模拟真实相机，数值越小，进光时间越长，渲染的图片越亮。

⑦光晕：勾选该选项后激活，可以通过“光晕”右侧的文本框输入数值模拟真实相机的光晕效果，数值越大，画面效果的光晕效果越明显，呈现画面暗角效果。

视 频

现代客厅摄影机布设

任务实施

1. 任务实施分析

现代客厅案例摄影机布设流程及任务分析见表 3-1-3。

表 3-1-3 现代客厅摄影机布设操作重点步骤分析

序号	名称	界面效果	所用工具及要点说明
1	确定合适角度在场景中创建相机（见图 3-1-20）	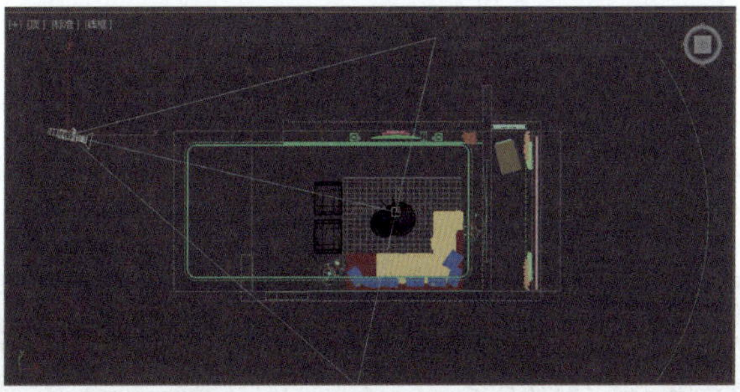 图 3-1-20 创建目标摄影机	“创建”命令面板→“摄影机”→“目标”按钮，在视口中拖动鼠标完成创建
2	调整相机方位（见图 3-1-21）	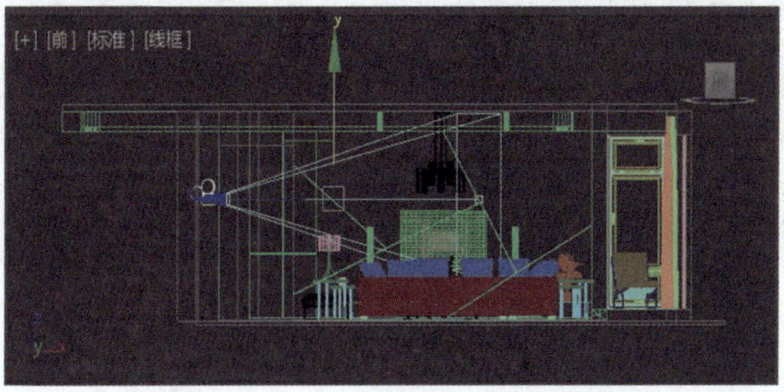 图 3-1-21 调整目标摄影机位置	1. 移动位置点 2. 移动目标点 3. 同时移动位置点和目标点调整摄影机方位

续表

序号	名称	界面效果	所用工具及要点说明
3	修改相机参数（见图 3-1-22）	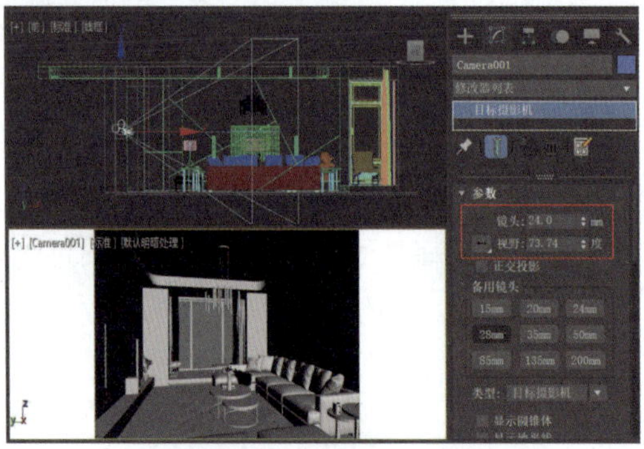 图 3-1-22　修改相机参数	1. 修改镜头参数 2. 修改“手动剪切”参数 3. 调整相机位置点和目标点以调整画面内容
4	最终调整画面效果，完成相机创建（见图 3-1-23）	 图 3-1-23　画面效果	1.【Shift+F】组合键调出安全框，明确渲染内容 2. 不同视图内调整相机位置

2. 任务实施步骤

（1）创建相机

➢ Step 1：打开素材文件“3-1 现代客厅实例模型”，梳理场景空间元素。

➢ Step 2：选择“创建”命令面板→“摄影机”→“目标”按钮，在顶视图当中合适位置拖动鼠标选择合适方向创建摄影机，如图 3-1-24 所示。

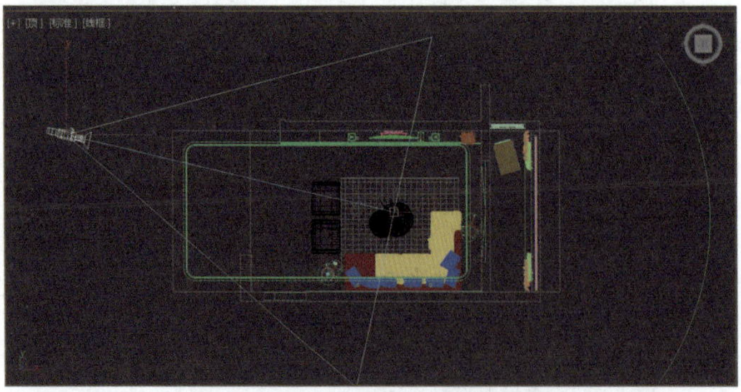

图 3-1-24　创建目标摄影机

➢ Step 3：将透视图更改为摄影机视图，能够切换视口并在其他视口中看见摄影机图标则创建完成，如图 3-1-25 所示。

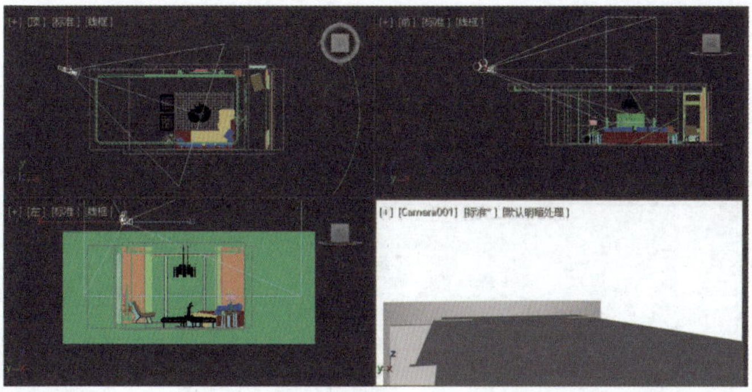

图 3-1-25 摄影机创建后视口界面图示

（2）调整相机方位

➢ Step 1：在左视图或前视图同时拖动目标点和相机位置点，将摄影机高度调整至合适视角高度。

➢ Step 2：根据相机视图所显示的内容，在不同视口分别调整相机的位置点和目标点，将画面调整至所需视角。注意摄影机视口可以只平移调整视口方向，不能在此视口调整相机的位置角度，最终完成相机的方位调整，如图 3-1-26 所示。

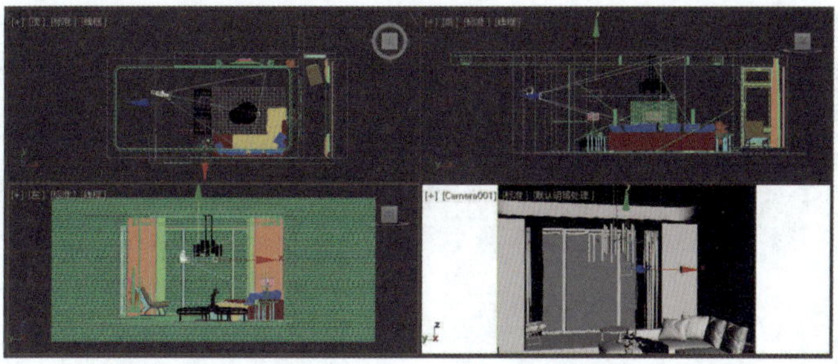

图 3-1-26 调整目标摄影机的位置

（3）修改相机参数

➢ Step 1：此时将相机调整至合适位置后，相机需要置于墙内才能看到场景范围，但因面积太小的室内场景并不能达到理想画面效果，将相机镜头修改为 24.0 mm，将相机视野变大保证看到较多内容，如图 3-1-27 所示。

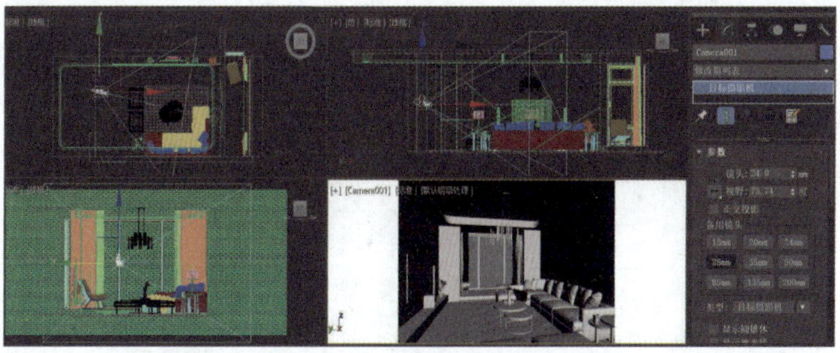

图 3-1-27 镜头参数面板及视口内容

➢ Step 2：根据此时的视野范围，在顶视图、左视图及前视图中再次调整相机的位置点和目标点，调整画面的显示范围。

➢ Step 3：此时视口中画面范围依旧较小，再次调整相机的位置点和目标点，为能看到更多内容将相机位置点移出墙外，根据摄影机视口画面范围勾选“手动剪切”复选框，将“近距剪切”设为 1 000.0 mm、“远距剪切”15 000.0 mm，不断调整相机位置，如图 3-1-28 所示。

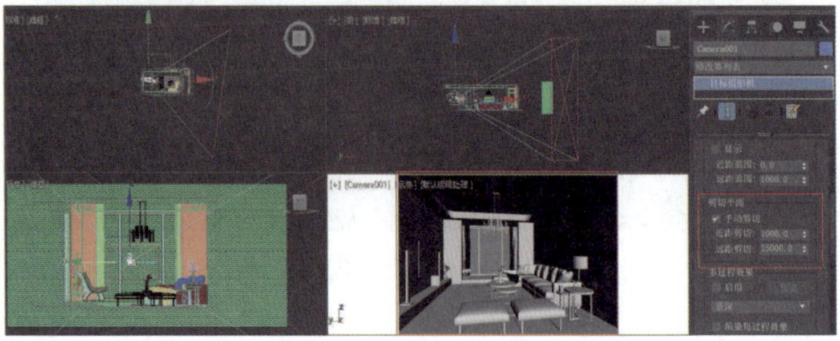

图 3-1-28　设置相机“手动剪切”参数及视口内容

（4）最终调整画面效果，完成相机创建

在摄影机视图中单击，然后按【Shift+F】组合键，将安全框调出，根据此时的画面内容多次调整相机位置，最终完成相机创建，如图 3-1-29 所示。

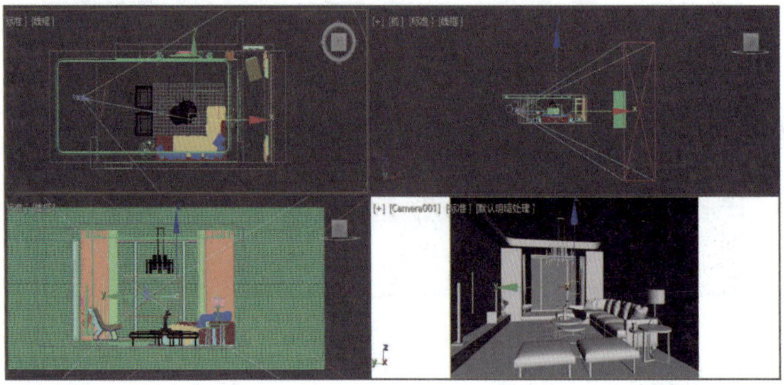

图 3-1-29　最终画面效果视图

课后拓展训练：为场景设置摄影机

通过本任务知识点学习，了解掌握摄影机的应用技巧，利用所学知识为某客厅空间设置目标摄影机，设置后的摄影机视口如图 3-1-30 所示。

图 3-1-30　为某客厅空间设置摄影机的视口效果

任务 2　现代客厅灯光设置

任务介绍

本任务学习 3ds Max 软件中常用灯光的类型及参数，了解如何创建 VRay 灯光、VRayIES 灯光及 VRay 太阳光，并设置其颜色、亮度和阴影等各项参数，与 VRay 渲染器配合使用，最终熟练掌握灯光的应用技巧，渲染出更加真实的效果图。

视 频　VRay灯光基础知识

任务导入

观看微课视频进行灯光内容的课前探索学习，了解 VRay 灯光的类型、特点等基础知识。

视 频　VRayIES基础知识

在效果图制作过程中，灯光的设置是非常重要的一个环节，3ds Max 软件中可以创建不同类型的灯光，包含光度学灯光和标准灯光两种，光度学灯光包含目标灯光、自由灯光和太阳定位器，如图 3-1-31 所示，标准灯光是 3ds Max 中自带灯光较为常用的灯光类型，包含八种灯光类型，如图 3-1-32 所示。

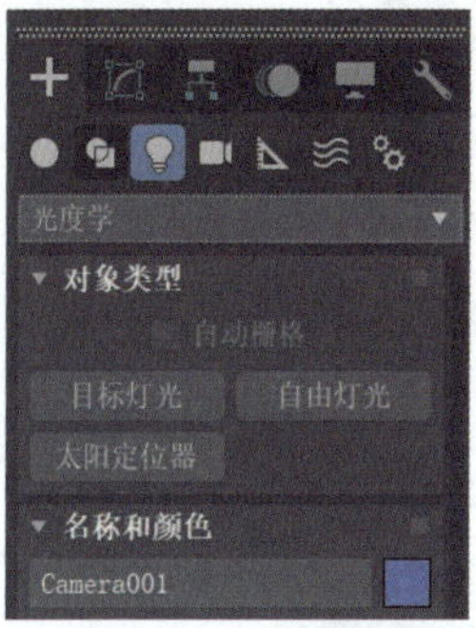

图 3-1-31　光度学灯光创建面板

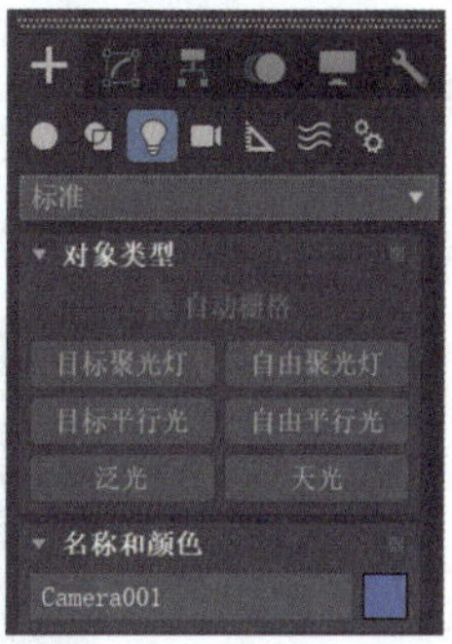

图 3-1-32　标准灯光创建面板

视 频　VRay环境光、太阳光基础知识

VRay 渲染器的 VRay 灯光有体积的概念，而 3ds Max 默认的灯光却没有这个特征，所以 VRay 灯光在渲染时灯光效果更好，且在场景设置中，3ds Max 默认的灯光参数较为复杂，不利于提高工作效率，所以在室内效果制作过程中，我们常用 VRay 灯光来完成效果表现。VRay 渲染器的灯光有四种类型，分别为 VRay 灯光、VRay 环境光、VRayIES 及 VRay 太阳光。在室内效果图制作过程中 VRay 灯光和 VRayIES 类型使用较为广泛。

相关知识

VRayIES、VRay 环境光、VRay 太阳光都是安装了 VRay 渲染器之后有的，是 VRay 渲染器的专用灯光，能够制作特殊的照明效果。VRay 渲染器的各类型灯光知识要点见表 3-1-4。

表 3-1-4　VRay 渲染器灯光知识要点

序号	名称	图例	常用命令要点说明
1	VRay 灯光（见图 3-1-33）	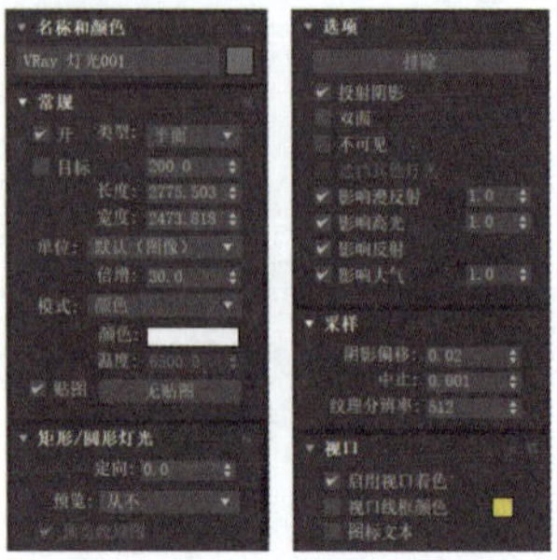 图 3-1-33　VRay 灯光的参数面板	1. 创建 VRay 灯光 2. 修改 VRay 灯光参数：常规、选项、采样
2	VRayIES 灯光（见图 3-1-34）	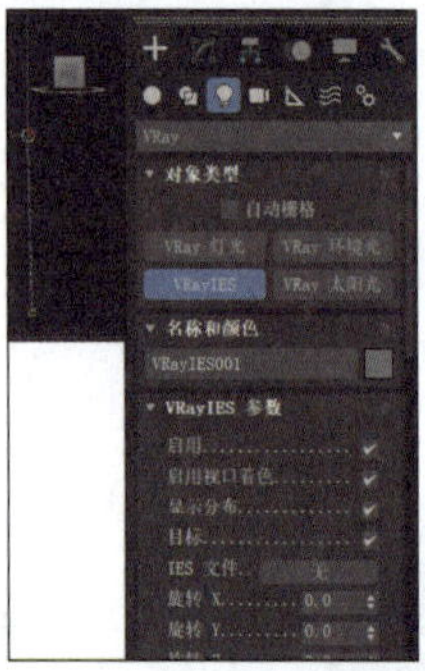 图 3-1-34　VRayIES 的场景显示与参数面板	1. 创建 VRayIES 灯光 2. 修改 VRayIES 灯光参数：启用、颜色模式、强度值、IES 文件
3	VRay环境光（见图 3-1-35）	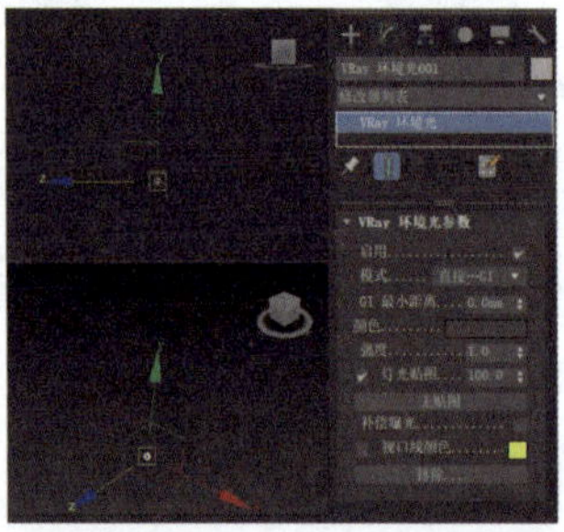 图 3-1-35　VRay 环境光的场景显示与参数面板	1. 创建 VRay 环境光 2. 修改 VRay 环境光参数：启用、颜色、强度值
4	VRay太阳光（见图 3-1-36）	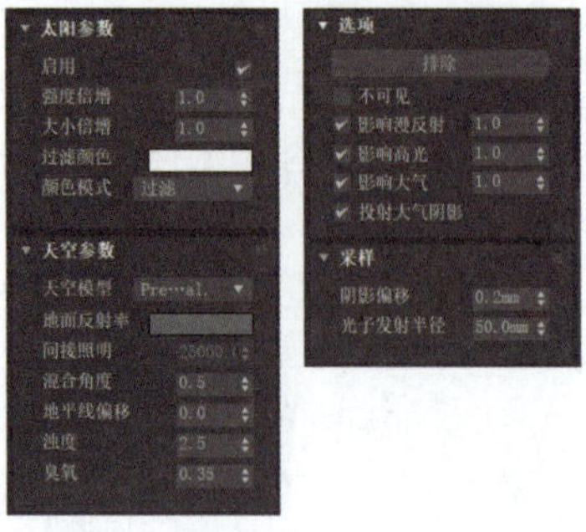 图 3-1-36　VRay 太阳光的参数面板	1. 创建 VRay 太阳光 2. 修改 VRay 太阳光参数：启用、浊度、强度倍增、大小倍增、阴影细分

1.VRay 灯光

（1）创建 VRay 灯光

➢ Step 1: 选择“创建”命令面板→“灯光”→“VRay”→“VRay 灯光”按钮,如图 3-1-37 所示。

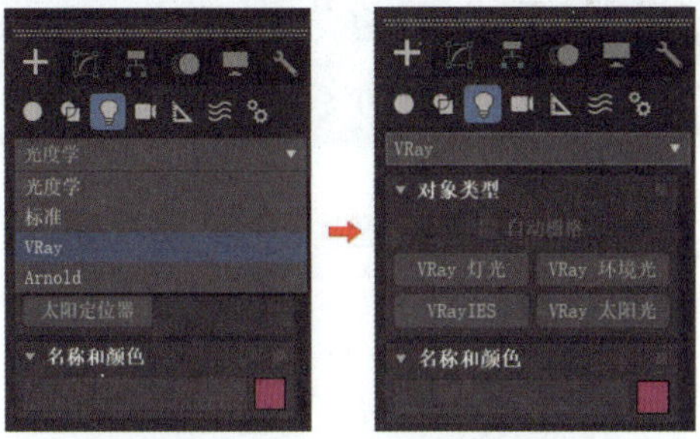

图 3-1-37 VRay 灯光创建

➢ Step 2：在场景中单击并拖动鼠标，创建完成 VRay 灯光，如图 3-1-38 所示。

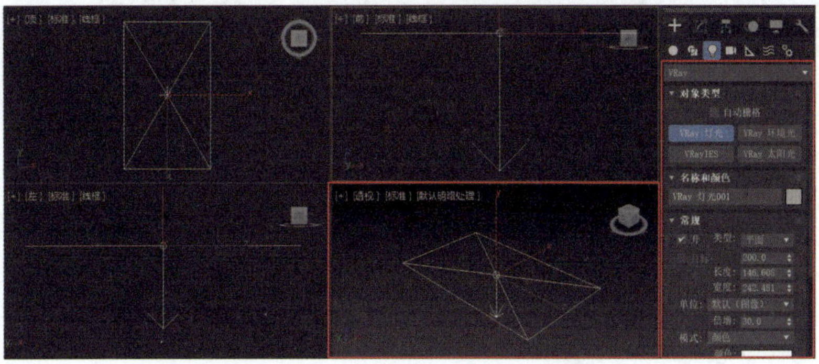

图 3-1-38 完成 VRay 灯光创建

（2）修改 VRay 灯光参数

“VRay 灯光”的参数修改需要在“修改”命令面板中完成，其卷展栏可调整选项如图 3-1-39 所示，下面对参数面板中卷展栏常用的选项功能进行讲解。

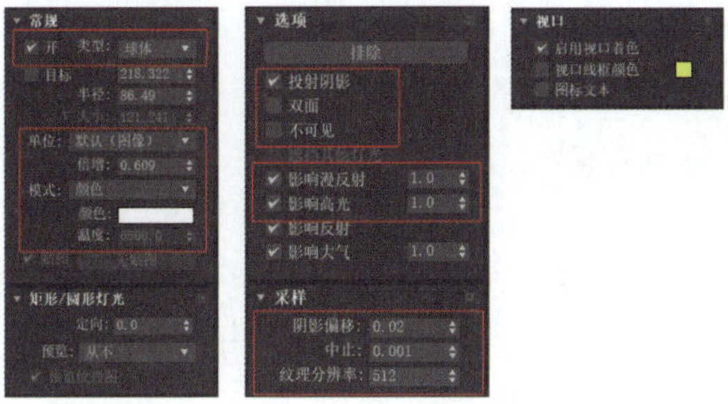

图 3-1-39 VRay 灯光的修改参数面板

① “常规”卷展栏。

◆ “开”选项:主要用于控制“VRay 灯光”的开启、关闭,勾选“开”复选框则开启 VRay 灯光。

◆ “类型”选项：可以选择灯光类型，类型中可以选择平面、穹顶、球体、网格、圆形这五种发散方式的灯光，如图 3-1-40 所示。

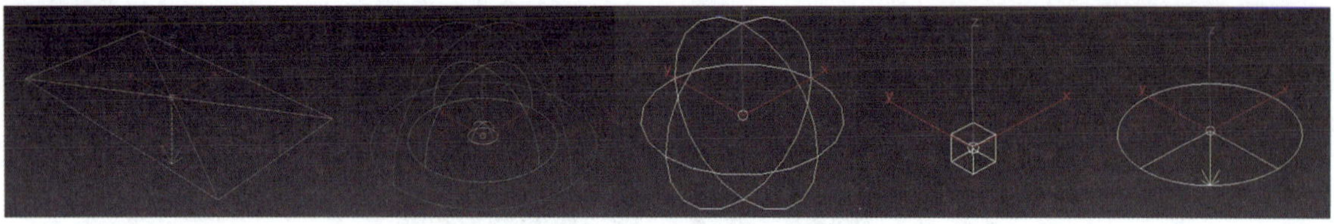

（a）平面　（b）穹顶　（c）球体　（d）网格　（e）圆形

图 3-1-40　VRay 灯光类型

注意：不同类型的灯光“常规”卷展栏的参数面板也不相同。

◆尺寸设置区：主要用于设置光源的尺寸，可以影响光源的强度和虚实。“平面”类型设置长度 / 宽度参数，右侧的文本框中修改尺寸即可，球体、圆形灯光则需要修改半径尺寸，如图 3-1-41 所示。

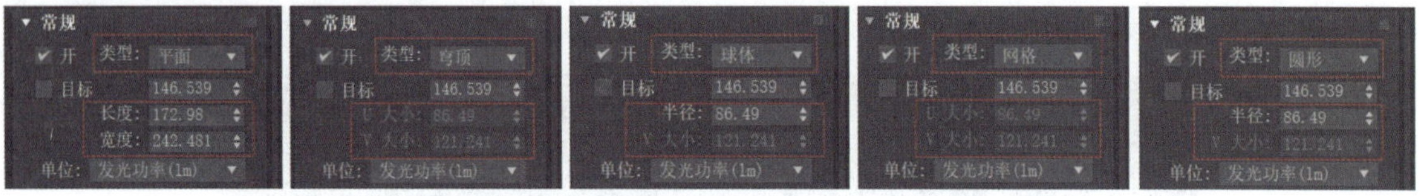

图 3-1-41　VRay 灯光不同类型的尺寸设置面板

◆单位 / 倍增：单位用于选择光源的强度单位，倍增用于设置光源的亮度大小。

◆“模式”选项：模式可以选择颜色和温度两种方式，用于控制光源的颜色或冷暖温度。

②“选项”卷展栏。

“选项”卷展栏用于设置灯光是否产生投射阴影，是否产生双面照明效果等，有多个复选框可以根据渲染需求进行勾选。

◆投射阴影：勾选此选项后则向灯光照射的物体投射 VRay 阴影，若不勾选，则该灯光只对物体产生照明效果。

◆双面：勾选此选项后，光线会从光源的两个面发射出来，但此选项只对“平面”类型的灯光有效。

◆不可见：勾选此选项后，在渲染效果图时，光源的形状就不会渲染出来，若不勾选，光源的形状则会显示在画面中，遮挡部分场景内容。

◆影响漫反射 / 影响高光 / 影响反射：勾选此选项后，光源会影响场景中的漫反射、高光及反射参数，使渲染效果图更加贴近真实效果。

③“采样”卷展栏。

◆阴影偏移：用来控制物体与阴影的偏移距离，一般采用默认值即可。

◆纹理分辨率：控制纹理贴图的分辨率，可以影响渲染的画面品质。

2. VRayIES 灯光

VRayIES 灯光可以通过设置它们的分布、强度、颜色、色温、阴影的明暗和虚实等特性来达到所需效果，特性与 3ds Max 软件中自带的光度学灯光相似，利用它也可以调用外部的光域网文件，但调用了外部的光域网文件（*.IES）后，在渲染时光源的照明就会按照选择的光域网文件中的信息来表现，可以做出普通照明灯光无法做到的散射、多层反射以及日光等效果。

VRayIES灯光因其能够调用光域网文件的特性，我们通常将其用于模拟筒灯、射灯等类型的灯光效果时。

提示：光域网。光域网是灯光的一种物理性质，用来确定光在空气中的发散方式，例如台灯、筒灯以及吊灯等发出的光束是不同形式的，这些不同的光发散方式是由灯光的光域网来决定的，显示的是其自身特性。

（1）创建VRayIES灯光

同VRay灯光的方法略有不同，单击“创建”命令面板→“灯光”→“VRay”→“VRayIES”按钮后，在视口中单击并向下拖动鼠标进行创建，一般室内效果图中创建的灯光都是向下照射的，所以在创建VRayIES时最好在左视图或者前视图当中，创建完成后VRayIES包含光源位置和目标点，如图3-1-42所示。

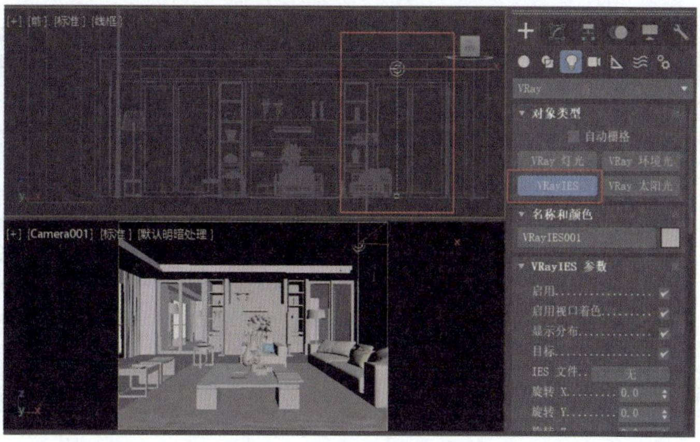

图3-1-42 创建VRayIES灯光

（2）修改VRayIES灯光参数

VRayIES灯光的参数修改需要在“修改”面板中完成，其卷展栏可调整选项如图3-1-43所示，部分选项控制同VRay灯光相似，下面对VRayIES灯光的参数面板中重点功能进行讲解。

①启用：用于控制VRayIES灯光在渲染画面时开启或者关闭。

②颜色模式：主要控制灯光所发出的颜色从而影响空间的氛围，选择“颜色”时，颜色可以通过选择右侧的色框来选取颜色；选择“温度”时，色温则通过右侧数值来控制，两个模式可以选，如图3-1-44所示。

③强度值：主要用于控制灯光的发光强度，数值越大，灯光越亮。

④IES文件：可以指定添加一个IES文件，此时呈现一个有形状的灯光，从位置点发出，衰减至目标点结束，默认状态下右侧是“无”按钮，需要添加时单击，

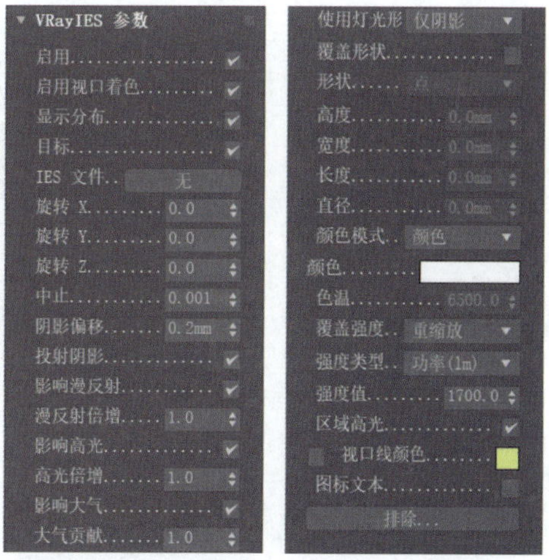

图3-1-43 VRayIES“修改”参数面板

并在弹出的对话框中选择一个光域网文件（*.IES）就可以添加 IES 文件，如图 3-1-45 所示。

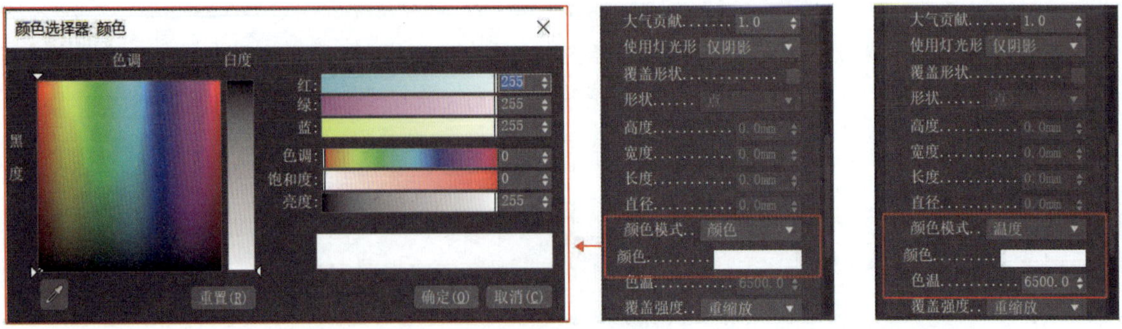

图 3-1-44　颜色模式

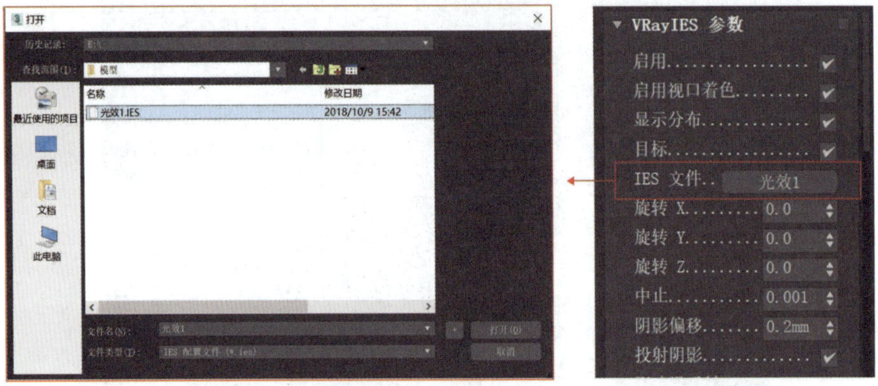

图 3-1-45　添加 IES 文件

3. VRay 环境光

VRay 环境光主要用于物理世界中真实环境光的效果，其创建方式同其他 VRay 渲染器灯光相同，其模式共有三种，分别是直接光 +GI、直接光以及 GI（全局光），主要修改参数包含启用、颜色、强度、灯光贴图灯，如图 3-1-46 所示。VRay 环境光在制作室内效果图的过程中较为少用。

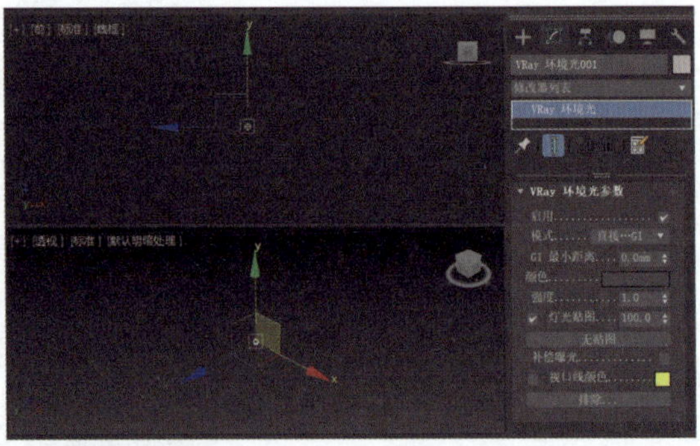

图 3-1-46　VRay 环境光场景及“修改”面板

4. VRay 太阳光

VRay 太阳光主要用于模拟太阳的光照方式，通常使用它的目的不是照亮场景，而是需要营造太阳光的照射效果。

（1）创建 VRay 太阳光

与 VRayIES 灯光类似，VRay 太阳光包含光源位置与目标点两部分，在室内效果图制作过程中一般是将 VRay 太阳光由窗外向室内进行照射，选择“创建”命令面板→“灯光”→“VRay”→“VRay 太阳光”按钮后，在视口中单击并拖动鼠标进行创建，在弹出的对话框中，单击“是”按钮，自动为其创建一个环境贴图，如图 3-1-47 所示。

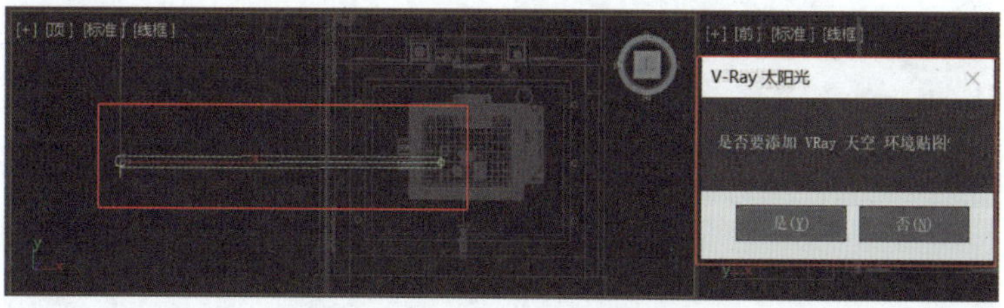

图 3-1-47　创建 VRay 太阳光

单击菜单栏“渲染”→“环境”命令（快捷键【8】），在弹出的“环境和效果”对话框中可以看见上述步骤添加的环境贴图，如图 3-1-48 所示。

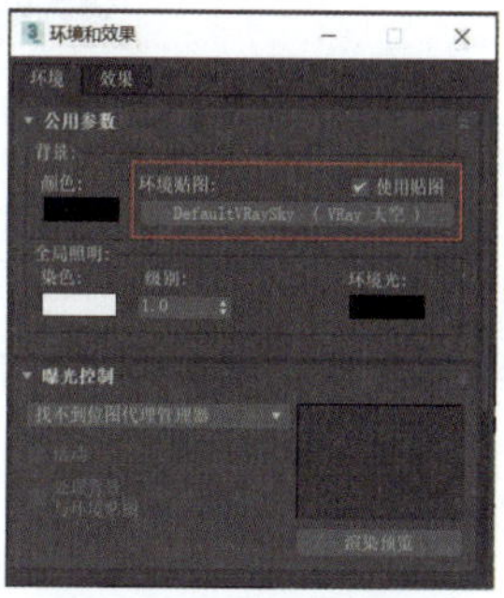

图 3-1-48　环境贴图

◎ **拓展：**环境

打开“环境和效果”对话框，在渲染过程中，环境色默认为黑色，此时没有添加灯光的情况下渲染出的效果图是全黑的，若是室内场景，渲染出的环境色则是从摄影机视口中看到的窗外部分，若调整成其他颜色则窗外就能渲染出其他颜色，如图 3-1-49 所示，环境色可以用来设定外部的环境光，但通常情况下，我们不是由颜色来控制外部环境的，单一的颜色效果并不是很好，所以选择使用创建 VRay 太阳光自动生成的环境贴图能够使窗外的光源背景更加有层次感。

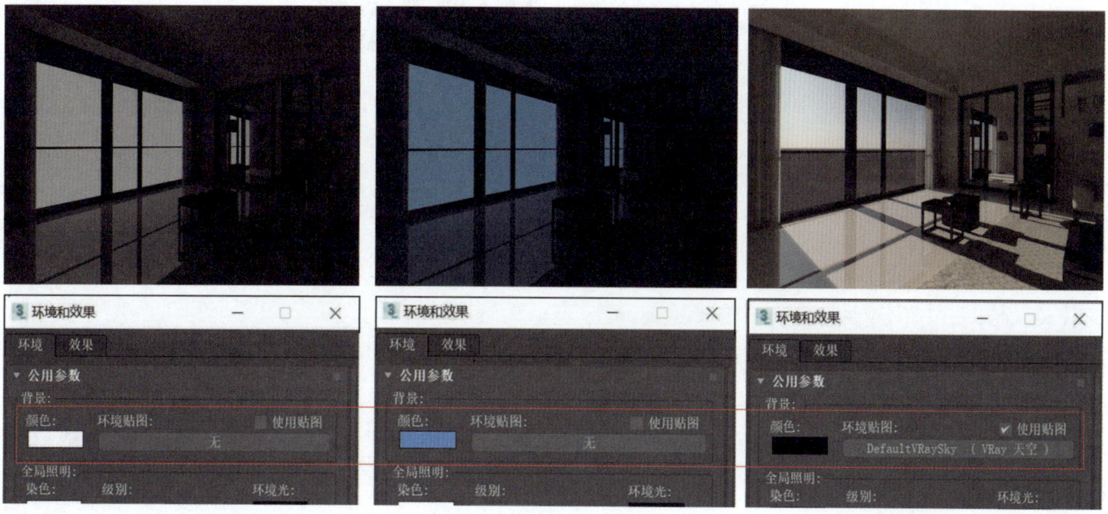

（a）白色环境色　（b）蓝色环境色　（c）VRay 太阳光环境贴图

图 3-1-49　环境色渲染效果对比

（2）修改 VRay 太阳光参数

太阳光投射点与目标点的夹角影响投射到室内的阳光冷暖与氛围，模拟太阳光照射效果，夹角越小，色调越暖，越接近黄昏的阳光效果，夹角越大，越接近正午的阳光效果，如图 3-1-50 所示。

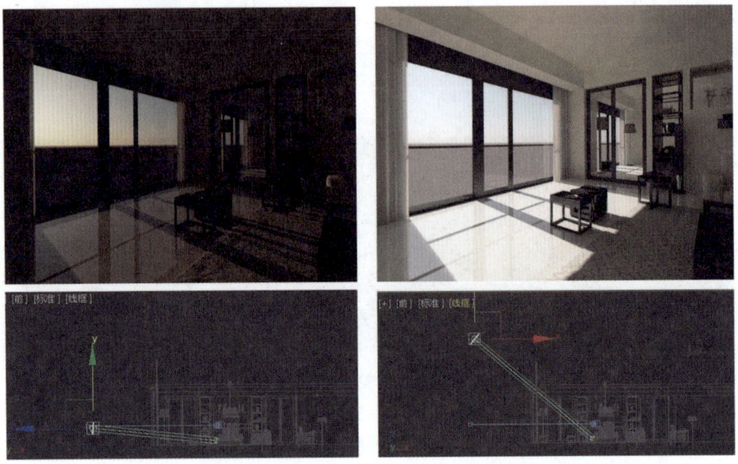

图 3-1-50 VRay 太阳光不同角度渲染对比

VRay 太阳光的参数修改需要在“修改”面板中完成，其卷展栏可调整选项如图 3-1-51 所示，部分选项控制同 VRay 灯光相似，下面对 VRay 太阳光的参数面板中重点功能进行讲解。

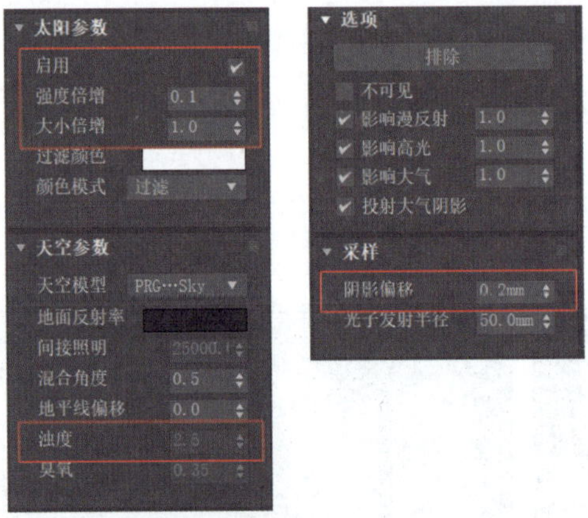

图 3-1-51 VRay 太阳光“修改”面板

①浊度：主要表示空气的浑浊度，影响太阳和天空的颜色，数值越小，显示场景中的颜色越蓝，表示天气晴朗；数值越大，场景中的颜色越黄，表示天气阴沉浑浊。

②强度倍增：主要用于控制太阳光的发光强度，数值越小，亮度越小。一般在制作室内效果图时倍增强度数值要小一些。

③大小倍增：主要控制光源位置的大小，影响物体影子的虚实，数值越大，影子边缘越柔和，数值越小，影子边缘越清晰。

④阴影偏移：主要用于控制阴影的质量，数值越大，阴影的质量越好，画面杂点越少，但同时渲染时间会越慢。

任务实施

1. 任务实施分析

运用 VRay 灯光制作现代客厅照明效果重点步骤及任务分析见表 3-1-5。

视 频

现代客厅照明效果（第1部分）

视 频

现代客厅照明效果（第2部分）

表 3-1-5 运用 VRay 灯光制作现代客厅照明效果重点步骤拆分

序号	名称	界面效果	步骤要点说明
1	创建 VRay 灯光表现现代客厅窗外环境光源（见图 3-1-52）	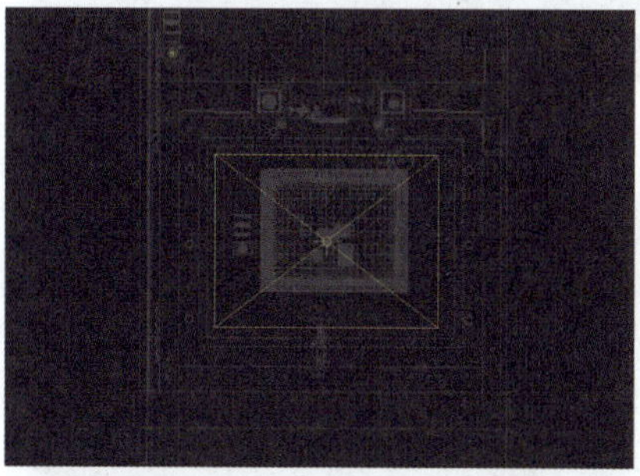 图 3-1-52 创建 VRay 灯光表现窗外环境光源	1. 整理场景模型 2. 顶视图创建 VRay 灯光 3. 调整 VRay 灯光位置 4. 修改 VRay 灯光参数
2	克隆 VRay 灯光完善现代客厅窗外环境光源（见图 3-1-53）	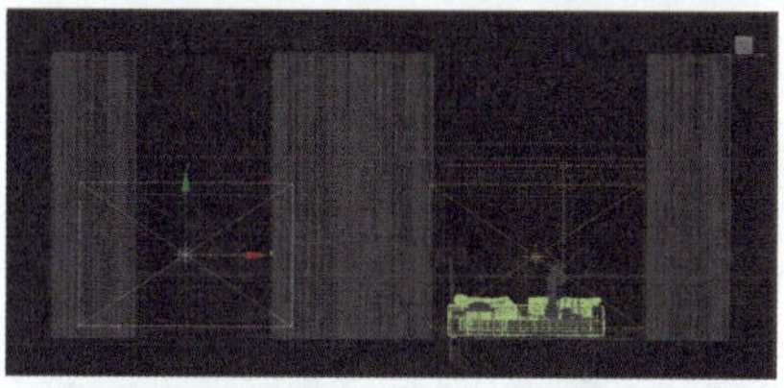 图 3-1-53 克隆 VRay 灯光完善环境光源	1. 创建 VRay 灯光 2. 调整 VRay 灯光位置 3. 修改 VRay 灯光参数 4. 复制克隆 VRay 灯光 5. 修改复制对象 VRay 灯光的参数
3	创建 VRay 灯光模拟表现现代客厅灯带效果（见图 3-1-54）	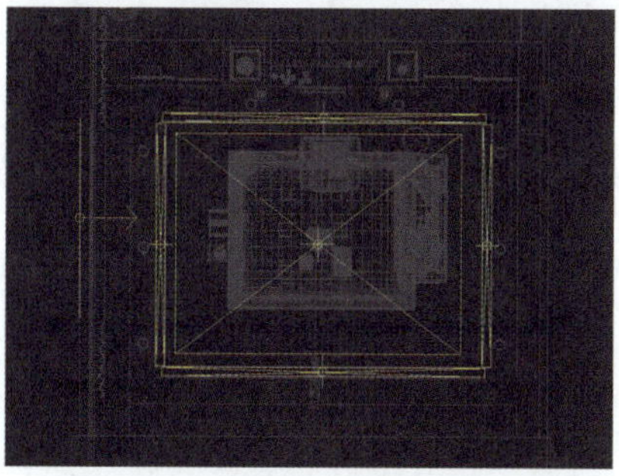 图 3-1-54 创建 VRay 灯光表现灯带光效	1. 创建条状 VRay 灯光 2. 调整 VRay 灯光位置 3. 修改 VRay 灯光参数 4. 复制克隆 VRay 灯光 5. 调整其余三条灯带 VRay 灯光位置
4	调整相关参数与灯光位置，完成 VRay 灯光创建，打造照亮场景的效果（见图 3-1-55）	 图 3-1-55 完成 VRay 灯光创建	渲染查看效果，进行针对性调整

续表

序号	名称	界面效果	步骤要点说明
5	添加 VRayIES 灯光制作筒灯光源效果（见图 3-1-56）	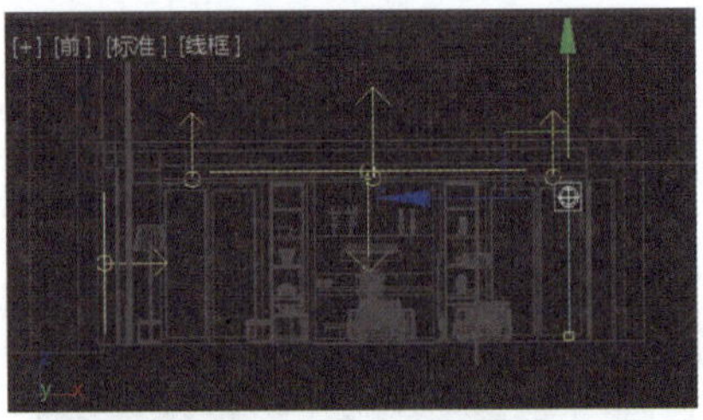 图 3-1-56　创建 VRayIES 灯光	1. 筒灯位置创建 VRayIES 灯光 2. 调整 VRayIES 灯光参数 3. 实例克隆复制 VRayIES 灯光
6	添加 VRay 太阳光制作室内日光效果（见图 3-1-57）	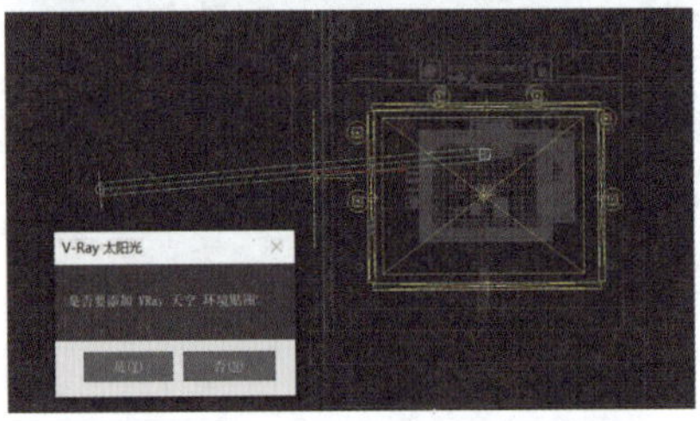 图 3-1-57　创建 VRay 太阳光	1. 创建 VRay 太阳光 2. 调整 VRay 太阳光位置 3. 调整 VRay 太阳光参数
7	最终调整画面效果，完成客厅灯光效果表现（见图 3-1-58）	 图 3-1-58　调整场景各参数完成渲染效果图	1. 整体调整相机视口 2. 整体调整灯光位置及参数 3. 渲染效果图

2. 任务实施步骤

对于不同的场景和光照要求，需要设置不同的灯光或灯光组合，要想制作一张模拟真实环境、具有设计美感的效果图，在灯光设置上是很有考究的，无论什么样的场景，灯光的设置有一定规律，离不开强度、色彩、位置、阴影、衰减等这几个灯光要素的设置。下面，通过制作图 3-1-59 所示的灯光效果，来学习 VRay 灯光的应用技巧。

图 3-1-59　制作现代客厅 VRay 灯光照明效果

制作思路分析：利用 VRay 灯光为客厅添加环境灯光，然后制作窗户处的光照效果，以保证空间的整体光照，本模型空间有预留吊顶的灯带空间，再利用 VRay 灯光制作其中一条灯带，最后通过克隆操作完成四面的灯带效果。利用 VRayIES 灯光为客厅的筒灯添加光照效果，然后通过克隆操作完成其他筒灯效果的制作，再利用 VRay 太阳光在窗外为场景添加日光照射效果，最后通过渲染场景查看效果，并进行调整最终完成现代客厅灯光效果表现。

（1）创建现代客厅环境光源

➢ Step 1：打开素材文件“3-1 现代客厅实例模型（灯光练习）”，梳理场景空间元素。

➢ Step 2：选择“创建”命令面板→“灯光”→“VRay”类型→“VRay 灯光”按钮，在顶视图中天花板中间位置拖动鼠标创建光源，如图 3-1-60 所示，并在顶视图中将光源调整至中心位置。

➢ Step 3：在左视图或者前视图当中利用“选择并移动”工具沿 Y 轴向上移动至合适位置，如图 3-1-61 所示。

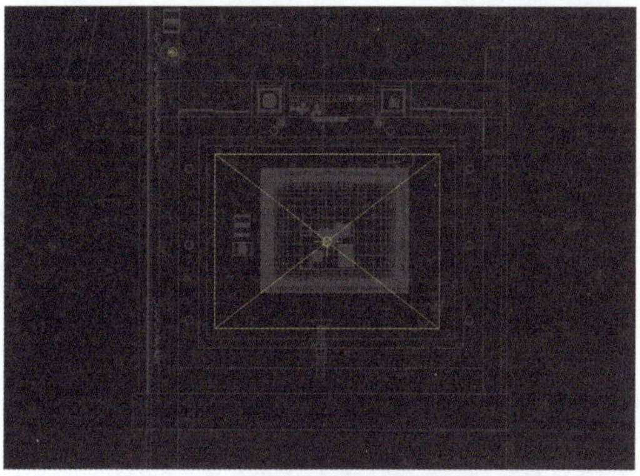

图 3-1-60 创建 VRay 灯光

图 3-1-61 调整 VRay 灯光的高度位置

➢ Step 4: 在场景中选中此灯光，在“修改”面板修改参数。如果视图中 VRay 灯光的尺寸不合适，可以通过拖动“常规”卷展栏中的“长度”/“宽度”调整其长宽大小；将“倍增”更改为 2.0；“选项”卷展栏中勾选“投射阴影”、“不可见”、“影响漫反射”及“影响高光”复选框，如图 3-1-62 所示。

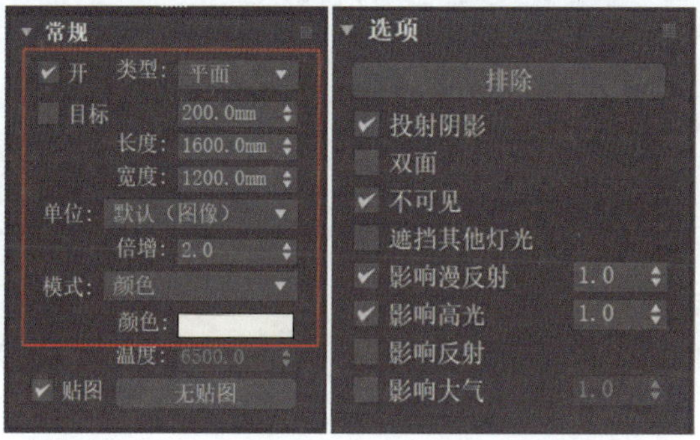

图 3-1-62 设置灯光类型、强度等属性

（2）创建现代客厅窗外光源

➢ Step 1：在左视图中重复上述步骤在客厅窗外创建同窗户尺寸大小一样的 VRay 灯光，并将位置调整至合适位置，如图 3-1-63 所示。

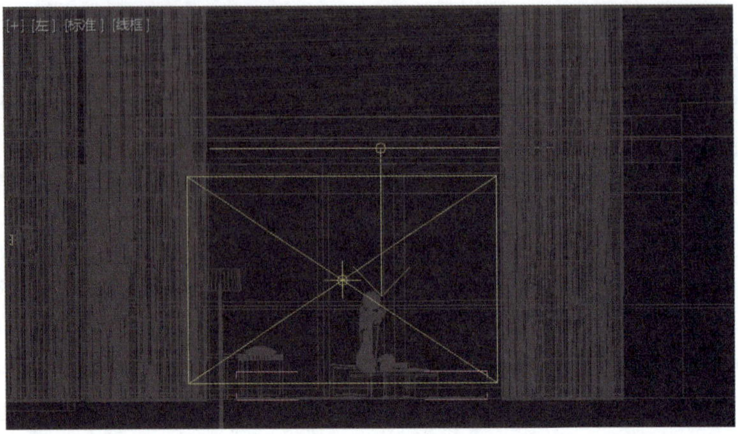

图 3-1-63　创建 VRay 灯光

➢ Step 2：选中新创建的灯光并在“修改”面板中调整参数，并将“倍增”更改为 5.0；“选项”卷展栏中勾选“投射阴影”、“不可见”、“影响漫反射”及“影响高光”复选框，如图 3-1-64 所示。

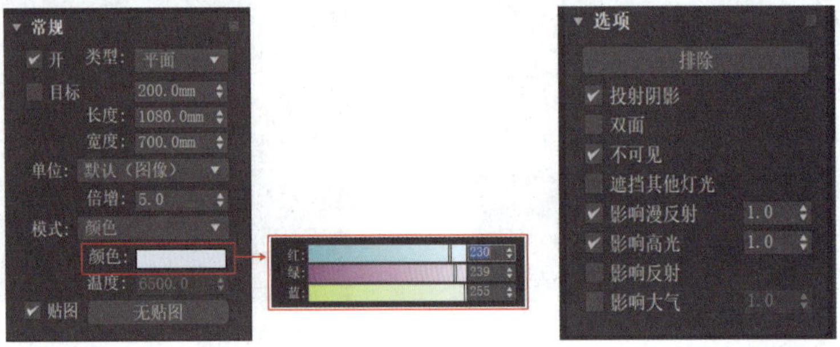

图 3-1-64　设置灯光参数

➢ Step 3：选中窗外灯光文件，然后利用“选择并移动”工具同时按住【Shift】键进行复制克隆 1 个对象，放置在另一个窗外，并将“倍增”更改为 2.0，如图 3-1-65 所示。

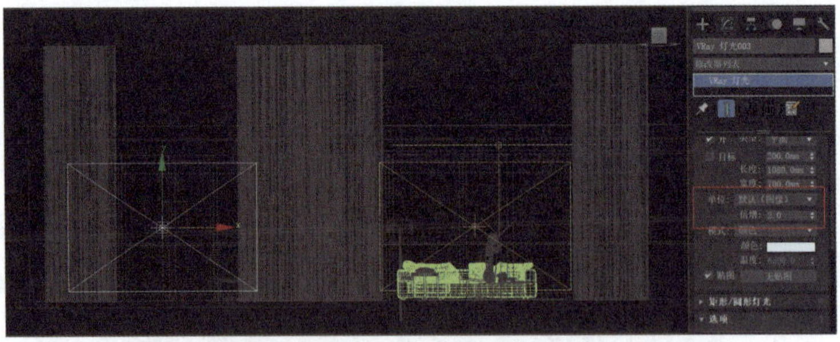

图 3-1-65　复制克隆 VRay 灯光

（3）创建现代客厅灯带效果

➢ Step 1：选择“创建”命令面板→“灯光”→“VRay”类型→“VRay 灯光”按钮，在顶视图中天花板预留灯槽位置拖动鼠标创建光源，并调整尺寸大小，符合灯槽大小，如图 3-1-66 所示。

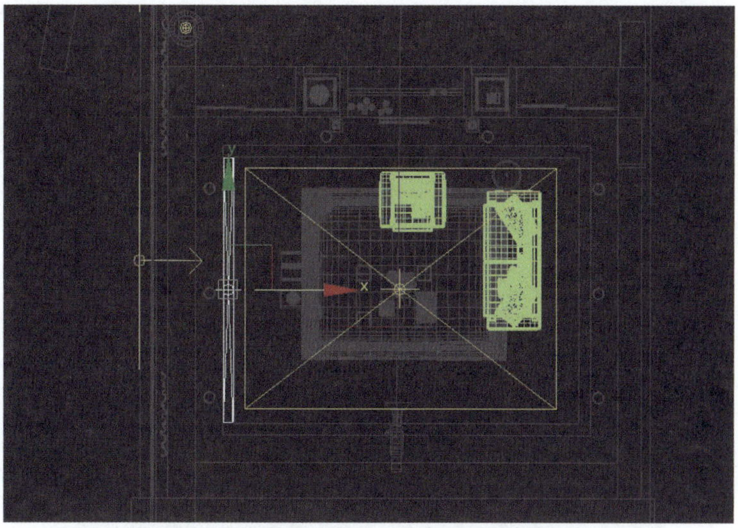

图 3-1-66 创建条状 VRay 灯光

➢ Step 2：切换其他视图，调整灯光的位置，使其位于天花板造型中预留的灯槽位置，并在透视图中沿 Z 轴旋转 180°，使灯光的箭头指向天花板，如图 3-1-67 所示。

图 3-1-67 调整 VRay 灯光位置及方向

➢ Step 3：选中新创建的 VRay 灯光，在“修改”面板中修改相关参数，在“常规”卷展栏修改“倍增”及“颜色”等参数，在“选项”卷展栏勾选部分选项，如图 3-1-68 所示。

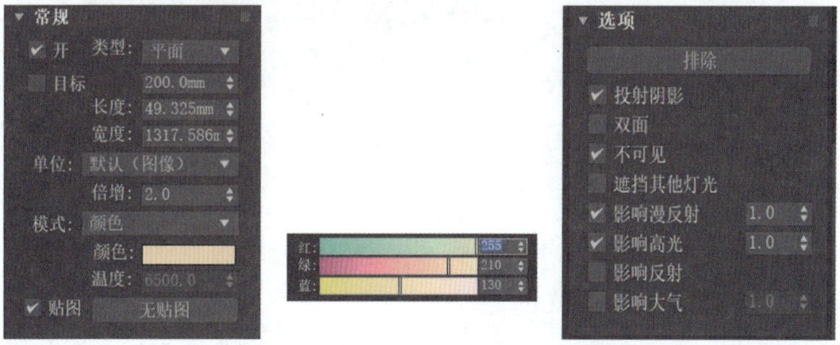

图 3-1-68 修改 VRay 灯光参数

➢ Step 4：在顶视图中选择此 VRay 灯光，然后利用“选择并移动”工具和【Shift】键组合向右侧复制克隆三个，配合“选择并旋转”工具将它们移动到其他三边位置上，针对预留的灯槽位置调整灯带尺寸，注意灯光不要重叠，如图 3-1-69 所示。

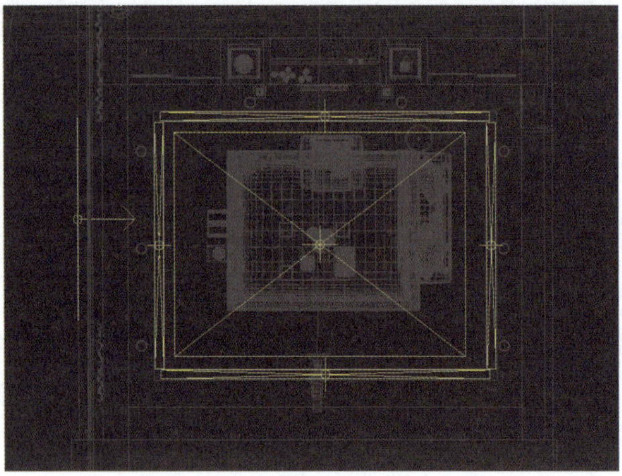

图 3-1-69　复制克隆 VRay 灯光

（4）最终调整画面效果，完成 VRay 灯光部分的创建

切换到摄影机视口，按【Shift+Q】组合键进行快速渲染，其渲染效果如图 3-1-70 所示，若灯光效果有不合适之处，可重复上述步骤对 VRay 灯光的位置及参数进行再次调整，调整后渲染查看效果，此时创建 VRay 灯光的照明效果就制作完成了。

图 3-1-70　VRay 灯光创建完成效果图

（5）添加 VRayIES 灯光

➢ Step 1：继续在素材文件“3-1 现代客厅实例模型（灯光练习）”中进行创建，梳理场景空间元素，确定已经完成上一环节的 VRay 灯光创建。

➢ Step 2：选择“创建”命令面板→“灯光”→“VRay”类型→“VRayIES”按钮，在前视图中灯光位置拖动鼠标选择合适方向创建 VRayIES 灯光，并利用“选择并移动”工具在不同视图将其移动至合适位置，如图 3-1-71 所示。

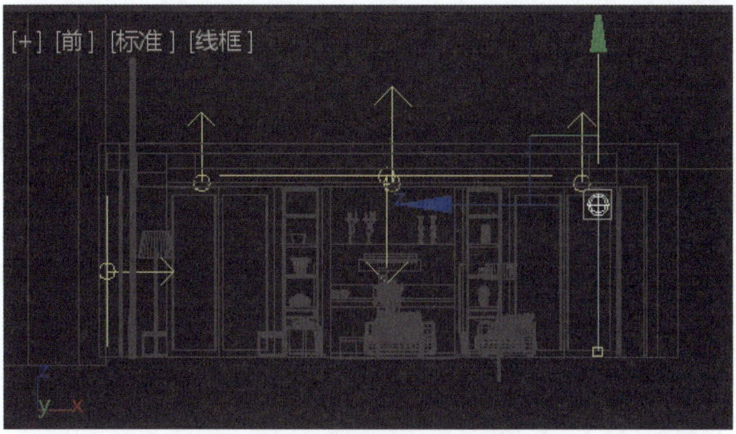

图 3-1-71　创建 VRayIES 灯光

➢ Step 3：选择 VRayIES 灯光，在“修改”面板对“颜色”“强度值”等参数进行调整，并为其指定一个 IES 文件，如图 3-1-72 所示。

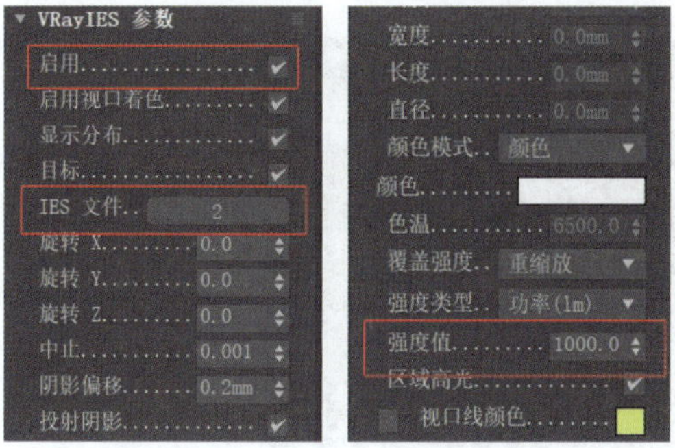

图 3-1-72　VRayIES 灯光参数

➢ Step 4：快速渲染查看灯光位置及参数是否合适，在顶视图中选择灯光并利用“选择并移动”工具和【Shift】键进行实例克隆复制多个，按照筒灯的位置调整其位置，如图 3-1-73 所示。

图 3-1-73　实例克隆复制 VRayIES 灯光

（6）添加 VRay 太阳光

➢ Step 1：选择“创建”命令面板→“灯光”→“VRay”类型→“VRay 太阳光”按钮，在顶视图中从窗户方向的位置单击，并向右侧室内方向拖动创建 VRay 太阳光，如图 3-1-74 所示。

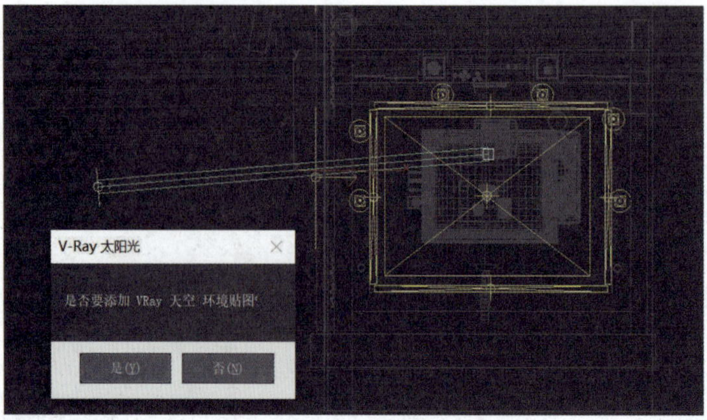

图 3-1-74　创建 VRay 太阳光

➢ Step 2：在左视图及透视图中移动太阳光的发光点和目标点的位置，调整合适的照射角度，如图 3-1-75 所示。

➢ Step 3：在“修改”面板修改 VRay 太阳光的“强度倍增”“大小倍增”等参数，如图 3-1-76 所示。

图 3-1-75　调整 VRay 太阳光位置

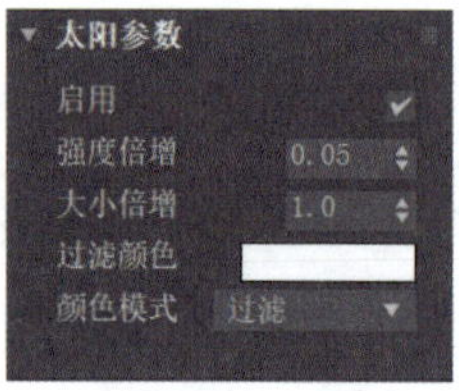

图 3-1-76　修改 VRay 太阳光参数

（7）最终调整画面效果，完成照明效果制作

切换到摄影机视口，按【Shift+Q】组合键进行快速渲染，其渲染效果如图 3-1-77 所示，若灯光效果有不合适之处，可重复上述步骤对 VRayIES 灯光或 VRay 太阳光的位置及参数进行再次调整，调整后渲染查看效果。至此，该案例的创建 VRay 灯光的照明效果就制作完成了。

课后拓展训练：运用 VRay 渲染器各类型灯光制作室内照明效果。

技能点训练：通过本任务知识点学习，了解掌握 VRay 灯光、VRayIES 灯光、VRay 太阳光的应用技巧，按照上述案例讲解，制作完成现代客厅照明效果。

图 3-1-77　最终灯光效果图

项目二 材质表现

在制作效果图的过程中，需要对场景模型进行材质表现，合理地创建、编辑并赋予材质和贴图可以使模型渲染时更加逼真，本项目重点学习如何模拟现实中的材质属性，通过创建 VRay 类型材质球并赋予场景模型来达到良好的材质表现效果。

任务 1 VRay 材质——写实材质制作

任务介绍

本任务学习在材质编辑器中设置材质与贴图，并将材质分配给指定模型的应用技巧，通过详细学习不同的材质属性，强化对 VRay 常用材质的应用技巧学习，能够进行写实材质的制作。

视 频

材质编辑器

任务导入

观看微课视频进行材质编辑器的课前探索学习，了解在 3ds Max 软件中如何创建、编辑材质与贴图。

视 频

VRayMtl 材质漫反射面板

相关知识

VRayMtl 材质的基本参数知识点分析见表 3-2-1。

视 频

VRayMtl 材质反射面板

表 3-2-1 VRayMtl 材质基本参数知识点

<table>
<tr><th>序号</th><th>名称</th><th>界面显示</th><th>常用命令要点</th></tr>
<tr><td>1</td><td>漫反射（见图 3-2-1）</td><td>

图 3-2-1 漫反射面板</td><td>1. 颜色选择器
2. 材质贴图添加
3. 贴图卷展栏“漫反射”参数</td></tr>
<tr><td>2</td><td>反射（见图 3-2-2）</td><td>

图 3-2-2 反射面板</td><td>1. 颜色选择器
2. 光泽度
3. 菲涅尔反射
4. 菲涅尔 IOR</td></tr>
<tr><td>3</td><td>折射（见图 3-2-3）</td><td>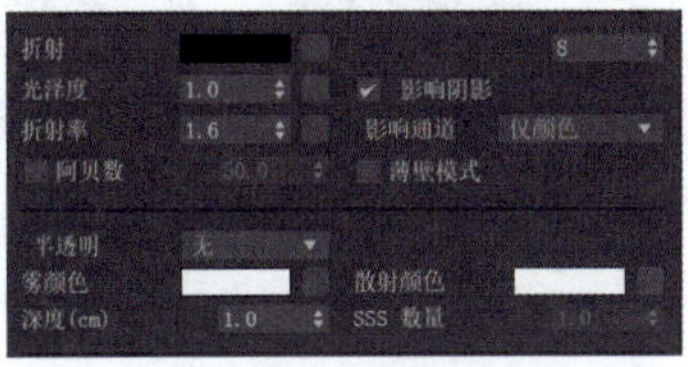

图 3-2-3 折射面板</td><td>1. 颜色选择器
2. 光泽度
3. 折射率
4. 雾颜色</td></tr>
</table>

视 频

VRayMtl 材质折射、自发光面板

续表

序号	名称	界面显示	常用命令要点
4	自发光（见图 3-2-4）	 图 3-2-4　自发光面板	1. 颜色选择器 2. 倍增

VRay 材质是安装 VRay 渲染器之后才出现的材质类型，能够与 VRay 渲染器配合使用，渲染效果更好，所以制作室内效果图过程中我们一般常用 VRay 材质。VRay 材质使用需要先将渲染器设为 VRay 渲染器，如图 3-2-5 所示，本书渲染时均为“V-Ray 5，update2.1”渲染器。常用的 VRay 材质主要有“VRayMtl”“VRay 灯光”“VRay 混合”等材质，本节将详细介绍最为常用的材质“VRayMtl”类型的相关知识点。

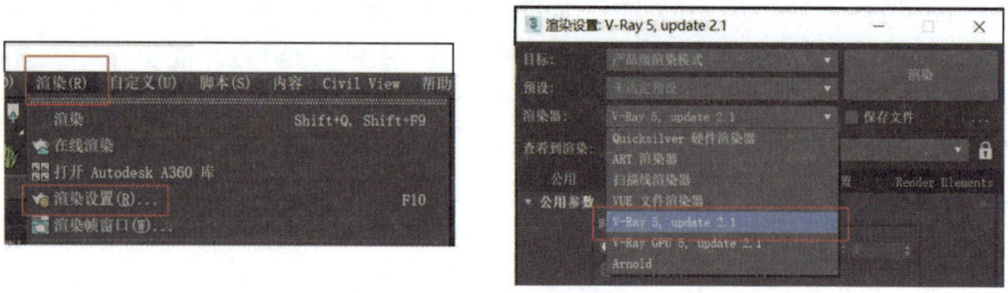

图 3-2-5　选择渲染器

VRayMtl 材质是 VRay 应用最广且最基本的一种材质类型，可以替代 3ds Max 的默认材质，最大特点是可以轻松控制物体的颜色、贴图、反射、折射、凹凸等各种材质效果。选择菜单栏“渲染”→“材质编辑器”命令，在弹出的悬浮窗中选择其中一个材质球，单击“物理材质”按钮，在弹出的“材质 / 贴图浏览器”对话框中展开“VRay”选项，选择卷展栏“VRayMtl”选项，当出现“VRayMtl”按钮且参数面板如图 3-2-6 所示时即完成材质创建。

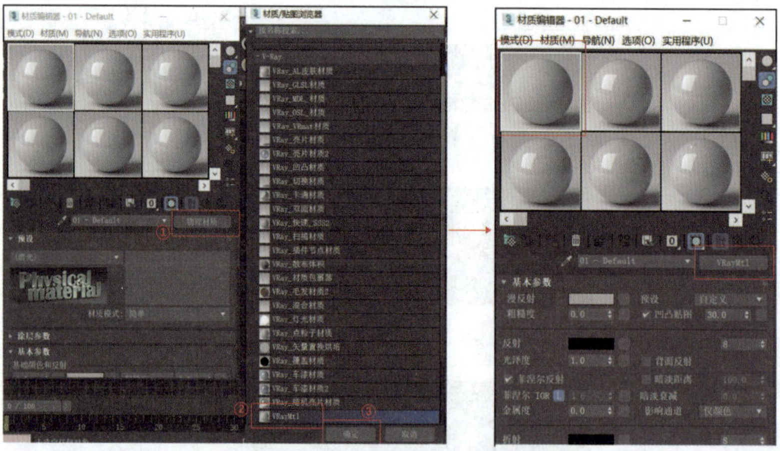

图 3-2-6　创建 VRayMtl 材质

1. 漫反射面板

漫反射面板主要用于控制物体的固有色，也就是物体表面的颜色，参数面板如图 3-2-7 所示。

图 3-2-7 漫反射面板

①颜色选择器：单击后在弹出的“颜色选择器”对话框中选择物体显示的颜色。

②颜色右侧按钮：在物体并不是单一颜色时，用于控制物体的贴图或纹理显示。单击后在弹出的“材质 / 贴图浏览器”中选择“位图”选项，默认状态下就将一张图片作为物体的 100% 显示图案，如图 3-2-8 所示。此时参数面板就变成了位图的调整参数面板，可调整贴图的相关参数，如图 3-2-9 所示，调整完成后需要单击图标“转到父对象”回到漫反射面板。

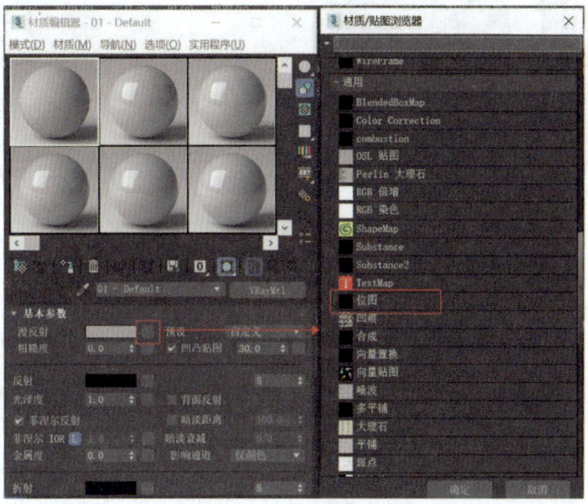

图 3-2-8 为 VRayMtl 材质漫反射添加位图

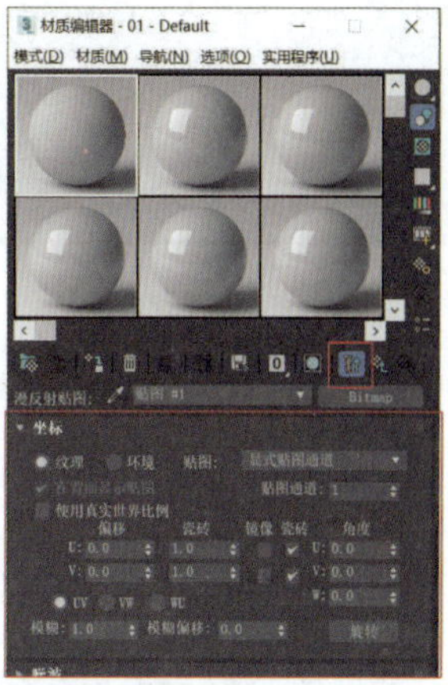

图 3-2-9 位图参数面板

③贴图卷展栏中的“漫反射”：在 VRayMtl 材质球参数面板最下方的“贴图”卷展栏中，“漫射”选项右侧有百分比控制栏，用于控制漫反射当中的颜色与贴图的控制率，如图 3-2-10 所示，有贴图时，数值为 100% 则物体全部显示贴图的纹理，30% 时则物体显示 30% 的贴图图案和 70% 的颜色显示度。

图 3-2-10 贴图卷展栏中的“漫反射”

2. 反射面板

反射面板模拟现实材质的反射物理效果，其参数面板如图 3-2-11 所示。

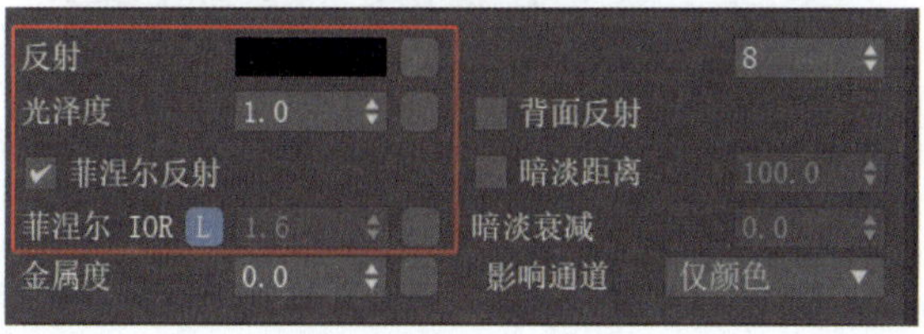

图 3-2-11 反射面板

①颜色选择器：通过颜色选择器控制物体的反射强弱，黑色表示物体材质没有反射，颜色由黑到白则反射越来越强。

②光泽度：用于控制材质的反射清晰度及高光的光泽度。数值可以设置在0~1之间，数值越大反射越清晰，数值越小反射越模糊，反射高光越柔和，如图3-2-12所示。

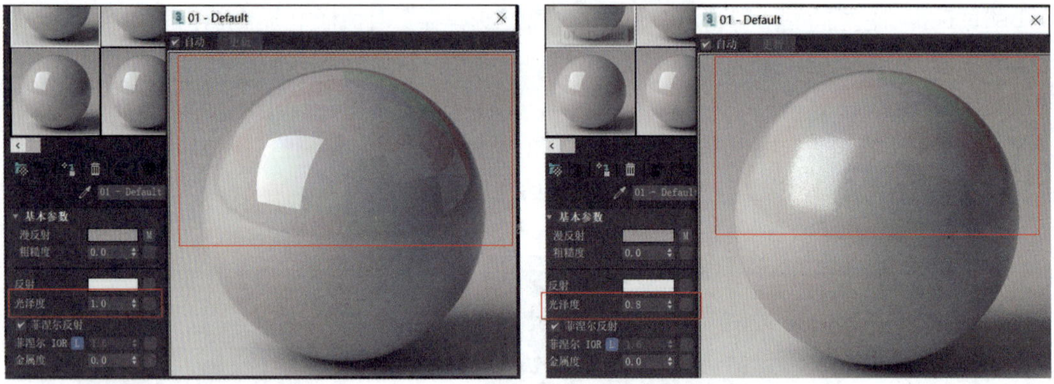

（a）光泽度 1　　（b）光泽度 0.8

图 3-2-12　反射面板光泽度对比

③菲涅尔反射：用于控制不同角度看物体时渲染出不同的反射强度，模拟真实世界的光学现象。有些材质在创建时需要开启菲涅尔反射，使其存在这样的物理现象，有些材质在创建时则不需要开启，例如镜子每一处都需要渲染出高反射效果。

提示：菲涅尔反射是指当光达到材质交界面时，一部分光被反射，一部分发生折射，即视线垂直于表面时，反射较弱，而当视线非垂直表面时，夹角越小，反射越明显。例如，在看湖水水面时，我们在看近处的物体和远处的物体时其反射强度是不一样的，近处的能够透过水看到湖底，远处的水面则看到反射的景色。所有物体都有菲涅尔反射，只是强度大小不同，因此加菲涅尔反射是为了模拟真实世界的这种光学现象。开启存在这样的物理现象，不开启则不存在此物理现象。

④菲涅尔 IOR：这个数值是控制菲涅尔反射率，开启菲涅尔反射则默认其锁定的数值1.6，按键则可以解除锁定状态，可以调整数值使材质在具有菲涅尔反射的情况下增强反射效果，达到高反射的效果。

3. 折射面板

折射面板模拟现实材质的折射物理效果，控制材质的透明程度，其参数面板如图3-2-13所示。

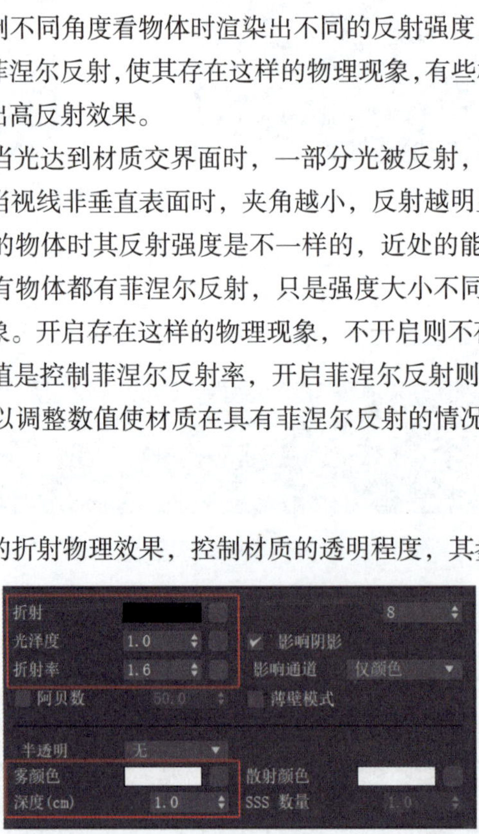

图 3-2-13　折射面板

①颜色选择器：通过颜色选择器控制物体的折射强弱，黑色表示物体材质完全不透明，颜色由黑到白则材质越来越透明。

②光泽度：主要控制材质透明的清晰度，数值可以设置在 0~1 之间，数值越小则材质越模糊，数值为 1 时可以清晰透过材质看到后面的背景，如图 3-2-14 所示，可以通过此参数创建磨砂玻璃材质。

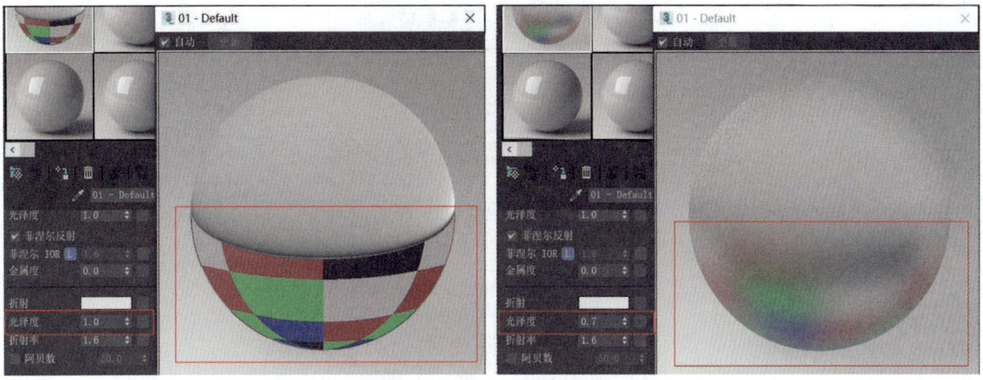

（a）光泽度 1　　　　（b）光泽度 0.7

图 3-2-14　折射面板光泽度对比

③折射率：主要影响材质的折射效果，大多在创建玻璃相关材质时使用到折射面板，所以折射率一般默认玻璃的平均折射率 1.6，但是在创建非玻璃的特殊材质时是需要调整的，例如水材质的折射率是 1.33，钻石材质的折射率是 2.4。

④雾颜色：可以理解为材质颗粒的颜色，主要用于控制透明材质的颜色。通过颜色选择器为其设定颜色后可以渲染出带颜色的透明材质，一般常用于创建有色玻璃材质。

4. 自发光面板

自发光面板主要用于控制材质的发光程度，创建自发光材质，其参数面板如图 3-2-15 所示。

图 3-2-15　自发光面板

①颜色选择器：通过颜色选择器控制材质的发光程度，黑色表示物体材质完全不发光，颜色由黑到白则材质越来越亮。

②倍增：通过右侧文本框的数值控制发光强度，数值越大则发光越强。

任务实施

1. 任务实施分析

运用 VRay 材质制作写实材质重点步骤及任务分析见表 3-2-2。

视 频

创建地板、镜面材质球

视 频

创建玻璃、不锈钢材质球

表 3-2-2 运用 VRay 材质制作写实材质重点步骤拆分

序号	名称	材质球效果	参数要点说明
1	制作地板材质（见图 3-2-16）	 图 3-2-16 “地板”材质球效果	1. “漫反射”通道：添加位图贴图 2. “反射”通道：设置颜色为灰色 3. 添加“凹凸”贴图并设置参数
2	制作镜子材质（见图 3-2-17）	 图 3-2-17 “镜子”材质球效果	1. “反射”通道颜色设为白色 2. 反射“光泽度”设为 0.9 3. 取消勾选“菲涅尔反射”复选框
3	制作普通玻璃材质（见图 3-2-18）	 图 3-2-18 “普通玻璃”材质球效果	1. “漫反射”通道：颜色设为淡蓝色 2. “反射”通道：颜色设为灰色，反射“光泽度”设为 0.8 3. 折射通道：颜色设为白色，“折射率”为 1.57
4	制作不锈钢材质（见图 3-2-19）	 图 3-2-19 “不锈钢”材质球效果	1. “漫反射”通道：颜色设为黑色 2. 反射通道：颜色设为浅灰色，“光泽度”设为 0.95，取消勾选“菲涅尔反射”复选框 3. “BRDF”卷展栏：设置反射光线类型为“沃德”，翻转“-90.0”

2. 任务实施步骤

（1）制作地板材质

➤ Step 1：按快捷键【M】打开“材质编辑器”对话框，选择一个材质球，将其命名为“地板”，再单击“物理材质”按钮，在弹出的“材质 / 贴图浏览器”对话框中展开“V-Ray”卷展栏，选择“VRayMtl”并单击“确定”按钮，如图 3-2-20 所示。

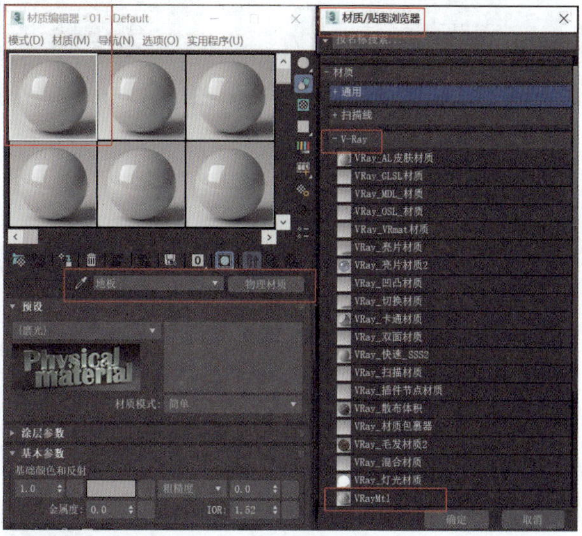

图 3-2-20 创建 VRayMtl 材质并命名为“地板”

➤ Step 2：单击“漫反射”通道右侧的按钮■，在弹出的“材质 / 贴图浏览器”对话框中双击“位图”选项，为材质添加“地板贴图 .jpg”贴图文件，如图 3-2-21 所示。

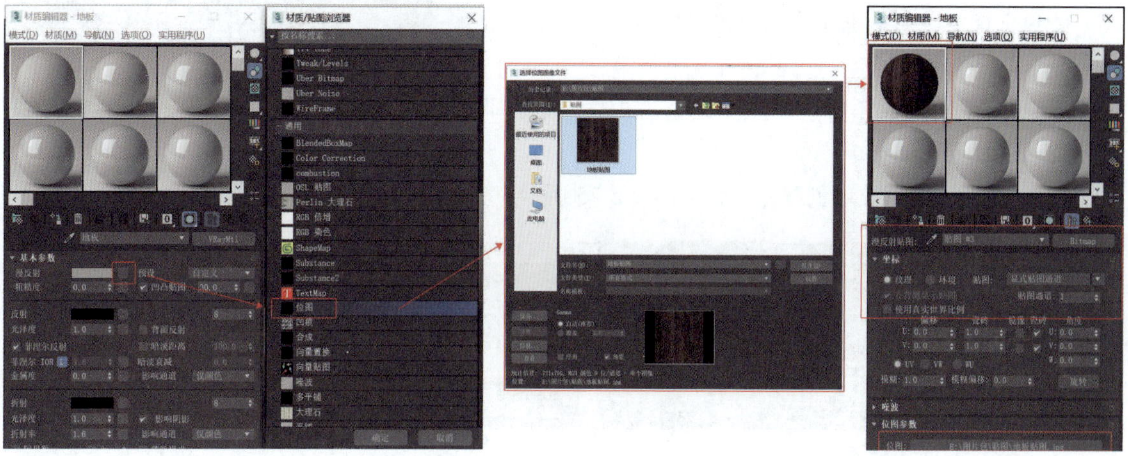

图 3-2-21 “漫反射”通道添加位图

➤ Step 3：单击“转到父对象”按钮，在反射面板单击颜色选择器，在弹出的“颜色选择器”对话框中将反射颜色设为灰色，如图 3-2-22 所示。

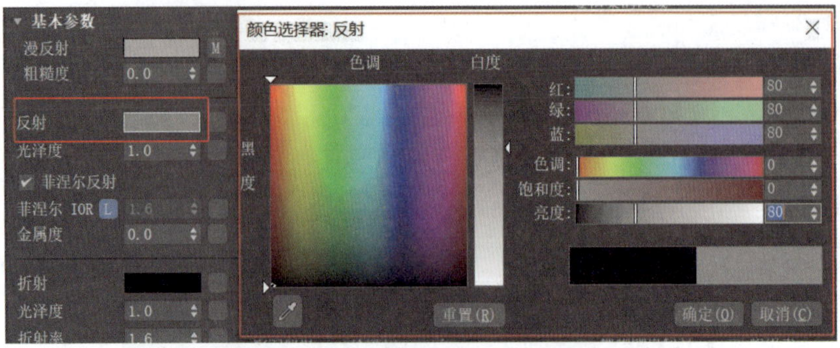

图 3-2-22 设置“反射”通道颜色

➢ Step 4：在“贴图”卷展栏中选择“凹凸”通道右侧的“无”按钮，在弹出的“材质/贴图浏览器”对话框中添加“地板凹凸贴图”图像文件，并将“凹凸”通道的控制率数值改为 50.0，如图 3-2-23 所示。

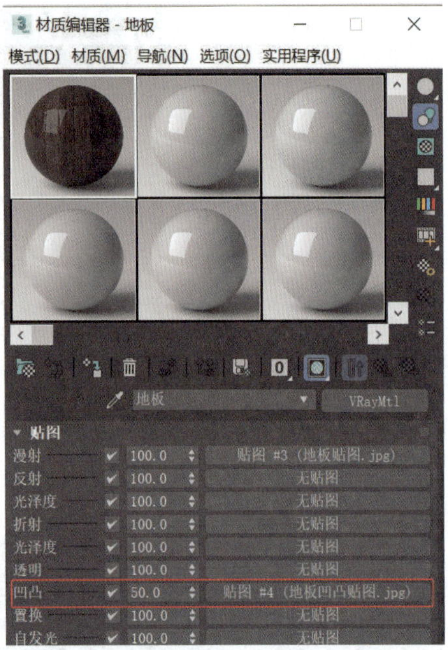

图 3-2-23 设置“凹凸”通道贴图和参数

➢ Step 5：完成地板材质创建，可以根据效果图表现需要将材质指定给选定对象。

（2）制作镜面材质

➢ Step 1：打开“材质编辑器”对话框，选择第一个材质球，将其命名为“镜面”，再单击“物理材质”按钮，在弹出的“材质/贴图浏览器”对话框中展开“V-Ray”卷展栏，选择“VRayMtl”并单击“确定”按钮。

➢ Step 2：在反射面板中选择颜色选择器，在弹出的“颜色选择器”对话框中将颜色设为白色，如图 3-2-24 所示。

➢ Step 3：将“光泽度”设置为 0.9，并取消勾选“菲涅尔反射”复选框。

➢ Step 4：镜面材质球创建完成，如图 3-2-25 所示。

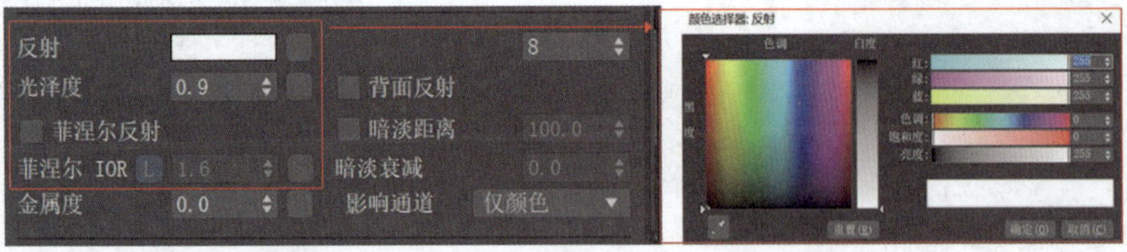

图 3-2-24 设置“反射”通道相关参数

图 3-2-25 镜面

（3）制作普通玻璃材质

➢ Step 1：打开“材质编辑器”对话框，选择一个材质球，将其命名为“普通玻璃”，再单击“物理材质”按钮，在弹出的“材质/贴图浏览器”对话框中展开“V-Ray”卷展栏，选择“VRayMtl”并单击“确定”按钮。

➢ Step 2：单击“漫反射”通道的颜色框，在弹出的“颜色选择器”对话框中将颜色设为淡蓝色单击“确定”按钮，如图 3-2-26 所示。

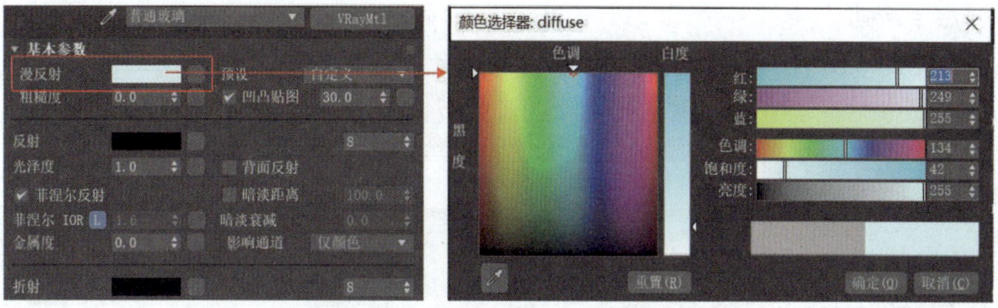

图 3-2-26　设置“漫反射”通道颜色

➢ Step 3：设置“反射”通道参数，单击颜色选择器将反射颜色设为灰色并单击“确定”按钮，将反射“光泽度”设为 0.8，如图 3-2-27 所示。

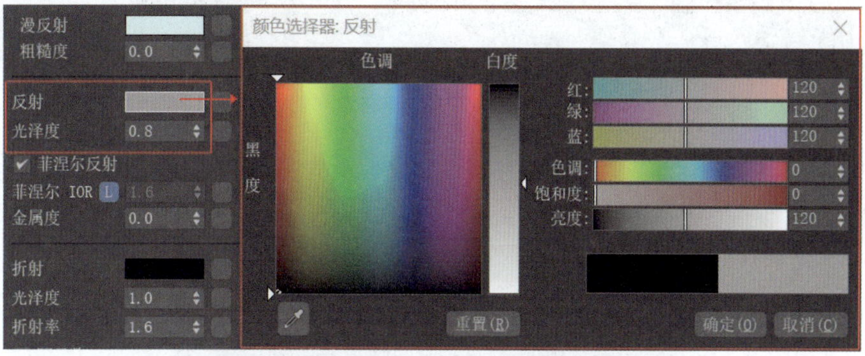

图 3-2-27　设置“反射”通道颜色和参数

➢ Step 4：设置“折射”通道参数，单击颜色选择器将折射颜色设为白色，将“折射率”设为 1.57，如图 3-2-28 所示。

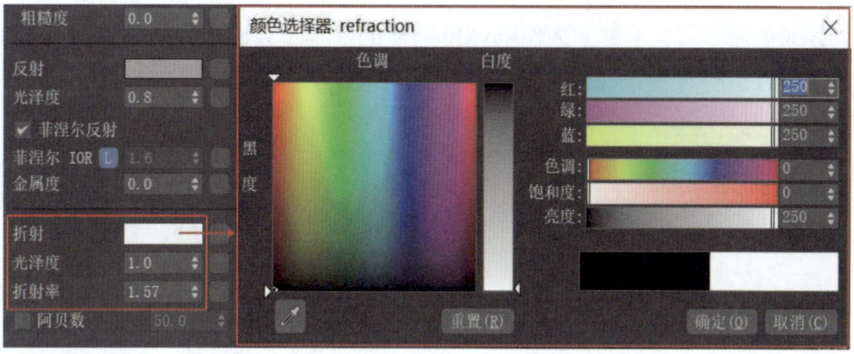

图 3-2-28　设置“折射”通道颜色和参数

（4）制作不锈钢材质

➢ Step 1：打开“材质编辑器”对话框，选择一个材质球，将其命名为“不锈钢”，再单击“物理材质”按钮，在弹出的“材质 / 贴图浏览器”对话框中展开“V-Ray”卷展栏，选择“VRayMtl”

并单击“确定”按钮。

➤ Step 2：单击“漫反射”通道的颜色选择器，在弹出的“颜色选择器”对话框中将颜色设为黑色并单击“确定”按钮。

➤ Step 3：设置“反射”通道参数，单击颜色选择器将反射颜色设为浅灰色并单击“确定”按钮，将反射“光泽度”设为 0.95，取消勾选“菲涅尔反射”复选框，如图 3-2-29 所示。

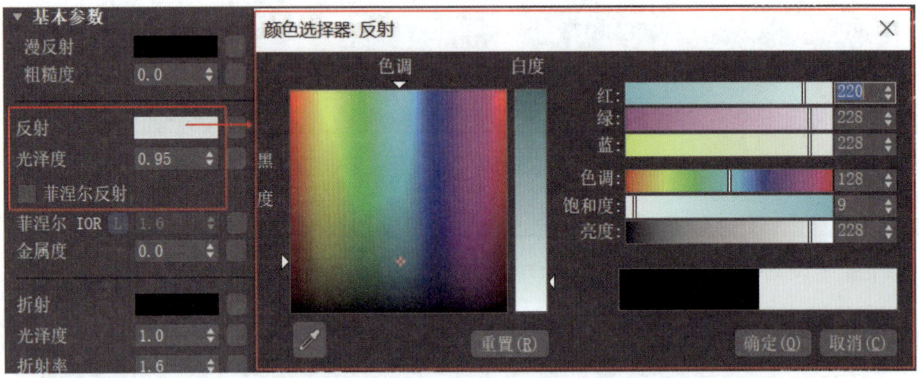

图 3-2-29　设置“反射”通道颜色和参数

➤ Step 4：在“BRDF”卷展栏中设置反射光线类型，选择“沃德”选项，翻转为“-90.0”，如图 3-2-30 所示，至此完成不锈钢材质的创建。

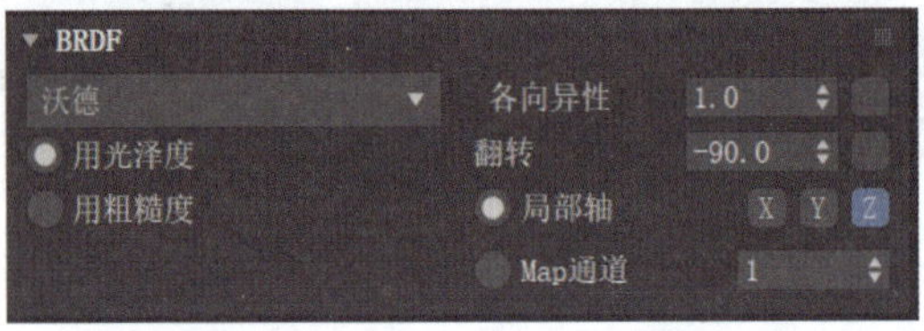

图 3-2-30　设置“BRDF”卷展栏参数

课后拓展训练：VRay 材质创建训练

通过本任务知识点学习，了解掌握 VRayMtl 材质的基本参数面板的特点和设置方法，能够根据不同物理材质的属性进行设置，课后拓展训练需独立完成不同写实材质的创建（见表 3-2-3），强化虚拟仿真表现能力。

表 3-2-3　写实材质创建

材质类型	有色玻璃杯
示例效果（见图 3-2-31）	 图 3-2-31　有色玻璃杯渲染效果图
思考	材质创建过程中需要设置哪些材质参数？

任务 2　创建材质库

任务介绍

本任务学习在材质编辑器中能够完成不同材质球创建的同时，能够掌握 VRayMtl 材质的其他常用参数内容，能够创建并使用材质库。

视频

VRayMtl 材质凹凸、置换参数

任务导入

观看微课视频进行 VRayMtl 材质的其他常用参数内容的课前探索学习，了解在 3ds Max 软件中如何创建编辑材质与贴图。

相关知识

VRayMtl 材质的常用参数知识点分析见表 3-2-4。

视频

VRayMtl材质透明参数

表 3-2-4　VRayMtl 材质的常用参数知识点

序号	名称	界面显示	常用命令要点
1	凹凸（见图 3-2-32）	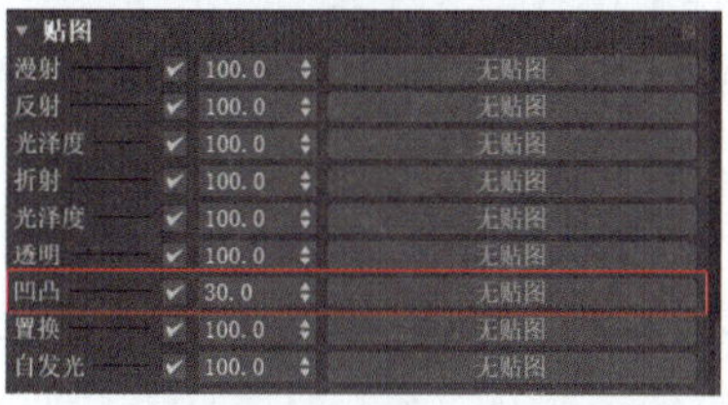 图 3-2-32　“凹凸”参数面板	1. 添加贴图 2. 控制百分比
2	置换（见图 3-2-33）	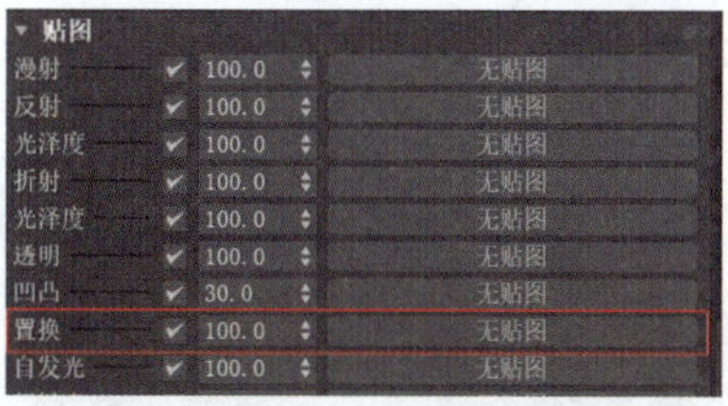 图 3-2-33　“置换”面板	1. 添加贴图 2. 控制百分比
3	透明（见图 3-2-34）	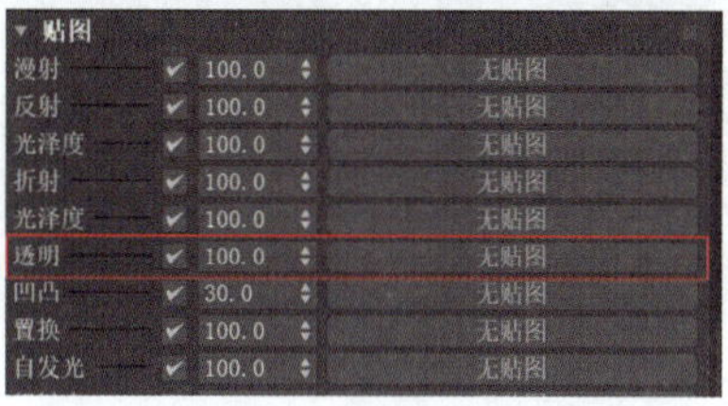 图 3-2-34　“透明”面板	1. 添加贴图 2. 控制百分比

续表

序号	名称	界面显示	常用命令要点
4	“贴图”通道中使用贴图（见图 3-2-35）	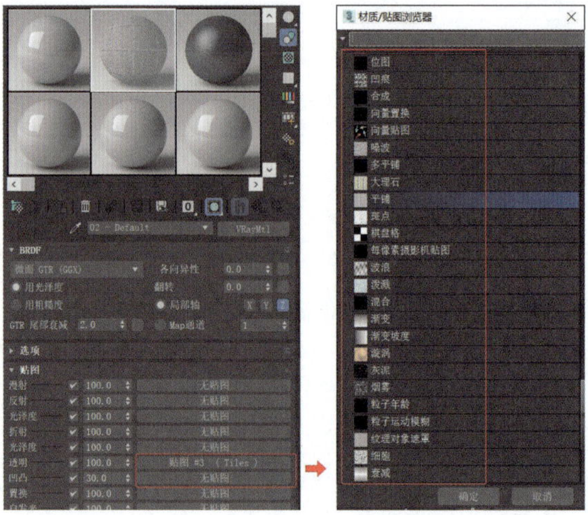 图 3-2-35　“贴图”面板	1. 2D 贴图 2. 3D 贴图 3. 合成器贴图 4. 颜色修改器贴图

在上一节中对 VRayMtl 材质的基本参数进行了学习了解，基本参数主要是调整材质本身的特点效果，但在创建 VRayMtl 材质过程中还有一些参数不算是物体本身的材质特征，而是表现模型结构上的变化，是物体模型的结构特点，本节重点学习用材质参数来模拟这种结构变化，方便模拟出想要的肌理效果。

1. 凹凸

“凹凸”可以通过颜色或贴图控制材质表面的凹凸起伏效果，如图 3-2-36 所示的“贴图”通道界面中为材质添加凹凸效果。但是设置“凹凸”参数时模型本身没有产生变化，渲染比较快，不需要太细致表现效果时推荐使用。

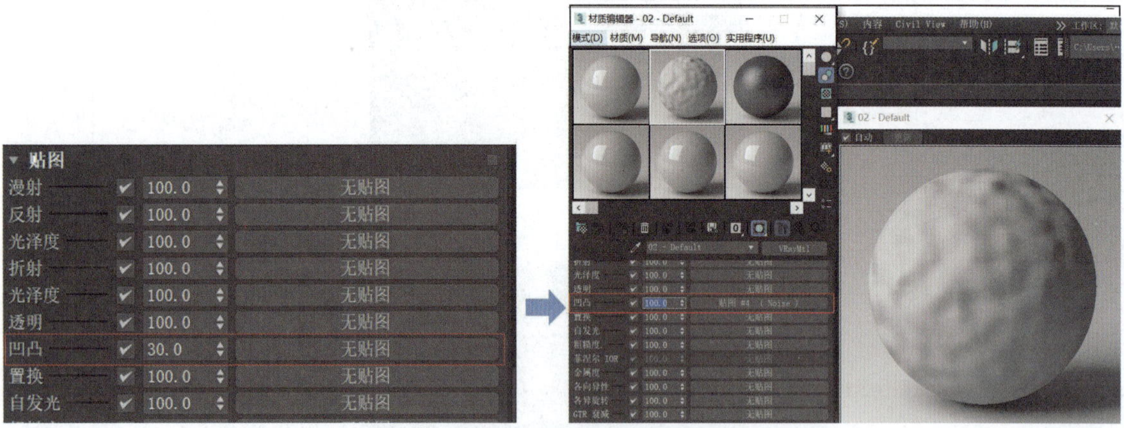

图 3-2-36　VRayMtl“贴图”通道“凹凸”参数

①凹凸的“贴图”通道：“凹凸”通道中纯白的颜色则保持模型的高度不变，若是纯黑的颜色则沿着法线的正面方向下凹，所以为其添加有黑白颜色变化的贴图时，则材质能渲染出呈凹凸

不平的肌理效果。

②百分比文本框：模型的凹凸效果大小由百分比控制，数值越大起伏的肌理效果越明显，数值为 0 时则不渲染凹凸效果。

2. 置换

“置换”命令可以与“凹凸”达到类似的效果，使模型表面形成结构变化的肌理效果。但是不同之处在于“置换”是把图片的凹凸应用到模型上，让模型本身就产生高低起伏，在任何角度渲染时模型都具有凹凸效果，所以渲染慢，能够使渲染效果更加真实。“置换”通道参数面板及效果如图 3-2-37 所示。

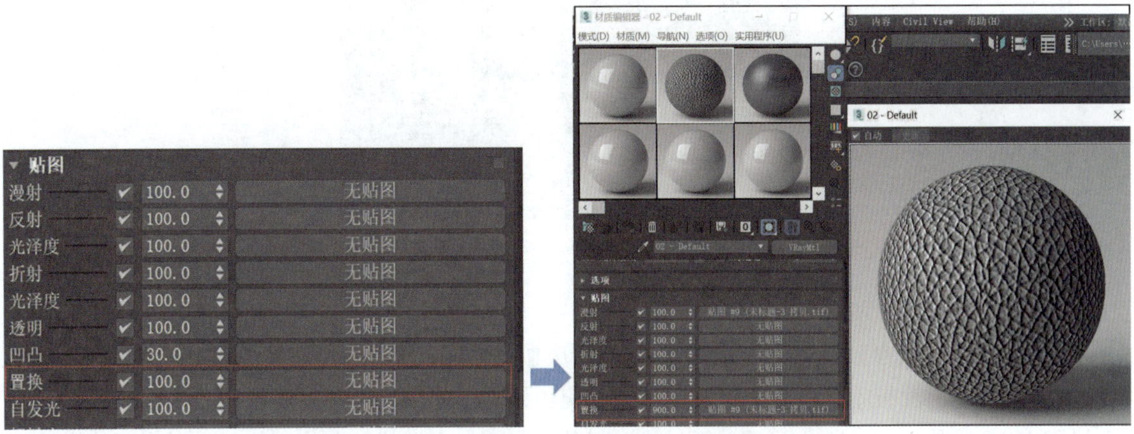

图 3-2-37　VRayMtl “贴图”通道“置换”参数

提示：“置换”贴图的使用方法同“凹凸”一样，但是在“置换”命令中肌理效果更加精细，纯白颜色时模型表面会沿法线正面上凸，中灰颜色时保持模型高度不变，纯黑色时则会沿法线正面下凹，简而言之，以中灰色为分界，所有灰偏白的颜色会上凸，反之则下凹。

3. 透明

“透明”面板的参数控制的是模型结构，要注意与材质的不透明概念进行区分，纯黑颜色时不显示模型，纯白色则显示模型，介于黑与白之间的颜色则是似透非透的效果，其参数控制面板也在“贴图”通道中进行设置，如图 3-2-38 所示，其添加贴图与影响百分比设置方法同“凹凸”通道一样。

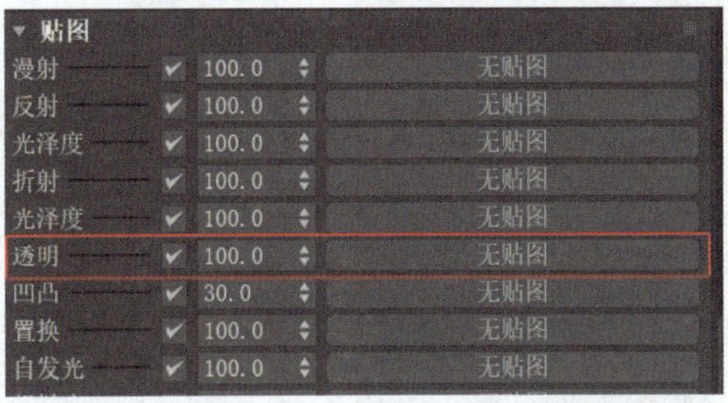

图 3-2-38　VRayMtl “贴图”通道“透明”参数

为材质球“不透明”通道添加贴图，在“材质 / 贴图浏览器”对话框中选择添加“棋盘格”贴图，则在黑白的影响下材质呈现部分能显示、部分不能显示的状态，在场景中赋予材质后则改变模型的结构，如图 3-2-39 所示。

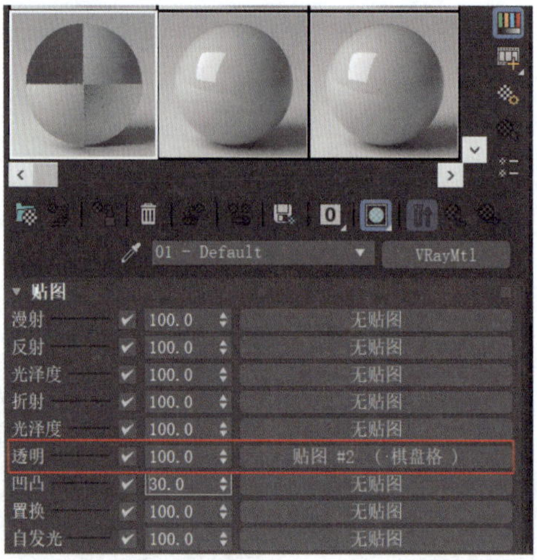

图 3-2-39 “不透明”贴图通道添加“棋盘格”贴图材质球

4. 贴图通道中使用贴图

以上学习的材质参数都是在“贴图”通道面板进行的，之前的案例实践中也多次使用了贴图，所以“贴图”通道面板就是对各项参数中贴图的集中体现，使用指定到材质中的图像来模拟模型表面的物理特征，如纹理、凹凸效果、折射或反射的程度等，良好的贴图应用技巧，对表现效果图的真实性起着至关重要的作用。

① 2D 贴图：可以为材质添加二维图像，通常贴附于模型表现，或用作环境贴图来为场景创建背景，常用的 2D 贴图有位图、渐变、噪波、平铺以及棋盘格等。如图 3-2-40 所示，单击“无贴图”按钮即可为“凹凸”通道添加贴图，在弹出的“材质 / 贴图浏览器”对话框中可以选择不同的贴图类型。

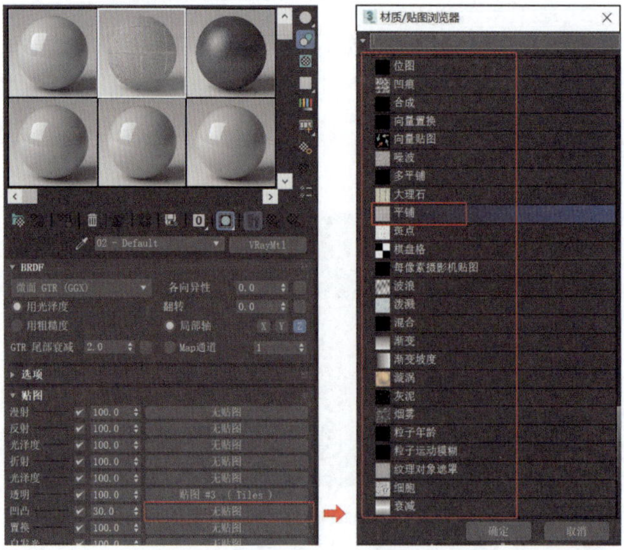

图 3-2-40 添加贴图

② 3D 贴图：以三维方式生成的图案，可以为对象的内部面和外部面同时指定贴图，常用的 3D 贴图有凹痕、斑点和波浪等。

③合成器贴图：可以将多个不同类型的贴图按照一定方式混合在一起，包括 RGB 相乘、遮罩、合成和混合四种。

④颜色修改器贴图：通过颜色修改器贴图可以调整指定贴图图像的颜色。

视 频

创建及使用材质库

任务实施

1. 任务实施分析

创建及使用材质库重点步骤拆分及任务分析见表 3-2-5。

表 3-2-5 创建及使用材质库重点步骤拆分

序号	名称	界面示例	参数要点说明
1	创建新材质库（见图 3-2-41）	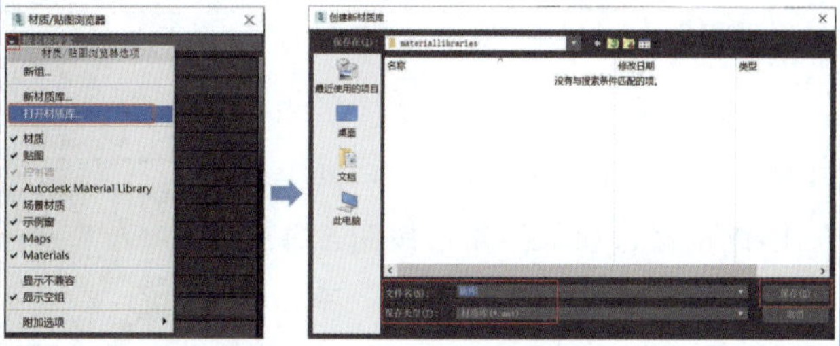 图 3-2-41 创建新材质库	1. 单击“获取材质”按钮 2. 选择“新材质库”选项 3. 将材质“放入库”按钮
2	使用材质库（见图 3-2-42）	 图 3-2-42 使用材质库	1. 单击“获取材质”按钮 2. 打开材质库

2. 任务实施步骤

（1）创建新材质库

➢ Step 1：打开“材质编辑器”对话框，单击“获取材质”按钮，如图 3-2-43 所示。

➢ Step 2：在弹出的“材质 / 贴图浏览器”对话框中单击左上角的“材质 / 贴图浏览器选项”三角形按钮，并在下拉菜单中选择“新材质库”选项，在弹出的“创建新材质库”对话框中设置材质库的位置及命名，完成后单击“保存”按钮，即可在“材质 / 贴图浏览器”对话框中看到新创建的材质库，如图 3-2-44 所示。

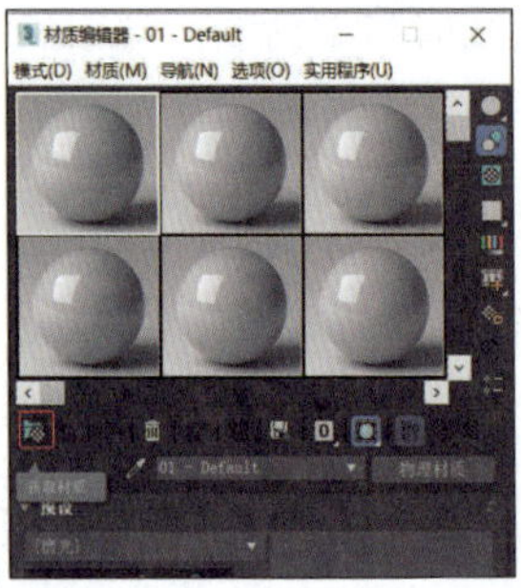

图 3-2-43 获取材质

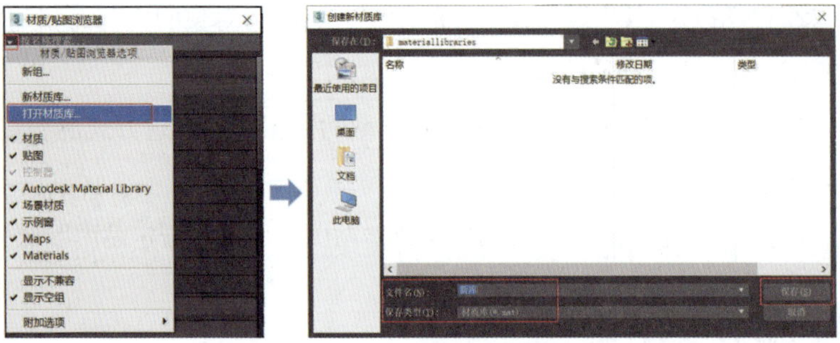

图 3-2-44 创建新材质库

➢ Step 3: 选择一个已经设置好的材质球，单击下方“放入库”按钮即可将材质放入材质库，有多个材质库的情况下可以选择放入哪个材质库，如图 3-2-45 所示。

（2）使用材质库

➢ Step 1: 打开“材质编辑器”对话框，单击“获取材质”按钮。

➢ Step 2：在弹出的“材质 / 贴图浏览器”对话框中单击左上角的“材质 / 贴图浏览器选项”三角形按钮，并在下拉菜单中选择“打开材质库”选项，在弹出的“导入材质库”对话框中选择要使用的材质库，完成后单击“打开”按钮，在“材质 / 贴图浏览器”对话框中看到导入的材质库，展开能够看到有已经创建好的材质参数，如图 3-2-46 所示。

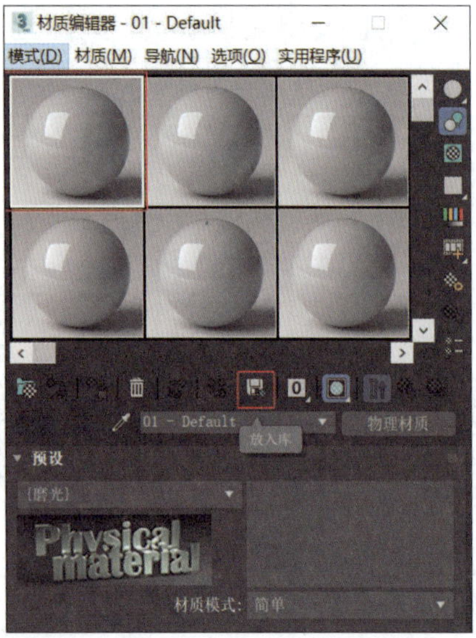

图 3-2-45 将材质放入库

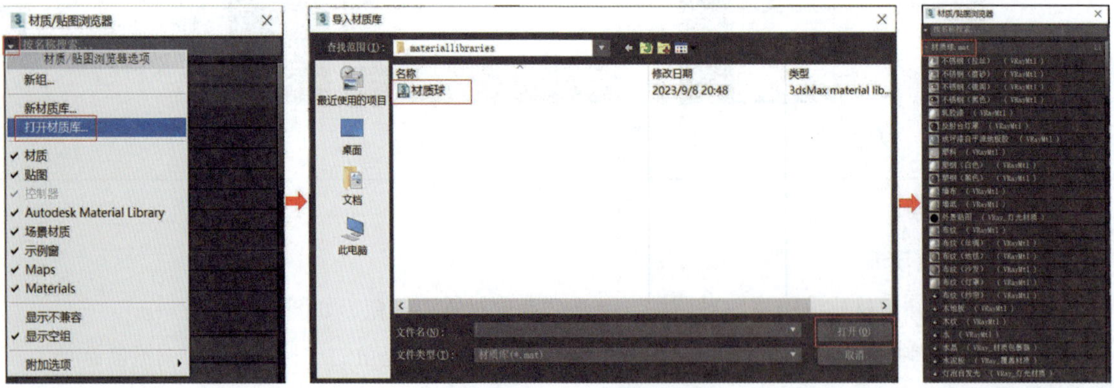

图 3-2-46 导入材质库

➢ Step 3：选择一个空白材质球，然后选择材质库中已经存有的材质并双击，即可看到材质被导入到材质编辑器的材质球上，如图 3-2-47 所示。

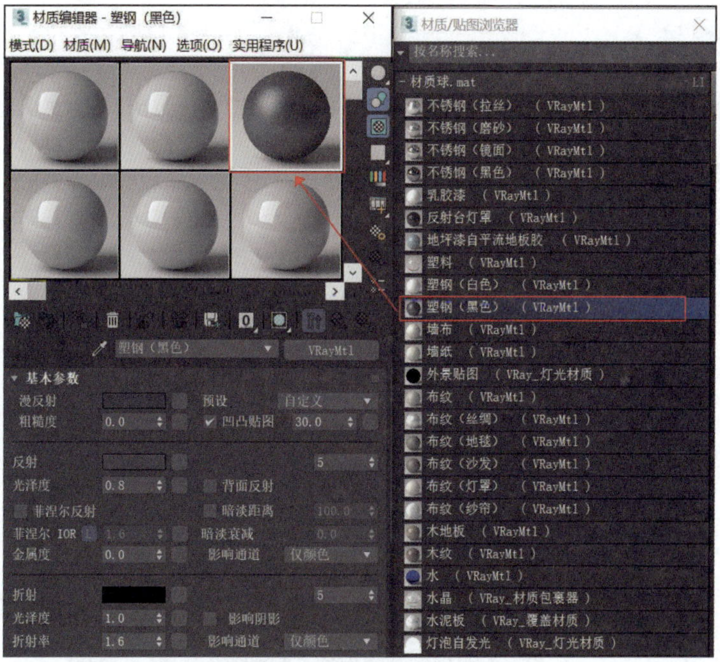

图 3-2-47　导入材质球

➢ Step 4：将导入的材质选择后再在场景中选择模型物体，单击“将材质指定给选定对象”按钮，即可使用材质，实现将材质赋予场景模型。

课后拓展训练：小组材质库创建训练

通过本任务知识点学习，了解掌握 VRay 材质的其他常用参数面板及材质库的创建及导入使用，能够根据不同物理材质的属性制作材质球，课后拓展训练需独立完成小组材质库的创建，并将小组成员创建的材质进行汇总。

项目三　渲染设置

渲染就是要将场景中的模型、材质贴图、灯光以及环境效果等形成图片或视频文件，并进行输出保存，在开始渲染之前要合理地进行渲染设置，达到需要表现的图片或视频要求，本项目主要通过学习渲染设置面板的各项参数设置，能够根据要求设置参数渲染出不同大小品质的效果图，熟练掌握渲染技巧，完成渲染表现最后一步。

任务 1　测试效果图设置

任务介绍

本任务学习设置测试效果图的渲染设置参数，熟练掌握渲染技巧，通过不同的面板属性设置进行详细学习，强化掌握 VRay 渲染器的操作技巧。

视频

渲染面板公用参数

任务导入

观看微课视频进行渲染面板的课前探索学习，了解在 3ds Max 软件中如何进行渲染设置。

相关知识

渲染设置中 VRay 面板的基本参数知识点见表 3-3-1。

视频

VRay面板

表 3-3-1　VRay 面板的基本参数知识点

序号	名称	界面显示	常用命令要点
1	“帧缓冲区”卷展栏（见图 3-3-1）	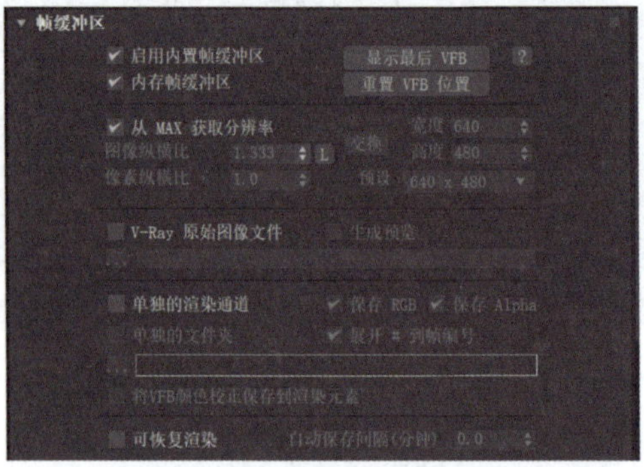 图 3-3-1　“帧缓冲区”卷展栏	1. 启用内置帧缓冲区 2. 显示最后 VFB
2	“全局开关”卷展栏（见图 3-3-2）	 图 3-3-2　“全局开关”卷展栏	1. “置换”复选框 2. “灯光”复选框 3. “覆盖深度”复选框
3	“图像采样器（抗锯齿）”卷展栏（见图 3-3-3）	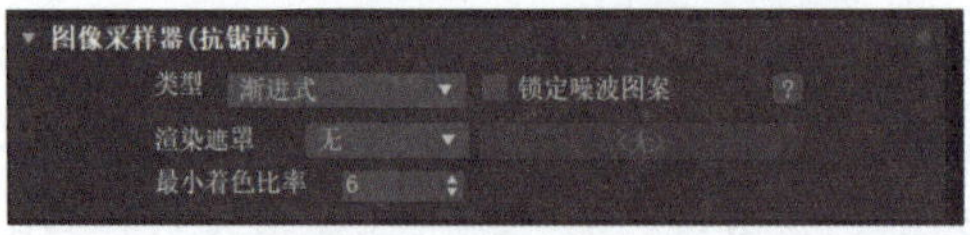 图 3-3-3　“图像采样器（抗锯齿）”卷展栏	1. 渲染块图像采样器 2. 渐进式图像采样器
4	“颜色映射”卷展栏（见图 3-3-4）	 图 3-3-4　“颜色映射”卷展栏	1. 类型 2. 倍增

1. “帧缓冲区”卷展栏

该卷展栏参数用于控制并设置帧缓冲处理的相关参数，其面板如图 3-3-5 所示。

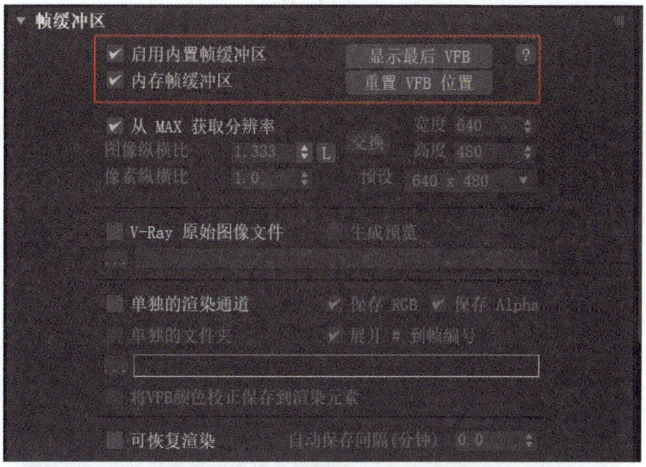

图 3-3-5 “帧缓冲区”卷展栏

①启用内置帧缓冲区：VRay 渲染器拥有独自的帧缓冲处理功能，勾选“启用内置帧缓冲区”复选框即可启用该功能。

②显示最后 VFB：单击该按钮可以查看上一次的渲染图像。

2. “全局开关”卷展栏

“全局开关”卷展栏主要用于对场景中的贴图、灯光、材质等进行设置，如图 3-3-6 所示。

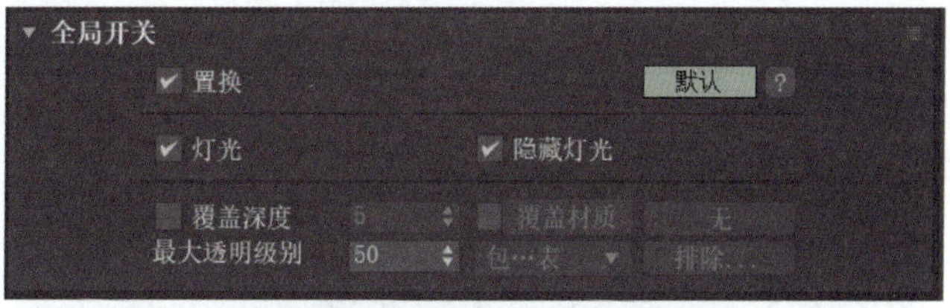

图 3-3-6 “全局开关”卷展栏

①“置换”复选框：主要用于控制是否使用 VRay 的置换贴图。右侧的“默认”字样处单击可切换“高级”模式，切换后可设置参数更加详细，一般在制作室内效果图时选择“默认”即可。

②“灯光”复选框：用于控制是否渲染场景中未隐藏的灯光。

③“覆盖深度”复选框：勾选该选项后可以控制场景中反射、折射的深度，其后文本框中的数值表示反射、折射的次数。

3. “图像采样器（抗锯齿）”卷展栏

“图像采样器（抗锯齿）”卷展栏主要用于设置图像的渲染精度，其参数面板如图 3-3-7 所示。

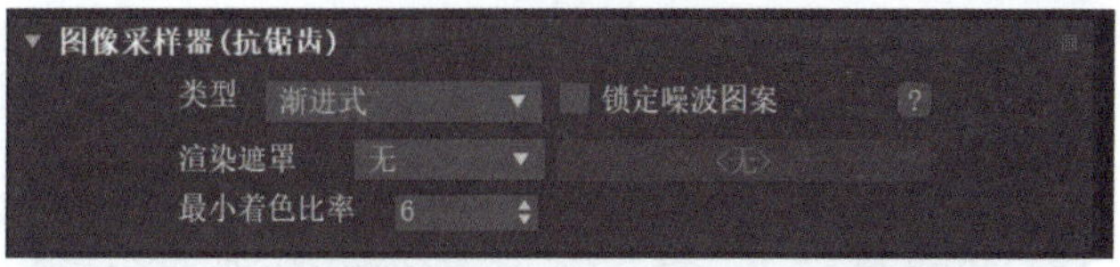

图 3-3-7 图像采样器（抗锯齿）卷展栏

“类型”下拉列表框：主要用于控制渲染的方式类型，包含“渲染块”“渐进式”两种类型，选择不同的类型后下方会出现对应的采样器设置卷展栏，分别是渲染块图像采样器、渐进式图像采样器。

（1）渲染块图像采样器

渲染块图样采样器渲染在矩形区域“渲染块”中的图像，内容效率更高，可能更适用于分布式渲染，效果更好，其采样器设置参数面板如图 3-3-8 所示，控制抗锯齿的采样数据。

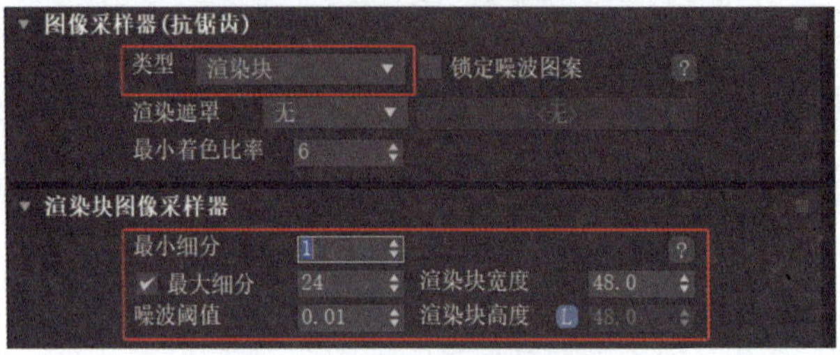

图 3-3-8　渲染块图像采样器

主要使用细分的参数控制渲染图像的抗锯齿的精细程度，最大数值过小会使图像噪点变多。“渲染块宽度”的数值用于控制水平渲染块大小，默认为 48.0，可以根据渲染需求进行设置。

（2）渐进式图像采样器

渐进式图像采样器是在整体图像上渲染一次，用于获取整个图像的快速反馈，来渲染图像特定的时间段，或让渲染运用直到图像足够好为止，其采样器设置参数面板如图 3-3-9 所示。

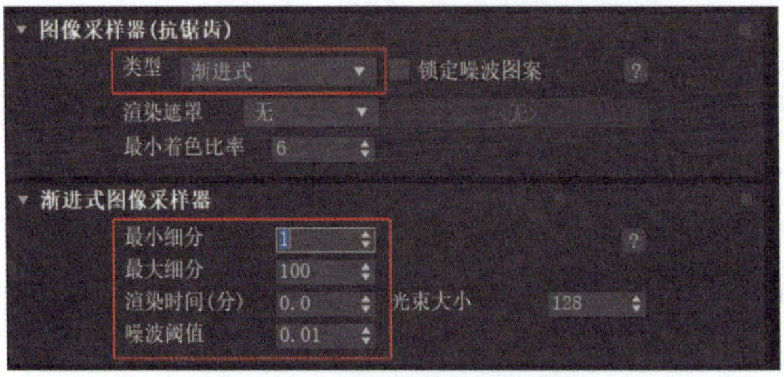

图 3-3-9　渐进式图像采样器

“最大细分”“最小细分”的数值用于控制图像中每个像素所接收最大、最小采样数目，数值影响渲染图像的精细程度。“渲染时间”文本框用于控制最后像素的渲染时间，以分钟为单位。

4.“颜色映射”卷展栏

“颜色映射”卷展栏主要用于调整场景的曝光，其面板如图 3-3-10 所示。

图 3-3-10　“颜色映射”卷展栏

“类型”下拉列表框主要用于选择不同的曝光模式，包含“线性倍增”“指数”“伽马校正”等不同模式，如图 3-3-11 所示，常用模式的特点如下：

①线性倍增：该模式是基于最终色彩亮度进行线性的倍增，可能会导致靠近光源的点过分明亮，容易产生曝光效果。

②指数：该模式可以降低靠近光源处表面的曝光效果，同时场景颜色的饱和度也会降低，容易产生柔和效果。

③伽马校正：可通过调整“倍增”文本框中的数值来修正场景中的灯光衰减和贴图色彩，其效果与“线性倍增”模式类似，如图 3-3-12 所示。

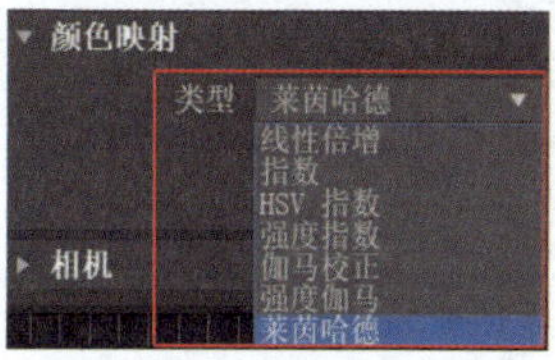

图 3-3-11　颜色映射类型

图 3-3-12　“伽马校正”类型设置

④莱茵哈德：该模式可以把“线性倍增”和“指数”模式混合起来，并利用“倍增”文本框中的参数来控制。当数值为“0”时，“线性倍增”模式不参与混合，当数值为“1”时，“指数”模式不参与混合。

视 频

测试效果图设置参数

任务实施

1. 任务实施分析

测试效果图设置参数及任务分析见表 3-3-2。

表 3-3-2　测试效果图设置参数

序号	名称	界面显示	常用命令要点
1	设置“公用”参数面板（见图 3-3-13）	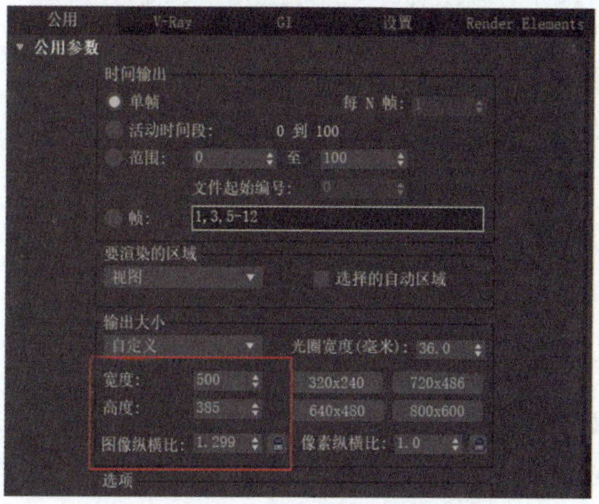 图 3-3-13　“公用”参数面板	1. 打开“渲染设置”面板； 2. “公用”面板内设置自定义输出大小

续表

序号	名称	界面显示	常用命令要点
2	设置“V-Ray”参数面板（见图 3-3-14）	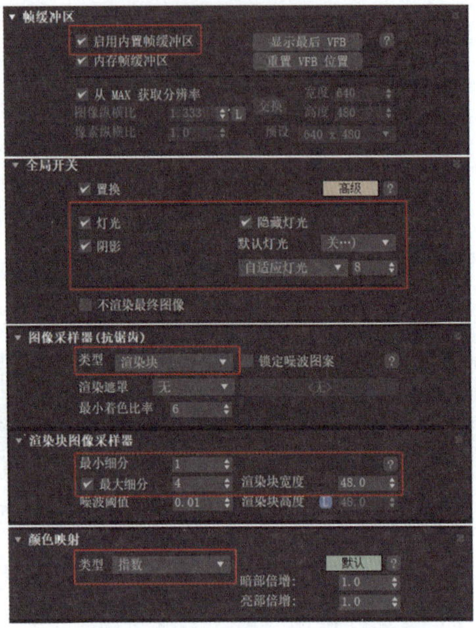 图 3-3-14　“V-Ray”参数面板	1.“帧缓冲区”卷展栏设置 2.“全局开关”卷展栏设置 3.“图像采样器（抗锯齿）”卷展栏设置 4.“渲染块图像采样器”卷展栏设置 5.“颜色映射”卷展栏设置
3	设置“GI”参数面板（见图 3-3-15）	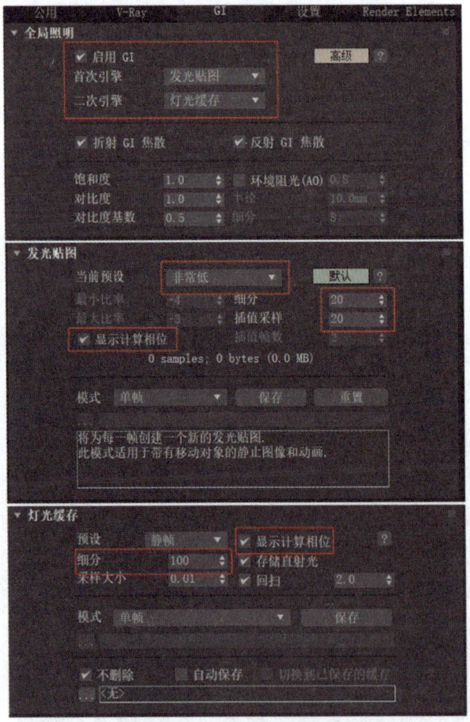 图 3-3-15　“GI”参数面板	1.“全局照明”卷展栏设置 2.“发光贴图”卷展栏设置 3.“灯光缓存”卷展栏设置

2. 任务实施步骤

（1）设置“公用”参数面板

➢ Step 1: 执行“渲染”→“渲染设置”命令，打开“渲染”设置面板。

➢ Step 2：选择“公用”参数面板，在“输出大小”组将“宽度”数值设置为500，“图像纵横比”则根据输出的效果来确定，如图3-3-16所示。

提示：若输出图像为高度数值更大的竖版效果图，则将“高度”数值设置为500，根据需要调整纵横比，总而言之将图纸的最长边大小设置在500像素以内，以便能够进行快速渲染查看效果。

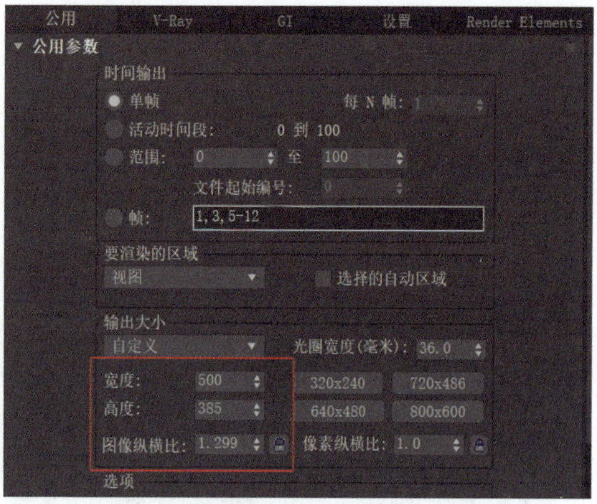

图3-3-16 “公用”参数面板

（2）设置“V-Ray”参数面板

➢ Step 1：选择“V-Ray”参数面板，展开“帧缓冲”卷展栏，勾选“启用内置帧缓冲区”复选框，如图3-3-17所示。

➢ Step 2：展开“全局开关”卷展栏，勾选“灯光”、“阴影”及“隐藏灯光”复选框，“默认灯光”选择“关”选项，如图3-3-18所示。

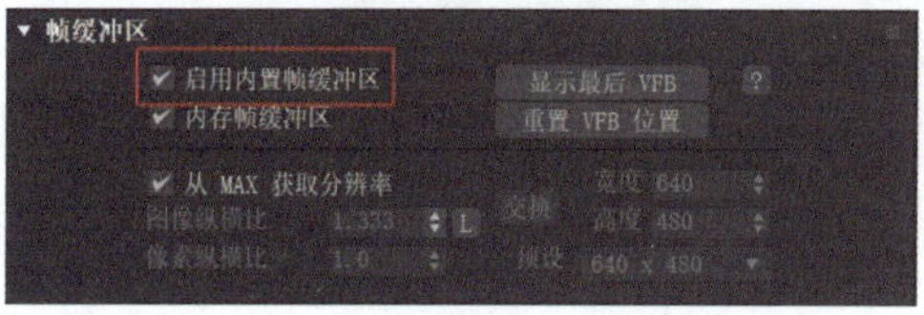

图3-3-17 “帧缓冲区”卷展栏设置

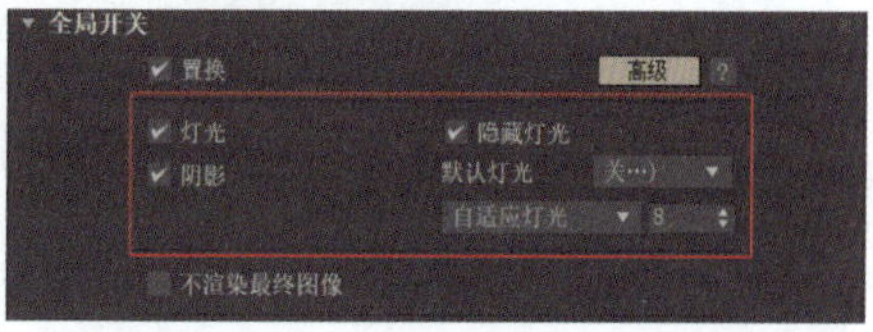

图3-3-18 “全局开关”卷展栏设置

➢ Step 3：展开“图像采样器（抗锯齿）”卷展栏，“类型”选择“渲染块”，如图3-3-19所示。

➢ Step 4: 展开“渲染块图像采样器”卷展栏，“最小细分”设为1，勾选“最大细分”并设为4，“渲染块宽度”设为48.0，如图3-3-20所示。

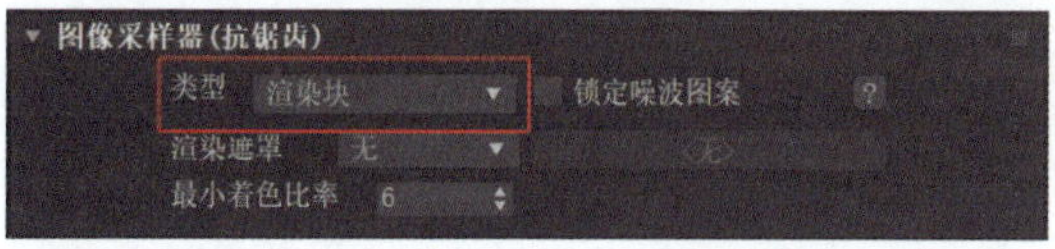

图3-3-19 “图像采样器（抗锯齿）”卷展栏设置

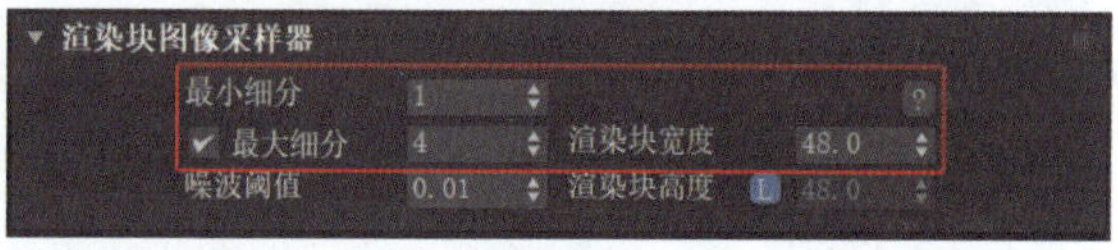

图3-3-20 “渲染块图像采样器”卷展栏设置

➢ Step 5: 展开“颜色映射”卷展栏，将“类型”选择为常用的“指数”类型，如图3-3-21所示。

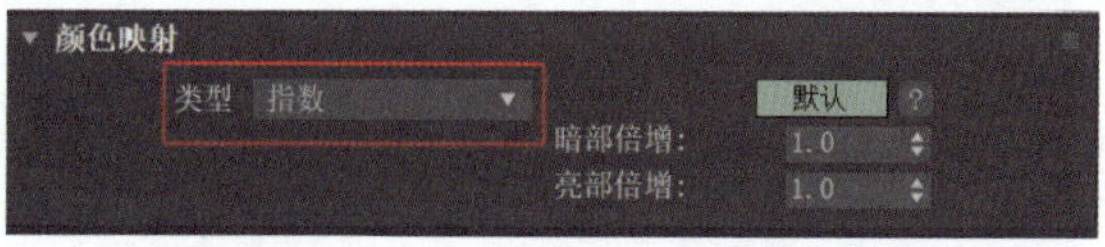

图3-3-21 “颜色映射”卷展栏设置

（3）设置“GI”参数面板

➢ Step 1：选择“GI”参数面板，展开“全局照明”卷展栏，勾选“启用 GI”复选框，“首次引擎”选择“发光贴图”类型，“二次引擎”选择“灯光缓存”类型，如图 3-3-22 所示。

➢ Step 2：展开“发光贴图”卷展栏，切换至“默认模式”，将“当前预设”样式选择为“非常低”，“细分”值设置为 20，“插值采样”值设置为 20，并勾选“显示计算相位”复选框，如图 3-3-23 所示。

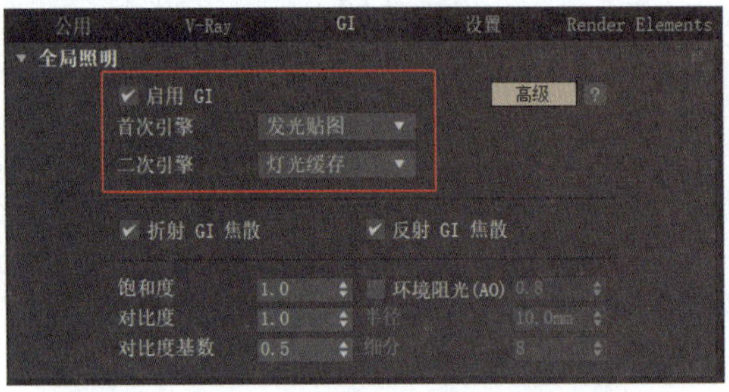

图 3-3-22 “全局照明”卷展栏设置

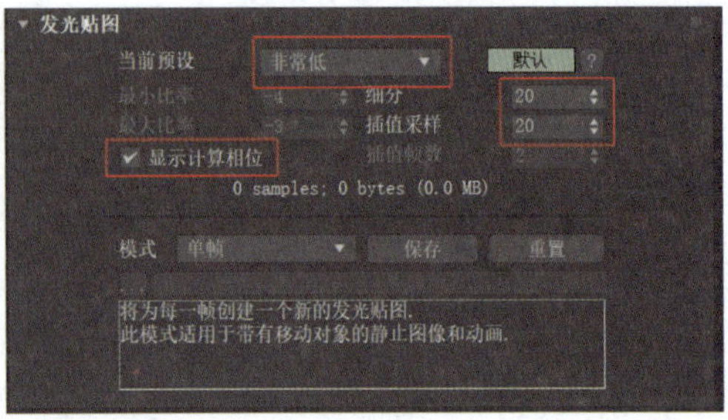

图 3-3-23 “发光贴图”卷展栏设置

➢ Step 3：展开“灯光缓存”卷展栏，“细分”值设置为 100，并勾选“显示计算相位”复选框，如图 3-3-24 所示。

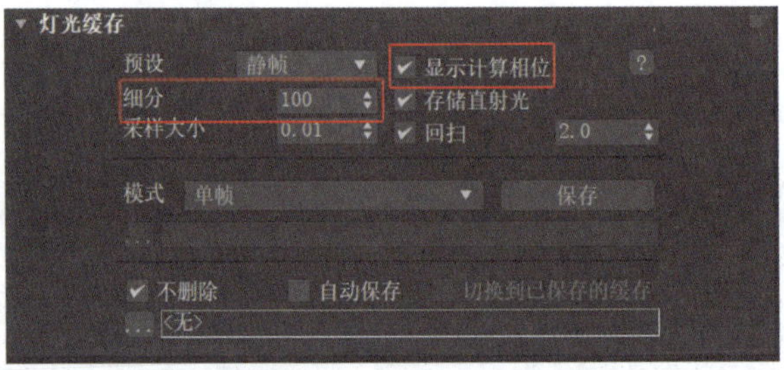

图 3-3-24 “灯光缓存”卷展栏设置

任务 2 成品效果图设置

任务介绍

本任务学习设置成品效果图的渲染设置参数，熟练掌握渲染技巧，通过不同的面板属性设置进行详细学习，强化掌握 VRay 渲染器的操作技巧。

视频

GI面板

任务导入

回顾总结上一任务中渲染测试效果图的渲染面板各项参数设置，思考成品效果图与测试效果图有什么区别呢？在成品效果图渲染时需要设置哪些渲染参数？

相关知识

渲染设置中“GI”面板的基本参数知识点见表 3-3-3。

表 3-3-3 “GI”面板的基本参数知识点

序号	名称	界面显示	常用命令要点
1	“全局照明”卷展栏（见图 3-3-25）	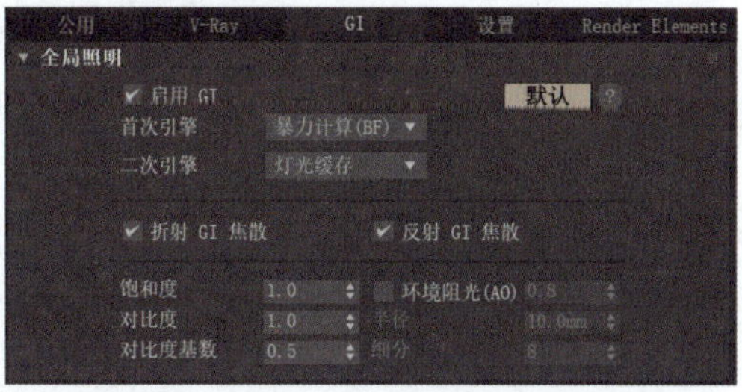 图 3-3-25 “全局照明”卷展栏	1.“首次引擎”下拉列表框 2.“二次引擎”下拉列表框
2	“发光贴图”卷展栏（见图 3-3-26）	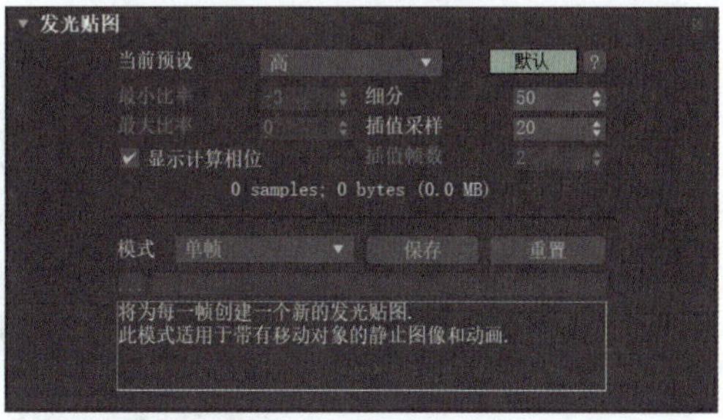 图 3-3-26 “发光贴图”卷展栏	1.“当前预设”下拉列表框 2.“细分”文本框 3.“插值采样”文本框
3	“灯光缓存”卷展栏（见图 3-3-27）	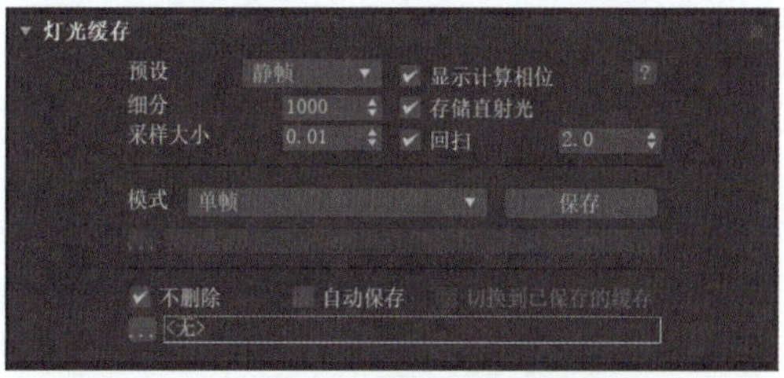 图 3-3-27 灯光缓存”卷展栏	1.“细分”文本框 2.“采样大小”文本框

GI 是 Indirect Illumination 的缩写，中文是“间接照明”的意思，间接照明技术模拟了现实世界中光在面与面之间反射的特性，从而渲染出更真实的图像。“GI”选项参数的作用是控制场景灯光的传递效果，可以简单理解为场景灯光在空间不断反弹的过程。“GI”选项卡中主要包含“全局照明”“灯光缓存”“焦散”等几个卷展栏，其操作面板如图 3-3-28 所示。

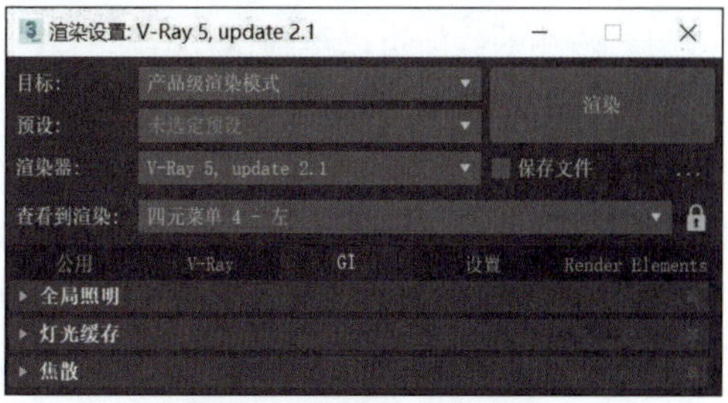

图 3-3-28 “GI”面板

1.“全局照明”卷展栏

“全局照明”卷展栏用于设置光线的反弹效果，即间接照明，勾选“启用 GI”复选框后在渲染时能够得到间接照明效果，光线会在场景的物体之间互相反弹，使渲染图像更加真实；若是取消勾选，渲染出的效果图则是直接照明效果，其参数面板如图 3-3-29 所示。

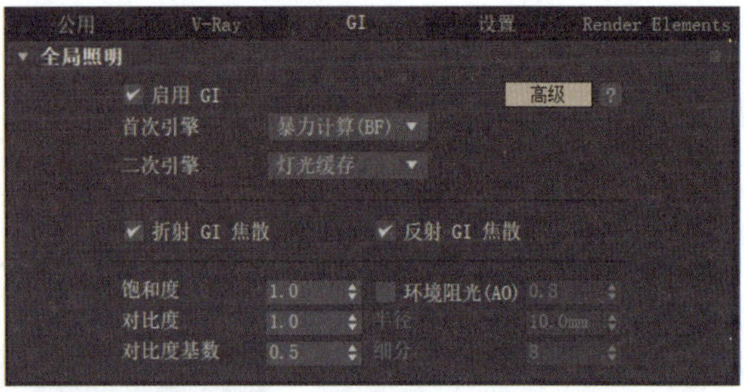

图 3-3-29　“全局照明”卷展栏

① “首次引擎”下拉列表框：首次引擎主要指用于初级漫反射反弹的方法，可以设置“发光贴图”“暴力计算”“灯光缓存”三种方式。

② “二次引擎”下拉列表框：二次引擎主要指用于次级漫反射反弹的方法，可以设置“无”“暴力计算”“灯光缓存”三种方式。

2.“发光贴图”卷展栏

“发光贴图”卷展栏是需要在首次引擎下拉列表中选择“发光贴图”方式后才能够出现的卷展栏面板，其参数如图 3-3-30 所示。它是用于场景中发光图的设置，是一种常用的全局照明引擎，只存在于首次反弹引擎中，主要的功能如下：

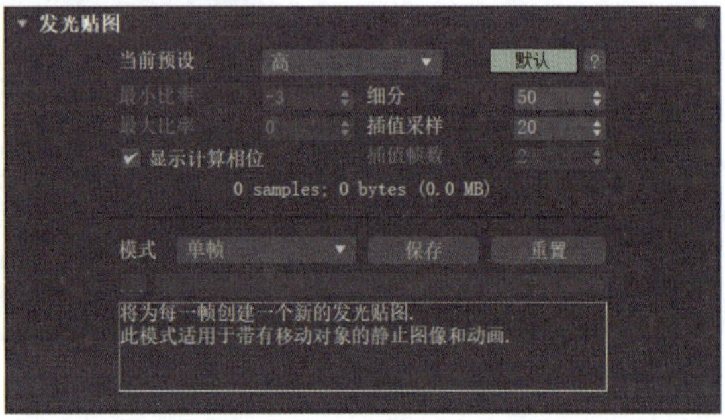

图 3-3-30　“发光贴图”卷展栏

① “当前预设”下拉列表框：二次用于设置发光图的预设类型，其中“低”和“非常低”选项主要用于设置小图预览模式使用，“中”选项用于场景中不需要太多细节的情况，“高”和“非常高”选项主要用于有大量细小的细节或复杂场景的情况。

② “细分”文本框：用于模拟光线的数量，该值越大，光线越多，样本的精度也越高，渲染的品质越好，但是会增加渲染时间。预览模式只用于简单观察画面效果时候可将数值设置为 10~20，在渲染较大以及较为精细的最终效果图时可以将数值设置为 50~80，保证较好渲染品质。

③ “插值采样”文本框：该参数用于对效果图进行模糊处理，较大的数值可以得到比较模糊的效果，较小的数值可以得到比较清晰的效果。

3.“灯光缓存”卷展栏

“灯光缓存”卷展栏用于设置灯光缓存计算的样本数量和采样大小。细分值越大，样本总数越多，渲染效果越好，但渲染速度也会变慢增加渲染时间，同时采样值越小时可以渲染出更多的细节，“灯光缓存”卷展栏如图 3-3-31 所示。

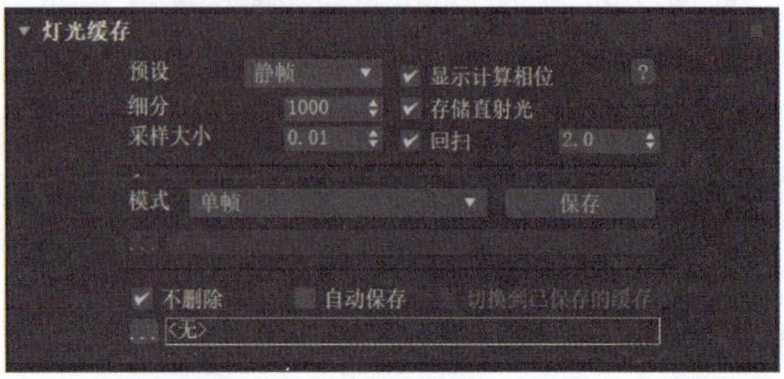

图 3-3-31　“灯光缓存”卷展栏

视 频

成品效果图
设置参数

任务实施

1. 任务实施分析

成品效果图设置参数及任务分析见表 3-3-4。

表 3-3-4 成品效果图设置参数

序号	名称	界面显示	常用命令要点
1	设置“公用”参数面板（见图 3-3-32）	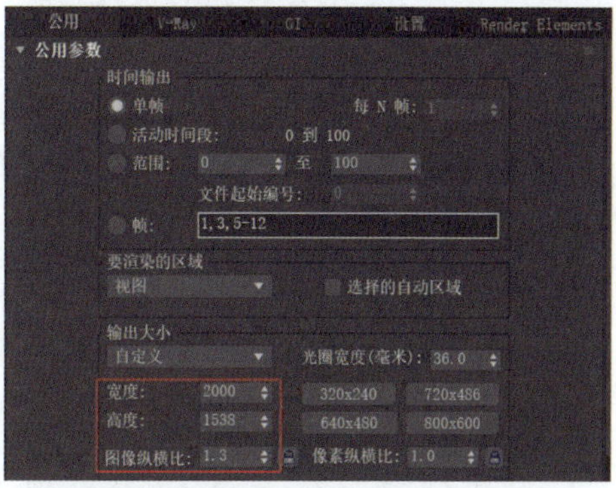 图 3-3-32 “公用”参数面板	1. 启用 VRay 渲染器 2. 选择“单帧”时间输出选项 3. 设置图像，自定义输出大小
2	设置“V-Ray”参数面板（见图 3-3-33）	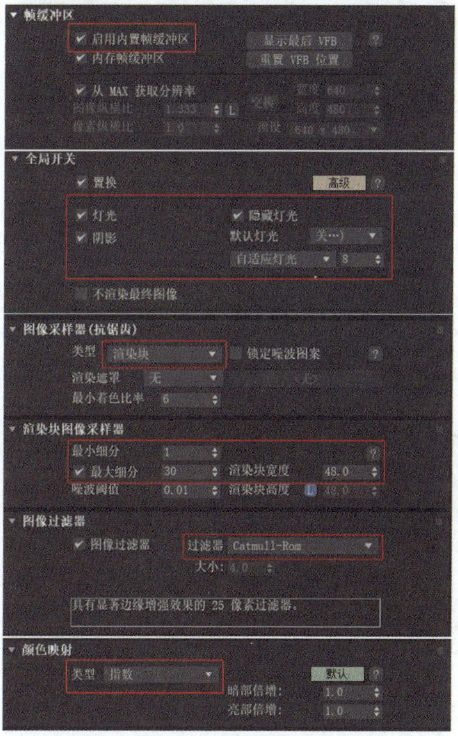 图 3-3-33 “V-Ray”参数面板	1. “帧缓冲区”卷展栏设置 2. “全局开关”卷展栏设置 3. “图像采样器（抗锯齿）”卷展栏设置 4. “渲染块图像采样器”卷展栏设置 5. “颜色映射”卷展栏设置

续表

序号	名称	界面显示	常用命令要点
3	设置“GI”参数面板（见图 3-3-34）	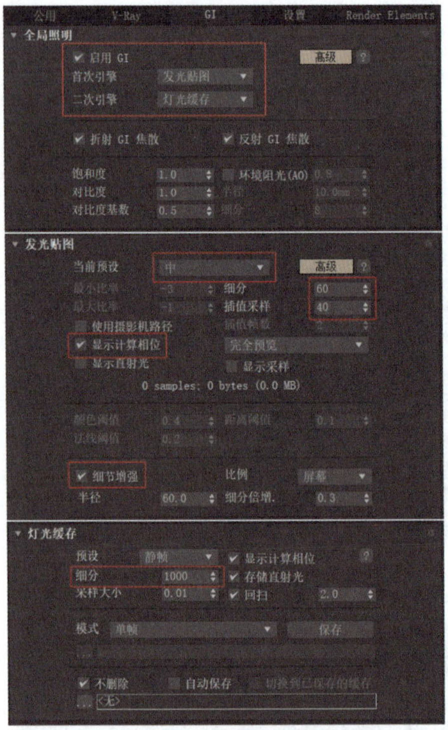 图 3-3-34 “GI”参数面板	1.“全局照明”卷展栏设置 2.“发光贴图”卷展栏设置 3.“灯光缓存”卷展栏设置

2. 任务实施步骤

（1）设置“公用”参数面板

➢ Step 1：执行“渲染”→“渲染设置”命令，打开“渲染”设置面板。

➢ Step 2：选择“公用”参数面板，在“输出大小”组将“宽度”数值设置为 2 000，图像纵横比则根据输出的效果来确定，如图 3-3-35 所示。

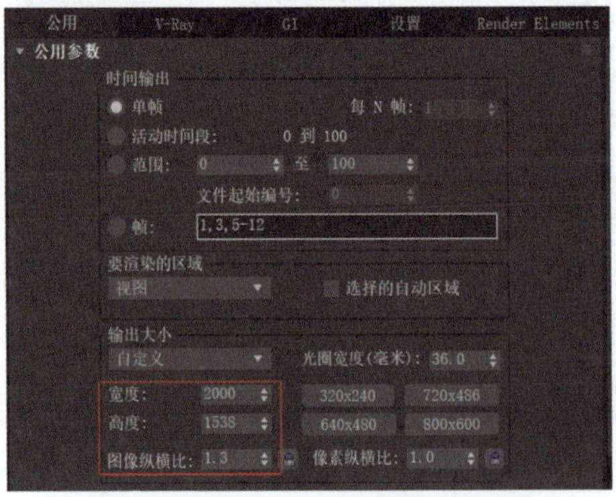

图 3-3-35 “公用”参数面板

提示：若输出图像为高度数值更大的竖版效果图，则将“高度”数值设置为 2 000，根据需要调整纵横比，总而言之将图纸的最长边大小设置在 2 000 像素以上，以便能够渲染出更高品质的效果图。

（2）设置“V-Ray”参数面板

➢ Step 1：选择“V-Ray”参数面板，展开“帧缓冲区”卷展栏，勾选“启用内置帧缓冲区”复选框，如图 3-3-36 所示。

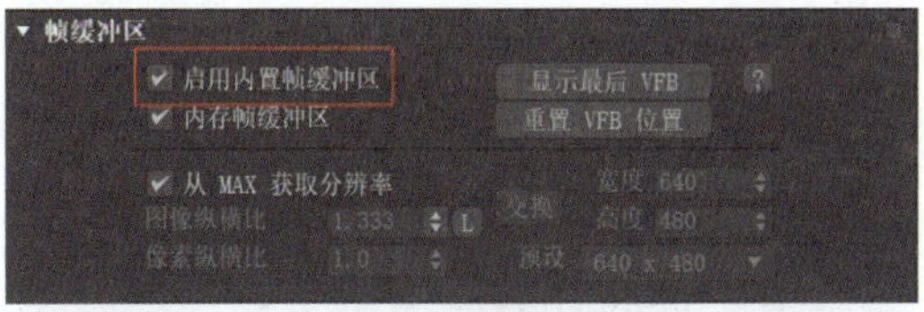

图 3-3-36 “帧缓冲区”卷展栏设置

➢ Step 2：展开“全局开关”卷展栏，勾选“灯光”“阴影”及“隐藏灯光”复选框，“默认灯光”选择“关”选项，如图 3-3-37 所示。

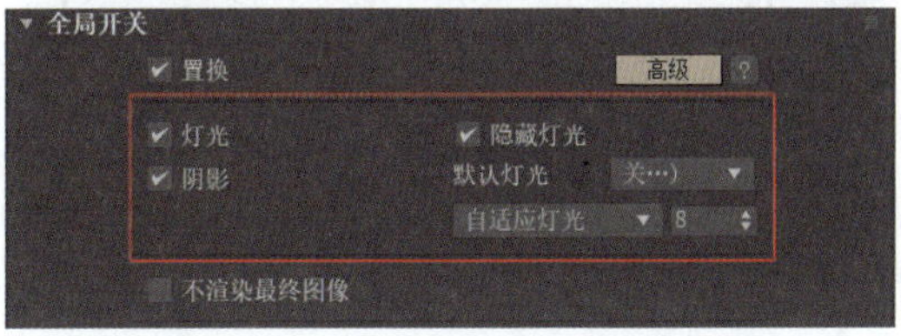

图 3-3-37 “全局开关”卷展栏设置

➢ Step 3：展开“图像采样器（抗锯齿）”卷展栏，“类型”选择“渲染块”，“图像过滤器”卷展栏内过滤器类型选择“Catmull-Rom”，如图 3-3-38 所示。

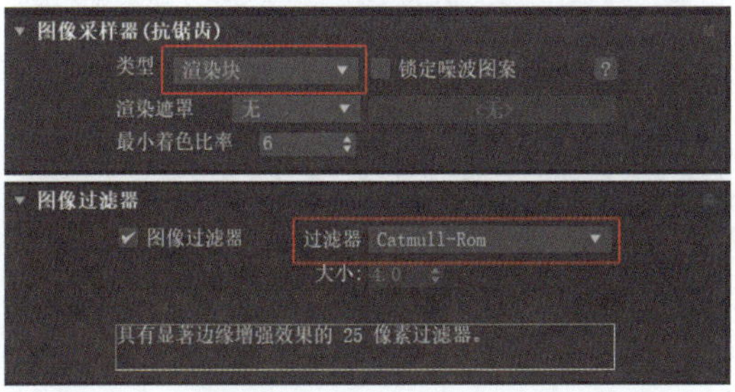

图 3-3-38 “图像采样器（抗锯齿）”卷展栏设置

➢ Step 4：展开“渲染块图像采样器”卷展栏，“最小细分”设为 1，勾选“最大细分”复选框并设为 30，“渲染块宽度”设为 48.0，如图 3-3-39 所示。

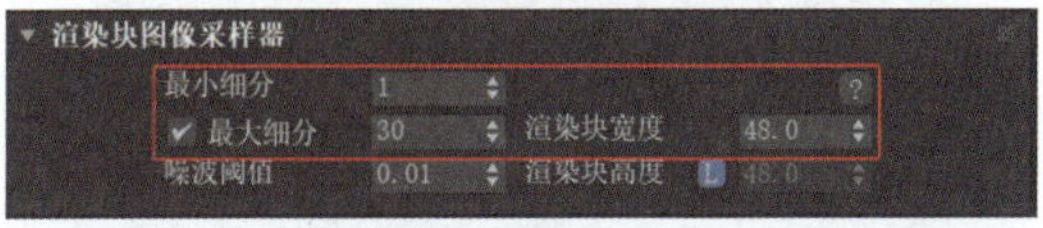

图 3-3-39 “渲染块图像采样器”卷展栏设置

➢ Step 5: 展开“颜色映射”卷展栏，将“类型”选择为常用的“指数”类型，如图 3-3-40 所示。

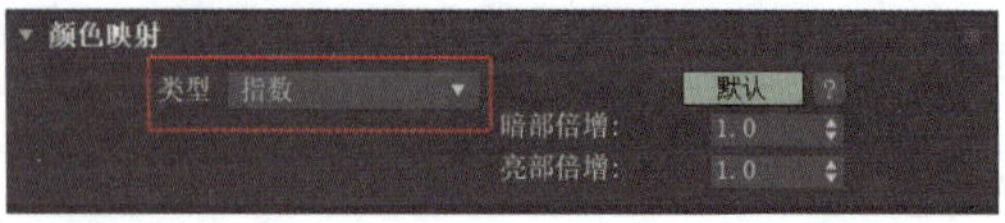

图 3-3-40 “颜色映射”卷展栏参数

（3）设置“GI”参数面板

➢ Step 1: 选择“GI”参数面板，展开“全局照明”卷展栏，勾选“启用 GI”复选框，“首次引擎”选择“发光贴图”类型，“二次引擎”选择“灯光缓存”类型，如图 3-3-41 所示。

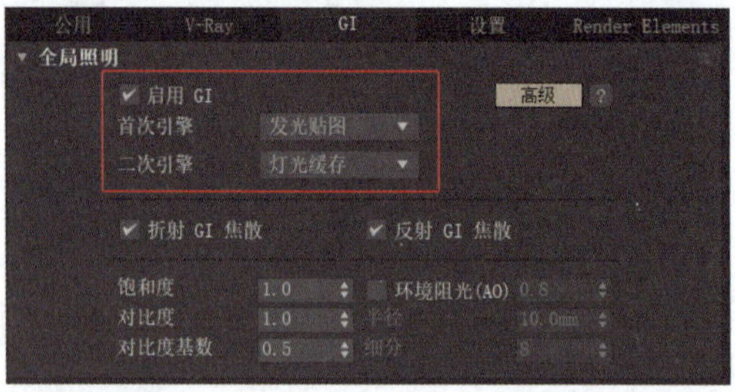

图 3-3-41 “全局照明”卷展栏参数

➢ Step 2：展开“发光贴图”卷展栏，切换至“高级模式”，将“当前预设”样式选择为“中”，“细分”值设置为 60，“插值采样”值设置为 40，并勾选“显示计算相位”“细节增强”复选框，如图 3-3-42 所示。

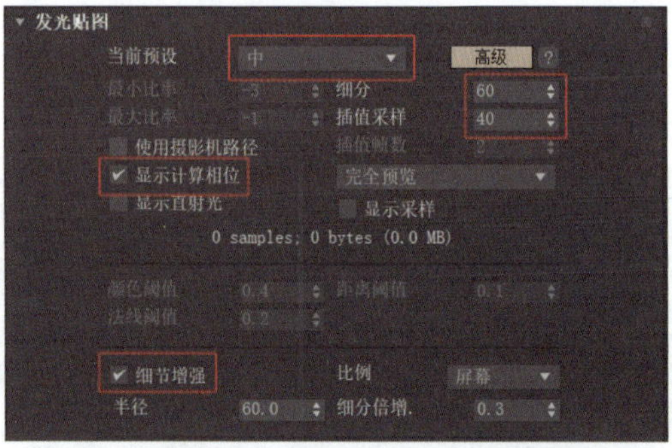

图 3-3-42 “发光贴图”卷展栏参数

➢ Step 3：展开“灯光缓存”卷展栏，“细分”值设置为 1000，并勾选“显示计算相位”复选框，如图 3-3-43 所示。

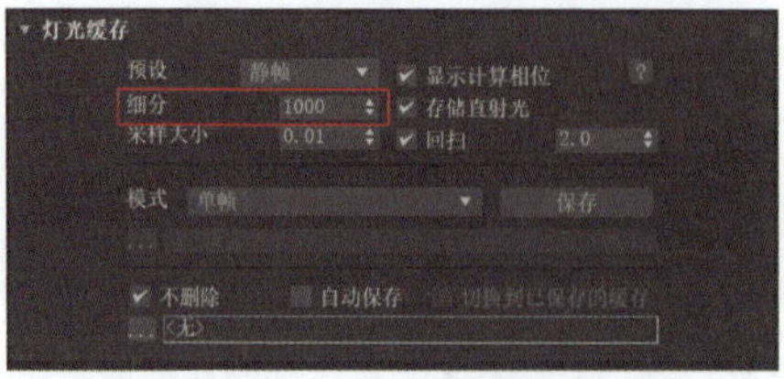

图 3-3-43 “灯光缓存”卷展栏参数

视 频

360 全景效果图参数设置

【知识拓展】360 全景效果图设置

360 全景图通过广角的表现手段尽可能多表现出周围的环境，通过渲染设置的调整使用 3ds Max 软件渲染过后的图像表现为 360° 全观，用于虚拟现实浏览，达到空间的全面展示，呈现给观者视角更大的效果图。

360 全景效果图设置步骤如下：

1. 调整场景摄影机

➢ Step 1：调整相机位置，将场景内摄影机位置点放置在室内空间中，不需要进行剪切平面的相关操作。

➢ Step 2：选择摄影机后进入修改面板，将“镜头”设置为 20.0 mm，保证较大的视野范围，如图 3-3-44 所示。

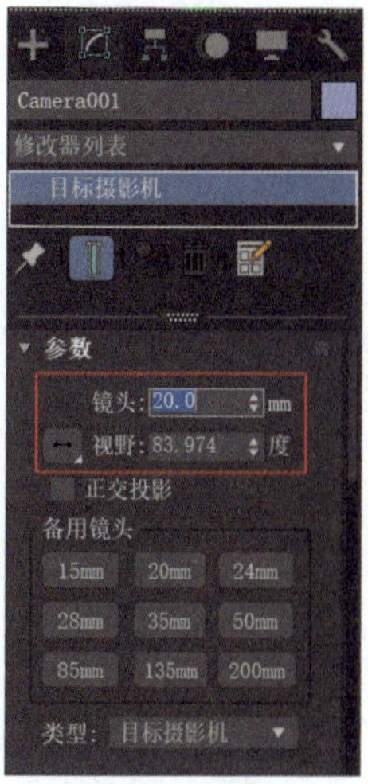

图 3-3-44　摄影机“参数”面板

2. 设置“公用”参数面板

➢ Step 1：执行“渲染”→“渲染设置”命令，打开“渲染”设置面板。

➢ Step 2：选择“公用”参数面板，在“输出大小”组将图像纵横比设定为 2.0 并锁定，将“宽度”数值设置为 4 000，如图 3-3-45 所示。

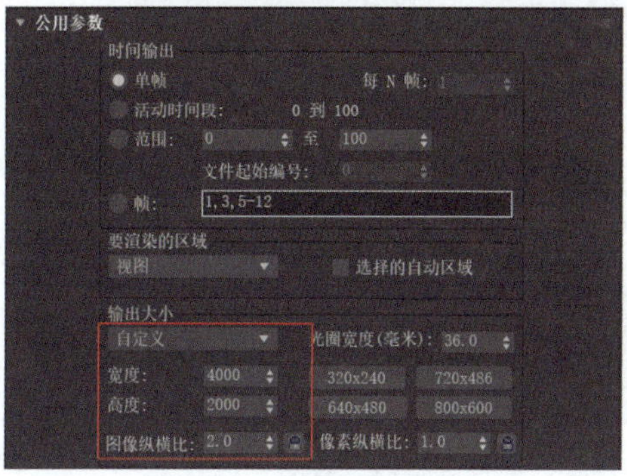

图 3-3-45　“公用”参数面板

提示：360 全景效果图需要表现空间较大，一般将“高度”数值设置在 3 000~6 000 像素，以便能够渲染出更高品质的效果图。

3. 设置“V-Ray”参数面板

➢ Step 1：选择“V-Ray”参数面板，展开“帧缓冲区”卷展栏，勾选“启用内置帧缓冲区”复选框，如图 3-3-46 所示。

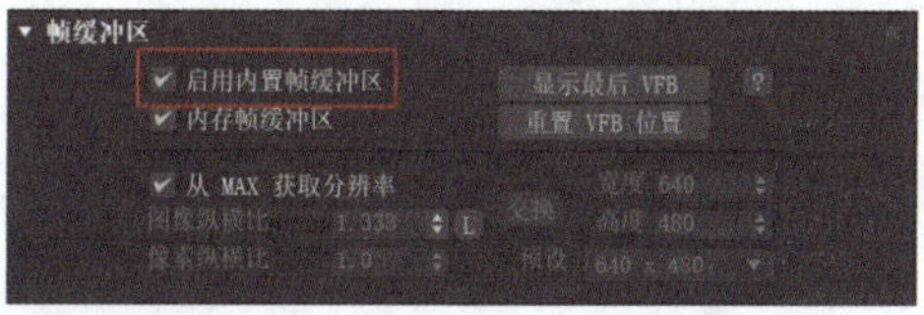

图 3-3-46　“帧缓冲区”卷展栏设置

➢ Step 2：展开“全局开关”卷展栏，勾选“灯光”“阴影”及“隐藏灯光”复选框，“默认灯光”选择“关”选项，如图 3-3-47 所示。

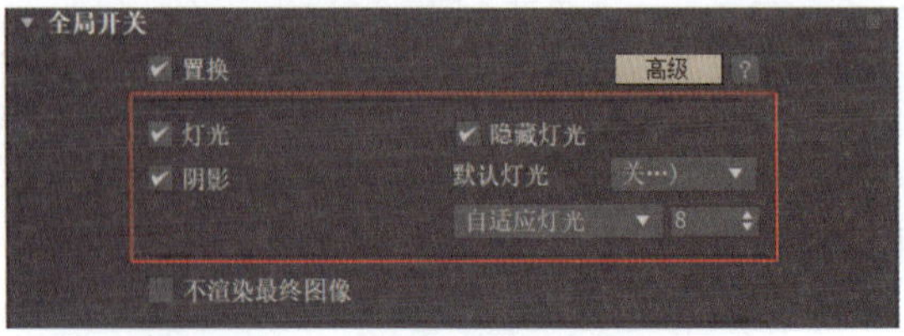

图 3-3-47 “全局开关”卷展栏设置

➢ Step 3：展开“图像采样器（抗锯齿）”卷展栏，“类型”选择“渲染块”，“图像过滤器”卷展栏内过滤器类型选择“Catmull-Rom”，如图 3-3-48 所示。

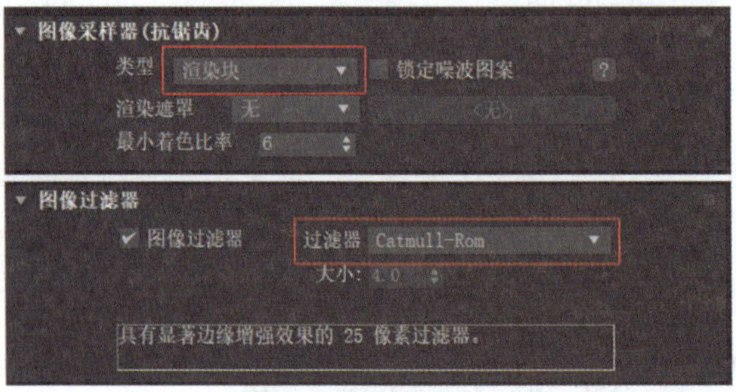

图 3-3-48 “图像采样器（抗锯齿）”卷展栏设置

➢ Step 4：展开“渲染块图像采样器”卷展栏，“最小细分”设为 1，勾选“最大细分”复选框并设为 30，“渲染块宽度”设为 48.0，如图 3-3-49 所示。

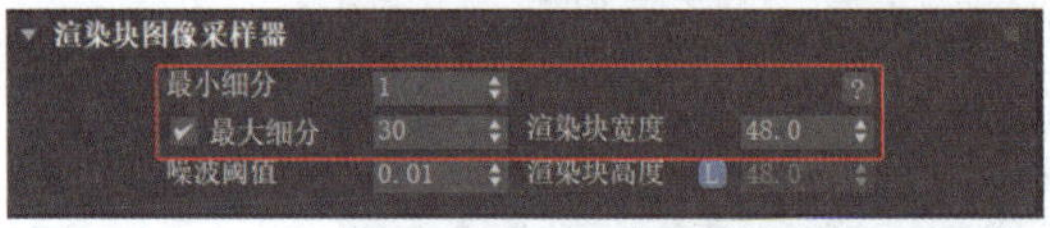

图 3-3-49 “渲染块图像采样器”卷展栏设置

➢ Step 5：展开“颜色映射”卷展栏，将“类型”选择为常用的“指数”类型，如图 3-3-50 所示。

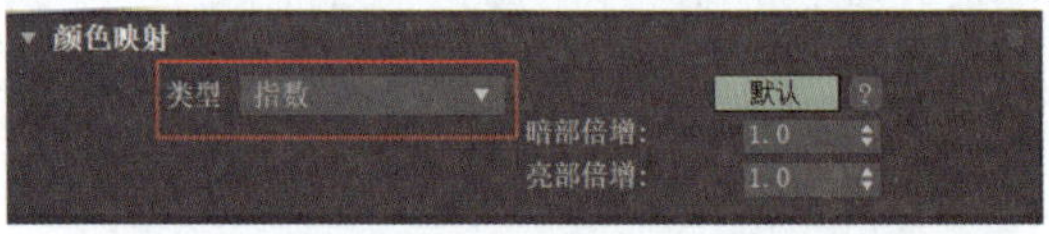

图 3-3-50 “颜色映射”卷展栏设置

➢ Step 6：展开“相机”卷展栏，将“类型”选择为“球形”，勾选“覆盖视野”复选框，视野角度为 360°，如图 3-3-51 所示。

图 3-3-51 “相机”卷展栏设置

4. 设置“GI”参数面板

➢ Step 1：选择“GI”参数面板，展开“全局照明”卷展栏，勾选“启用 GI”复选框，“首次引擎”选择“发光贴图”类型，“二次引擎”选择“灯光缓存”类型，如图 3-3-52 所示。

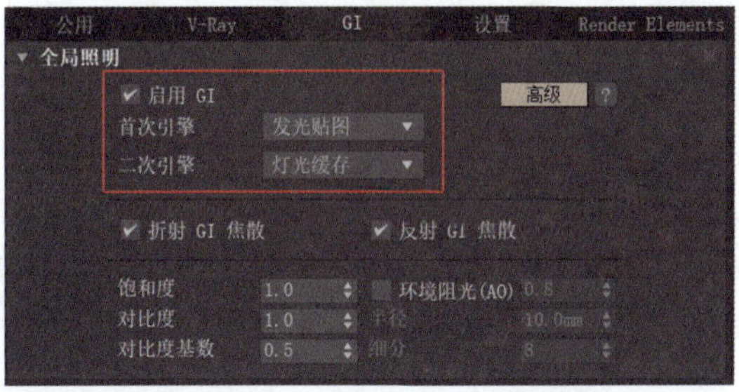

图 3-3-52 “全局照明”卷展栏参数

➢ Step 2：展开“发光贴图”卷展栏，切换至“高级模式”，将“当前预设”样式选择为“中”，“细分”值设置为 60，“插值采样”值设置为 40，并勾选“显示计算相位”“细节增强”复选框，如图 3-3-53 所示。

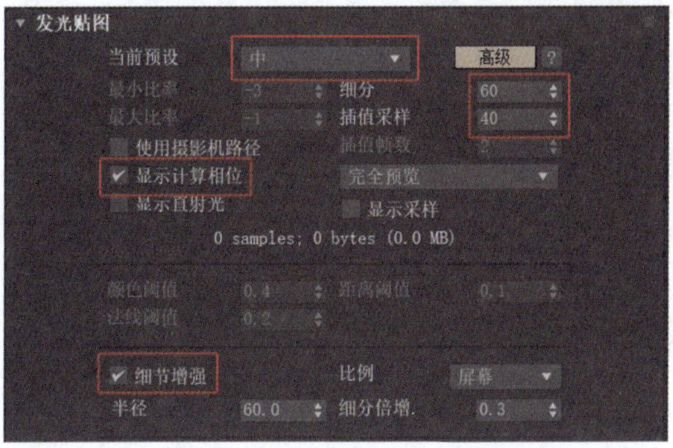

图 3-3-53 “发光贴图”卷展栏参数

➢ Step 3：展开“灯光缓存”卷展栏，“细分”值设置为 800，并勾选“显示计算相位”复选框，如图 3-3-54 所示。

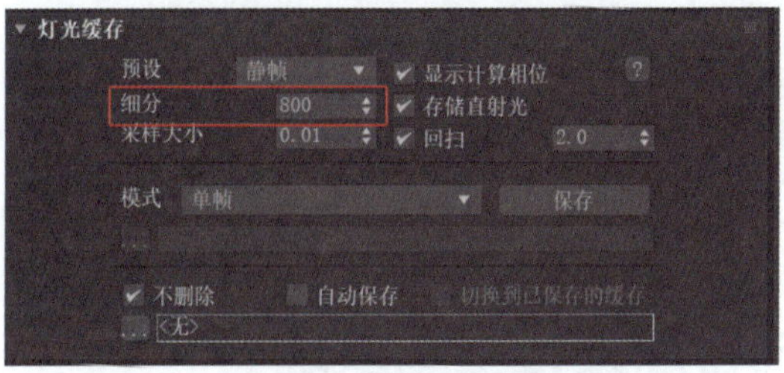

图 3-3-54 “灯光缓存”卷展栏参数

模块四
就业案例综合实训篇

在前面模块中学习了建模、材质、灯光、摄影机以及渲染的相关知识，都是为能够制作出专业而精美的效果图做准备工作。本模块以新中式客厅及书房三维空间效果制作为例，以“富有中国心，饱含中国情，充满中国味”作为教学实施思政主线，将“文化自信、中国色彩、以人为本、美好生活、绿色低碳”融入三个任务的教学中，并将其内化于心、外化于行。

知识目标

1. 熟练掌握三维空间建模的方法与技巧；
2. 熟练掌握场景中材质的设置；
3. 熟练掌握灯光参数的设置；
4. 掌握渲染设置及后期处理技巧。

技能目标

1. 能够熟练进行模型创建；
2. 能够运用几何体完成模型制作；
3. 能够熟练运用二维修改器进行模型的制作；
4. 能够熟练运用三维修改器进行模型的制作。

素养目标

1. 具有仔细、认真、规范的绘图意识；
2. 具有“文化自信、中国色彩、以人为本、美好生活、绿色低碳”的设计理念；
3. 具备职业技能及职业素养的建构能力。

项目一 新中式客厅三维空间表现

空间，是生活的容器。家的模样，决定你生活的模样，作为回家的第一道风景，客厅是每一个家庭的门面担当，直接影响家的颜值和生活的舒适度。正是由于客厅在实用与美观两大层面的重要性，客厅升级被赋予更多期待的意义。本项目以新中式客厅三维空间表现为例，来介绍客厅效果图的做法。

任务 1　新中式客厅三维空间建模

任务介绍

“新中式”是一种传承，亦是一种创新，它扎根于中国传统文化的土壤之中，取其精华，舍弃烦琐，以现代人的审美眼光来弘扬中国古典文化。

本次项目是新中式客厅的空间建模，通过顶面、立面、地面三个界面的建模，加强三维表现设计师岗位技能的实操性。

任务导入

观看微课视频进行新中式客厅三维建模技巧的分析，进行探索学习，了解吊顶造型、墙面造型以及家具合并的基本操作与参数设置。

相关知识

二维线建模是在 3ds Max 中创建、编辑二维线，也是最常用的建模方式之一，在室内综合实训案例建模的过程中，根据造型运用二维线进行样条线的形状修改，掌握二维线建模的编辑方法，并掌握通过调整样条线相应的参数，将二维样条转换为三维模型的方法。

多边形建模是 3ds Max 中是将创建的三维对象转换为可编辑多边形，通过点、线、面或元素子层级进行编辑或修改，从而得到需要的造型，综合实训项目中，将多边形子层级的多个命令，掌握进行组合使用的方法。

任务实施

1. 任务实施分析

新中式客厅三维空间模型——三维空间模型制作流程及任务分析见表 4-1-1

表 4-1-1　模型制作流程及任务分析

序号	名称	绘制效果	所用工具及要点说明
1	CAD 优化及导入（见图 4-1-1）	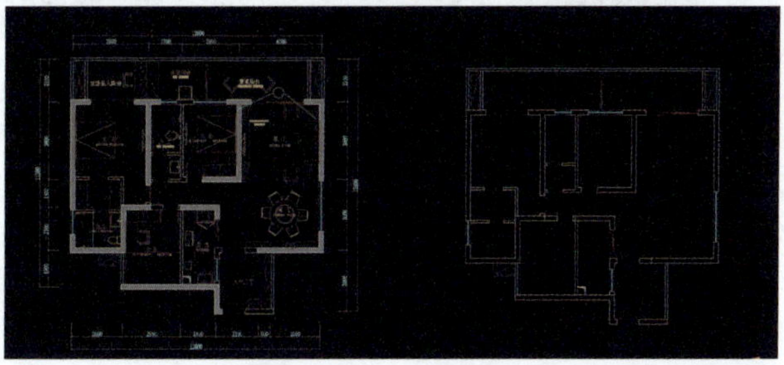 图 4-1-1　图纸优化	1. 优化整理 CAD 平面图纸，将不需要的对象删除 2. 导入 3ds Max 中（注意单位的设置）

续表

序号	名称	绘制效果	所用工具及要点说明
2	基本模型的创建（墙体、吊顶）（见图 4-1-2）	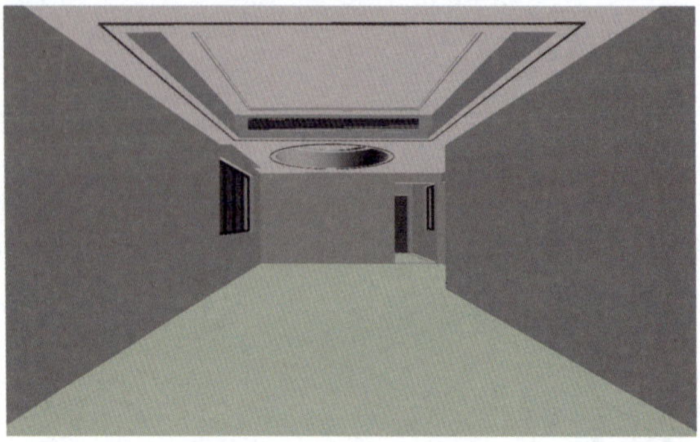 图 4-1-2　基础模型	1. 使用二维线建模矩形命令创建墙体 2. 使用二维线建模轮廓命令使制作吊顶造型 3. 使用挤出、倒角剖面修改器命令使二维变成三维
3	创建立面造型墙（见图 4-1-3）	 图 4-1-3　立面造型	1. 使用二维线创建墙面基本造型 2. 使用多边形建模点、线段命令进行造型的调整 3. 调整造型墙在场景中的位置
4	合并家具模型、艺术吊灯、装饰摆件（见图 4-1-4）	 图 4-1-4　软装布置	1. 合并家具模型、艺术吊灯、装饰摆件到场景中 2. 使用超级优化命令进行模型面数的优化 3. 调整各模型的场景位置，模型比例合适，注重空间的组合搭配

视 频

CAD图纸优化

2. 任务实施步骤

（1）优化整理 CAD 平面图纸，将不需要的对象删除

➢ Step 1：打开 CAD 软件，框选平面布置图，执行“co”→“空格”命令复制原平面布置图。

➢ Step 2：框选家具模型，按【Delete】键删除，选中尺寸标注按【Delete】键删除；框选整个户型，按【W】键写块命令，存储为新块，如图 4-1-5 所示。

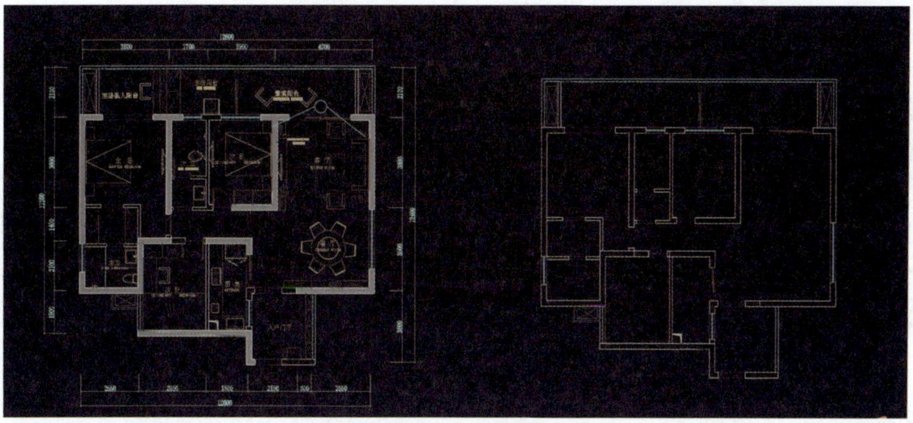

图 4-1-5 CAD 图纸优化

（2）导入 3ds Max 中

➢ Step 1: 打开 3ds Max 软件，执行“自定义”→“单位设置”命令，在弹出的“单位设置”对话框中，设置显示单位比例“公制”为“毫米”，“系统单位设置”对话框中“系统单位比例”为“毫米”，如图 4-1-6 所示。

视 频

创建客厅墙体

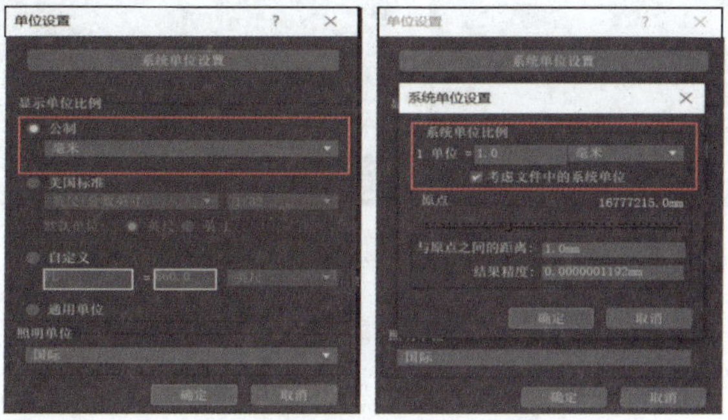

图 4-1-6 单位设置

➢ Step 2: 执行“文件”→“导入”→“导入”命令，将 CAD 新块导入场景中，如图 4-1-7 所示。

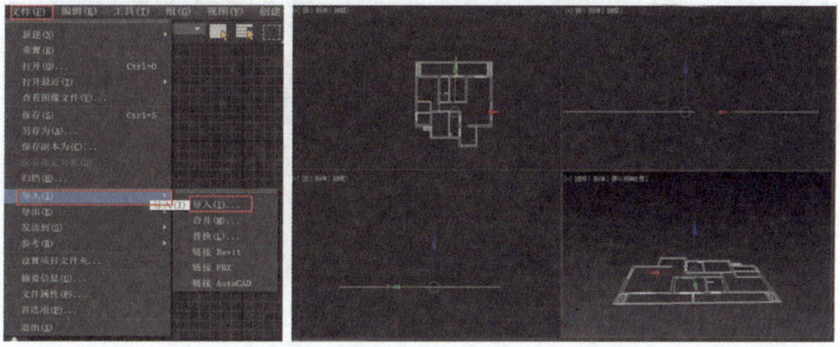

图 4-1-7 导入

➢ Step 3：框选线框图，执行“组”命令，并将 X、Y、Z 轴进行归零设置，如图 4-1-8 所示。

➢ Step 4：框选线框图，右击执行“冻结当前选择”命令，如图 4-1-9 所示。

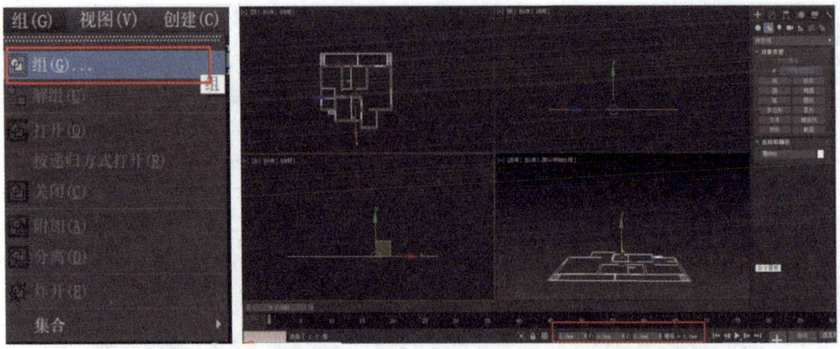

图 4-1-8　模块成组

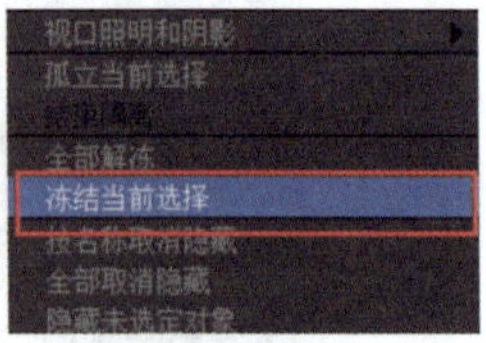

图 4-1-9　冻结对象

（3）创建客厅墙体

➢ Step 1: 进行捕捉设置，勾选“顶点”“端点”“中点”复选框，选项中勾选“捕捉到冻结对象”“启用轴约束”复选框，如图 4-1-10 所示。

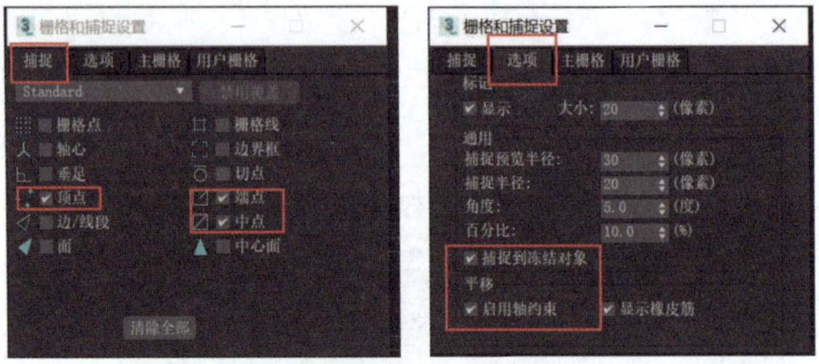

图 4-1-10　捕捉设置

➢ Step 2：选择“创建”→“图形”→“矩形”命令，于顶视图进行墙体捕捉绘制长方形，将客厅相关的墙体进行捕捉绘制。绘制完成后，将所有矩形进行框选，执行“挤出”命令，输入数值 2 950.0 mm，如图 4-1-11 所示。

视 频

创建窗洞、门洞

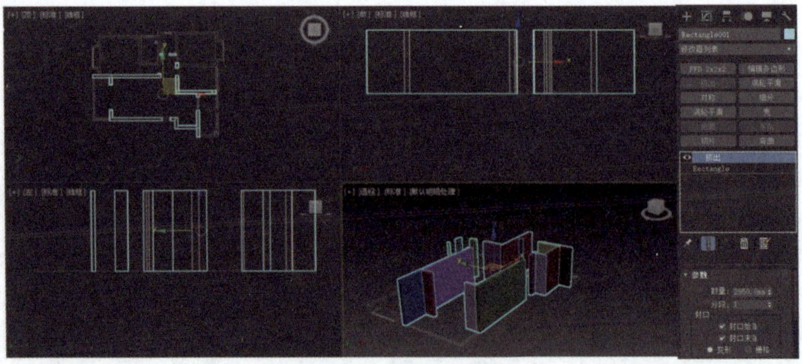

图 4-1-11　墙体创建

➢ Step 3: 创建门洞，选择“创建”→“图形”→“矩形”命令，于顶视图进行门捕捉，绘制长方形，绘制完成后，将所有矩形进行框选，执行“挤出”命令，输入数值 550.0 mm，并将其上移，放到合适位置，如图 4-1-12 所示。

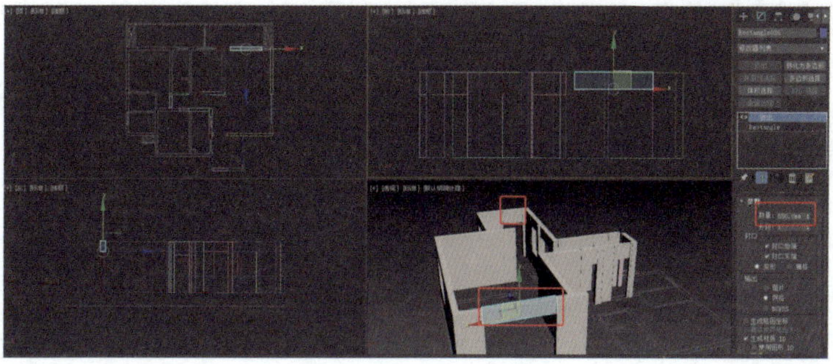

图 4-1-12　门洞创建

（4）创建窗框、玻璃

➢ Step 1：选择“创建”→“图形”→“矩形”命令，于左视图进行窗框形状捕捉，绘制完成后右击转换为可编辑样条线；继续执行“图形”→“矩形”命令捕捉中点绘制，绘制完成后，进行实例，并进行附加，执行“挤出”命令，输入数值 50.0 mm，如图 4-1-13 所示。

视　频

创建窗框、玻璃

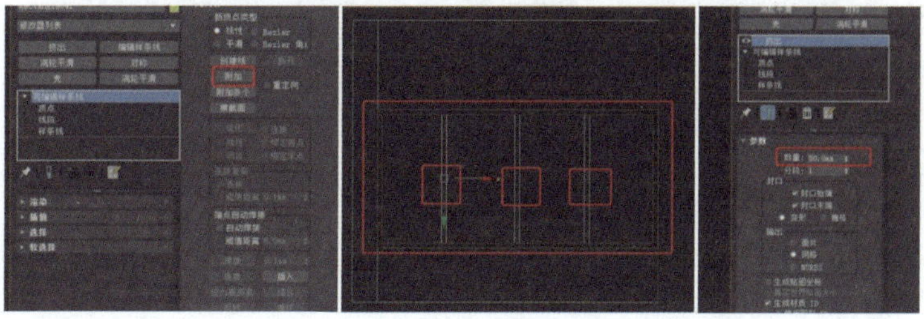

图 4-1-13　窗框

➢ Step 2：绘制玻璃，选择“创建”→“图形”→“矩形”命令，于左视图进行栏杆形状捕捉，绘制完成后，执行“挤出”命令，输入数值 10.0 mm，并进行捕捉中点的对齐，给付玻璃材质，如图 4-1-14 所示。

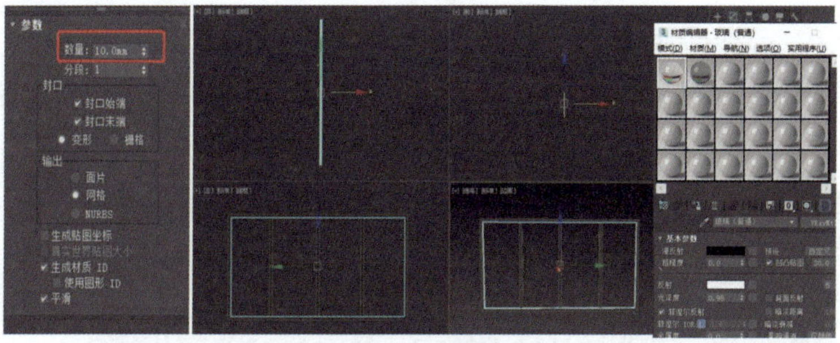

图 4-1-14　玻璃

视　频

创建中式吊顶造型1

（5）创建中式吊顶造型

➢ Step 1：根据空间进行顶面绘制，选择“创建”→“图形”→“线”命令，在顶视图进行绘制，右击并选择“转化为可编辑样条线”命令，单击“样条线”按钮，在“轮廓”文本框输入数值 450.0 mm，如图 4-1-15 所示。提示：可以先绘制整个空间，再进行局部矩形的绘制，完成轮廓之后，将原矩形删除。

视 频

创建中式吊顶造型2

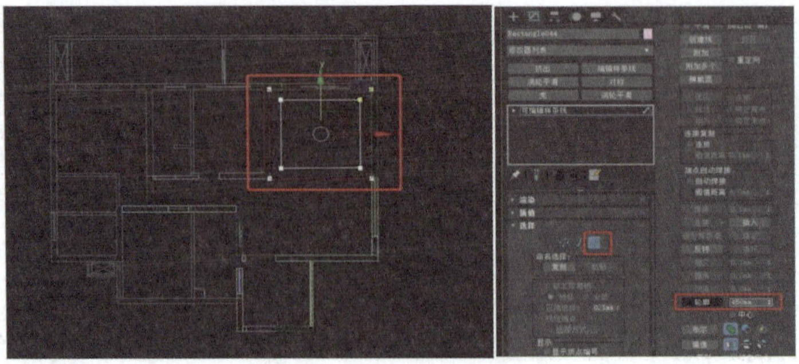

图 4-1-15 吊顶轮廓

➢ Step 2：预留窗帘盒，右击并选择“转化为可编辑样条线”命令，选择“点”→“优化”命令，X 偏移量为 −200 mm，如图 4-1-16 所示。

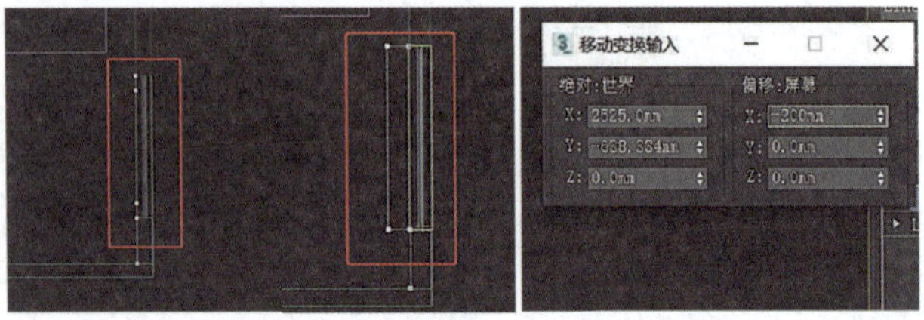

图 4-1-16 窗帘盒

➢ Step 3：创建圆形造型，开启捕捉工具，选择“创建”→“图形”→“圆形”命令，设置半径数值 1 200.0 mm，移动圆形位置，进行居中调整位置，如图 4-1-17 所示。

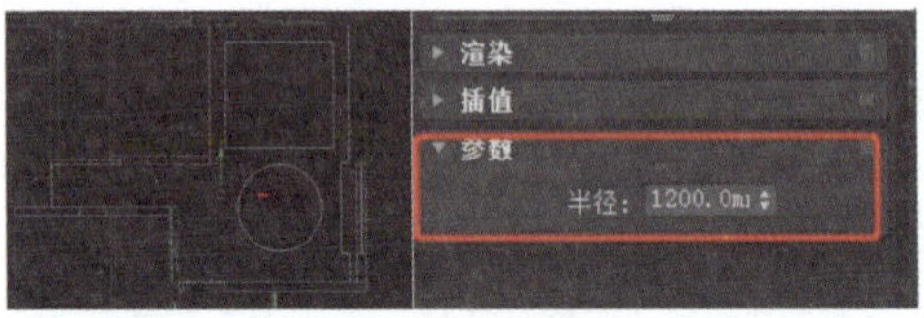

图 4-1-17 圆形吊顶

➢ Step 4：执行“可编辑样条线”→“附加”命令，再执行“挤出”命令，数值为 400.0 mm，如图 4-1-18 所示。

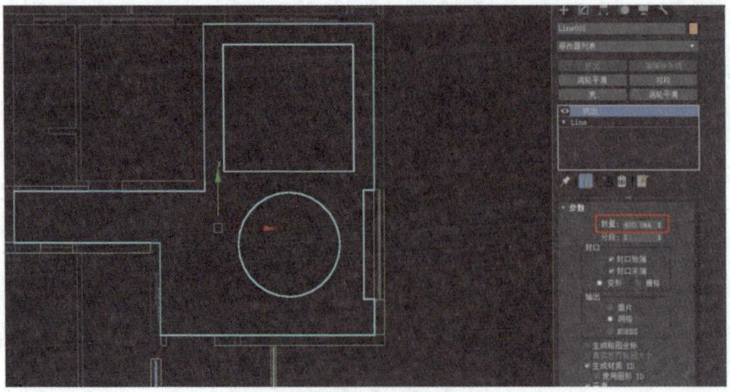

图 4-1-18 挤出

➢ Step 5：执行复制命令，删除挤出修改器，选择“样条线”→“轮廓”按钮，并输入数值 -100.0 mm，如图 4-1-19 所示。

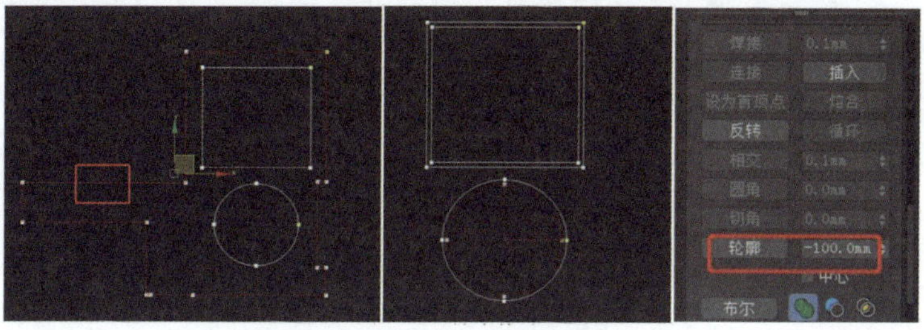

图 4-1-19　轮廓修改

➢ Step 6：执行样条线中删除命令，删除原样条线，设置“扫描”参数，输入数值，“长度”为 10.0 mm，“宽度”为 10.0 mm，并执行轴对齐，如图 4-1-20 所示。

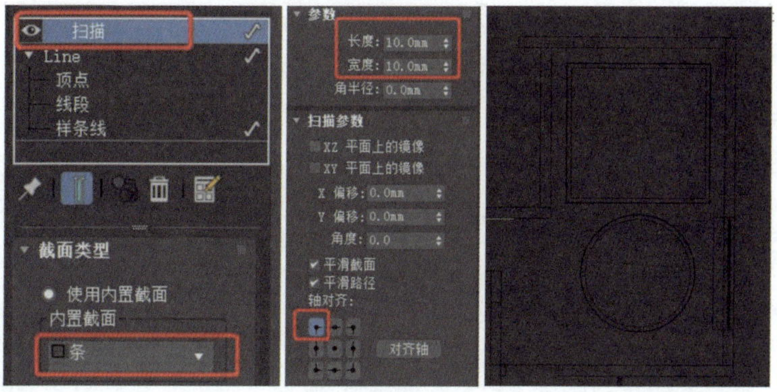

图 4-1-20　扫描

视 频

空调出风口三维模型

➢ Step 7：绘制吊顶装饰条，先执执行行复制命令，删除挤出修改器，选择“样条线”→“轮廓”按钮，输入数值 20.0 mm，执行“挤出”命令，“数量”为 80.0 mm，调整位置，给付玫瑰金不锈钢材质，如图 4-1-21 所示。

视 频

筒灯

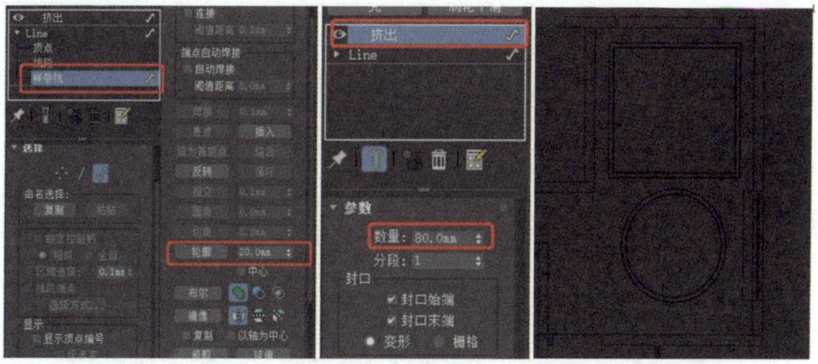

图 4-1-21　装饰条

视 频

创建中式吊顶造型3

（6）创建地面及原始顶面

➢ Step 1：选择“创建”→“图形”→“线”命令，绘制完成后，执行“挤出”命令，输入数值

−10.0 mm，如图 4-1-22 所示。

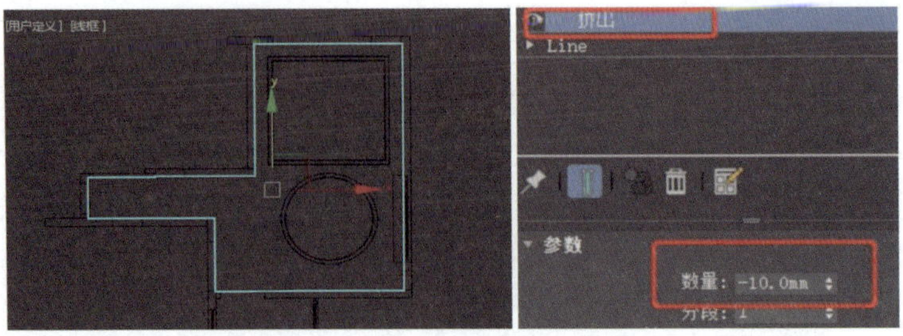

图 4-1-22　原顶面、地面绘制

➢ Step 2：执行“复制”调整位置，顶面给付白色乳胶漆材质。

提示：可以参考材质部分，直接给付吊顶乳胶漆材质，由于地面有拼花造型，可以暂不给付材质，提升绘图效率。

➢ Step 3：创建原始顶装饰线条，执行复制命令，删除挤出修改器，选择“样条线”→“轮廓”按钮，输入数值 200.0 mm，删除原样条线，执行“扫描”命令，输入数值，“长度”为 15.0 mm，“宽度”为 30.0 mm，取消选中“平滑路径”复选框，调整位置，给付乳胶漆材质，如图 4-1-23 所示。

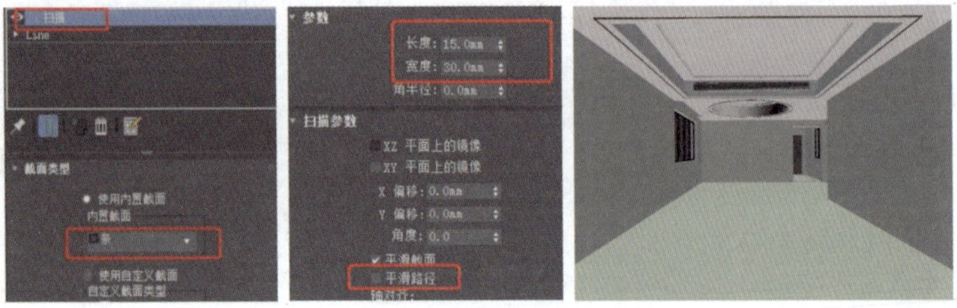

图 4-1-23　样条线

视 频

电视背景墙1

视 频

电视背景墙2

（7）创建电视背景墙

➢ Step 1：选择“创建”→“图形”→“矩形”命令，绘制完成后，绘制两侧装饰木饰面，如图 4-1-24 所示。

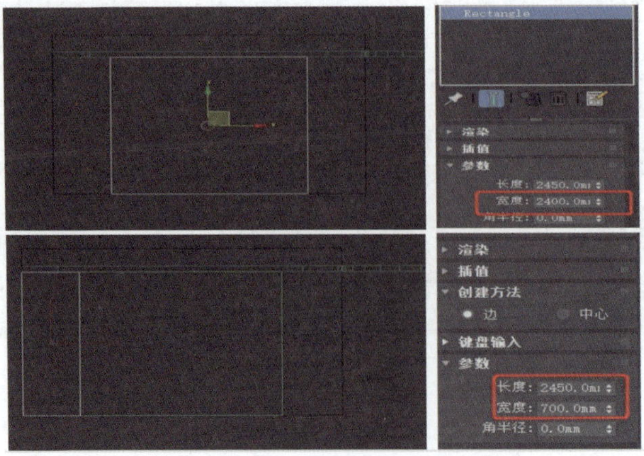

图 4-1-24　电视背景墙轮廓

➢ Step 2：执行“可编辑样条线”命令，执行“轮廓”命令，输入数值 100.0 mm，调整上下两条线段，分别移动 -120 mm 和 120 mm，如图 4-1-25 所示。

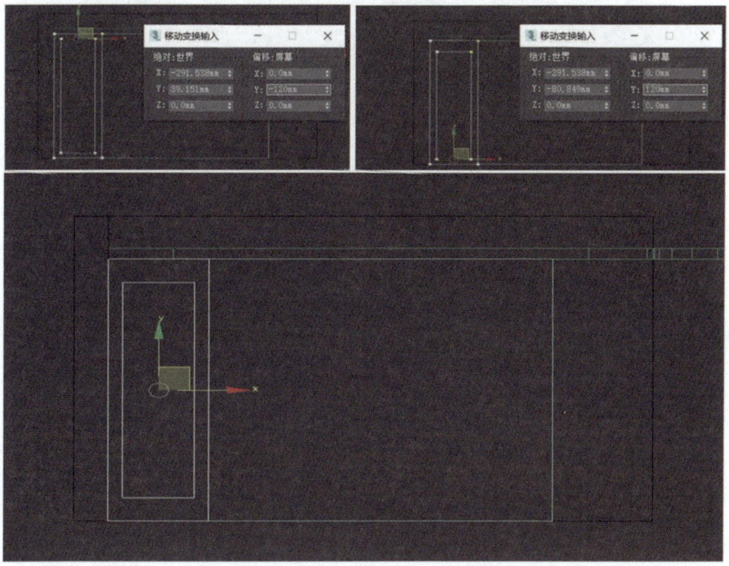

图 4-1-25　木饰面轮廓绘制

➢ Step 3：绘制矩形 100 mm × 100 mm 进行参考，并调整位置，如图 4-1-26 所示。

➢ Step 4：选择“创建”→“图形”→“矩形”命令，绘制完成执行“扫描”命令，选择条状，输入数值，长度 10.0 mm，宽度 20.0 mm，调整位置，给付玫瑰金材质，如图 4-1-27 所示。

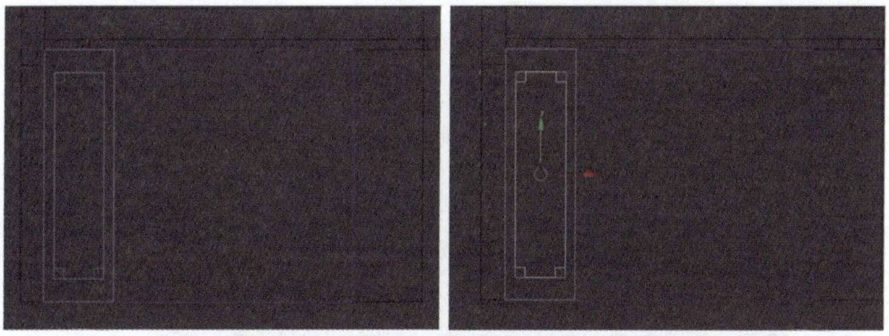

图 4-1-26　装饰线条绘制

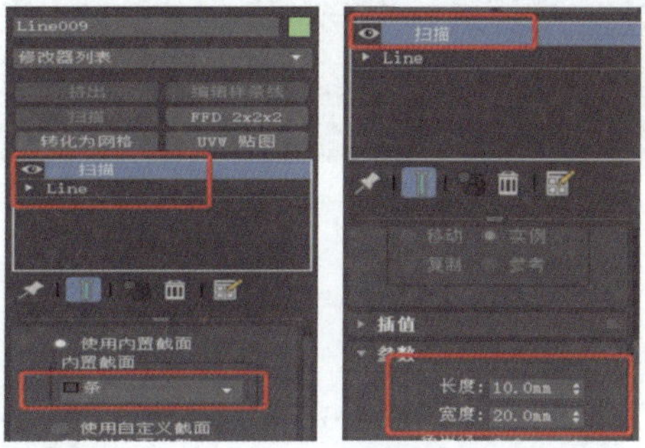

图 4-1-27　装饰条扫描

➢ Step 5：左右两侧为对称造型，可通过复制完成另一侧造型，如图 4-1-28 所示。

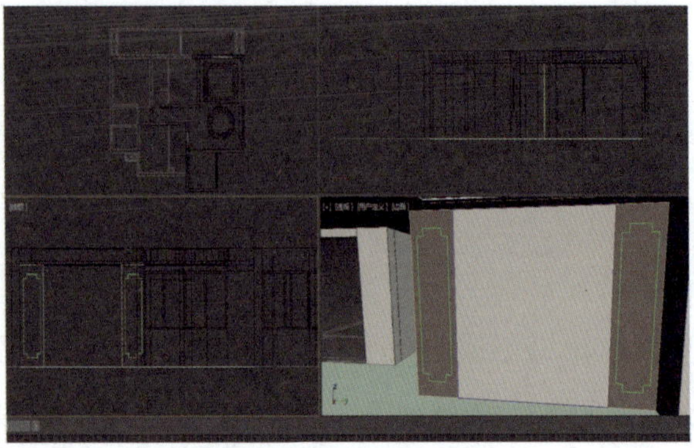

图 4-1-28　造型完成

视频 沙发背景墙1

（8）创建沙发背景墙

➢ Step 1：选择“创建”→“图形”→“矩形”命令，输入数值 2 450.0 mm，2 400.0 mm，右击转化为可编辑样条线，轮廓 10.0 mm。

➢ Step 2：选择“几何体”→“长方体”命令，开启捕捉，（快速建模）宽度分段 3，进行参考建模，继续开启捕捉，完成矩形绘制，挤出 10.0 mm，完成后进行复制，调整位置，给付墙画材质。

视频 沙发背景墙2

➢ Step 3：开启捕捉，选择“创建”→“图形”→“矩形”命令，绘制两侧的装饰花格，挤出 5.0 mm，执行合并，导入中式装饰花格模型，调整位置，给付木纹材质 UVW 贴图，1 000 mm × 1 000 mm × 1 000 mm，如图 4-1-29 所示。

提示：左右两侧为对称造型，可通过复制完成另一侧造型。

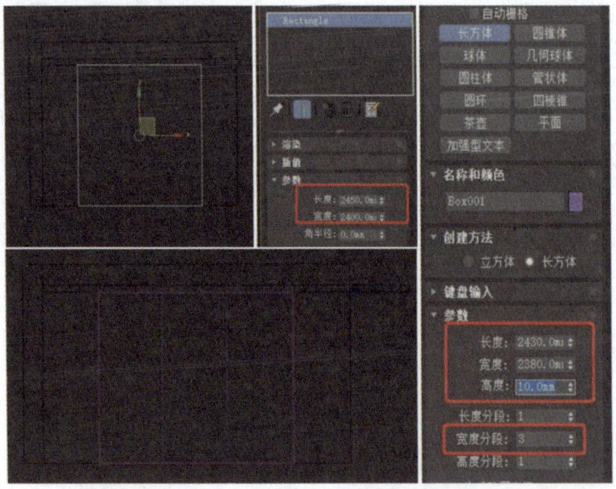

图 4-1-29　沙发背景墙轮廓

视频 地面造型1

（9）绘制地面拼花造型

➢ Step 1：开启捕捉，选择“创建”→“图形”→“线”命令，绘制地面，转化为可编辑样条线，设置轮廓 150.0 mm，挤出 1.0 mm，调整位置，给付地面瓷砖（抛光砖）材质 UVM 贴图，800.0 mm × 800.0 mm × 1.0 mm，如图 4-1-30 所示。

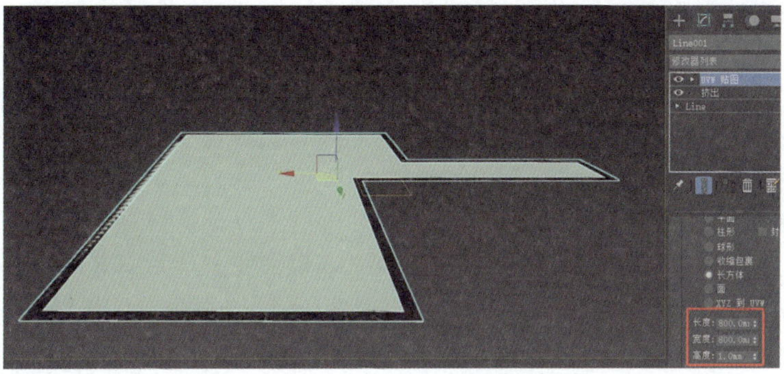

图 4-1-30 地面拼花造型

视 频

地面造型2

视 频

地面造型3

视 频

地面造型4

➢ Step 2：开启捕捉，选择“创建”→“图形”→“线”命令，绘制地面，转化为可编辑样条线，设置轮廓 100.0 mm，挤出 1.0 mm，调整位置，给付地面瓷砖（抛光砖）材质 UVM 贴图，100 mm × 600 mm，如图 4-1-31 所示。

提示：可将造型转换为可编辑网格，进行分离，分别给付材质，会大大提升绘图的效率。

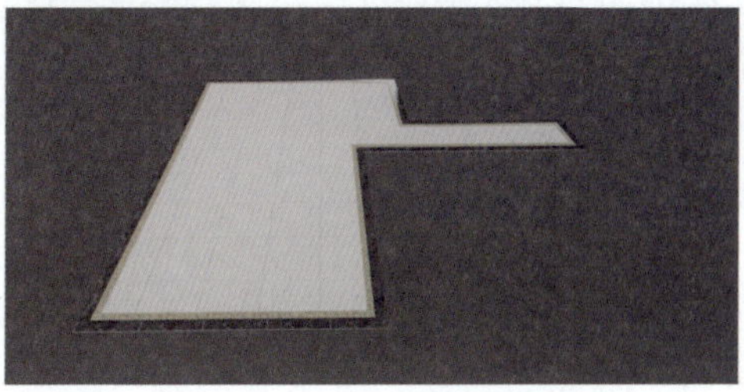

图 4-1-31 材质参数

（10）合并家具、装饰品模型

执行“文件”→“导入”→“合并”命令，将 max 家具、饰品、灯具、窗帘等模型依次合并到 max 场景中，并调整位置，如图 4-1-32 所示。

图 4-1-32 软装合并

视 频

装饰品合并1

视 频

装饰品合并2

提示：可以通过模型取插件进行模型合并，可以更好地保存材质。

任务2 新中式客厅三维空间材质、灯光处理

任务介绍

本任务是新中式客厅三维空间材质、灯光处理，材质的表现直接影响效果图的真实质感，场景中灯光应用也将直接影响空间的层次感，在本任务基础上，根据业主真实需求，运用材质灯光的基本知识及基本操作，进行效果图制作，同时强化三维表现设计师岗位技能的实操性。

任务导入

观看微课视频对新中式客厅材质及灯光技巧进行分析，探索学习，了解真实项目场景中材质及灯光的基本操作与参数设置。

相关知识

材质和贴图在室内效果图的制作中起着至关重要的作用，合理地为模型添加材质和贴图，可以让模型变得更加逼真。

材质编辑器的功能非常强大，通过调整材质编辑器的漫反射、反射、折射等参数，利用它可以创建出非常逼真的自然材质和不同质感的人造材质。

在效果图表现过程中，灯光的设置是非常重要的一个环节，3ds Max 中的灯光分为标准灯光、光度学灯光、VRay 灯光三大类，掌握灯光的创建方法，了解灯光的功能及使用场合，在本任务中，通过选用不同的灯光，设置它的颜色、亮度、阴影等参数，结合后期的渲染，让空间的灯光效果更加准确。

任务实施

1. 任务实施分析

新中式客厅三维空间材质、灯光处理——材质、灯光制作流程及任务分析见表4-1-2。

表4-1-2 材质、灯光制作流程及任务分析

序号	名称	绘制效果	所用工具及要点说明
1	材质处理（见图4-1-33）	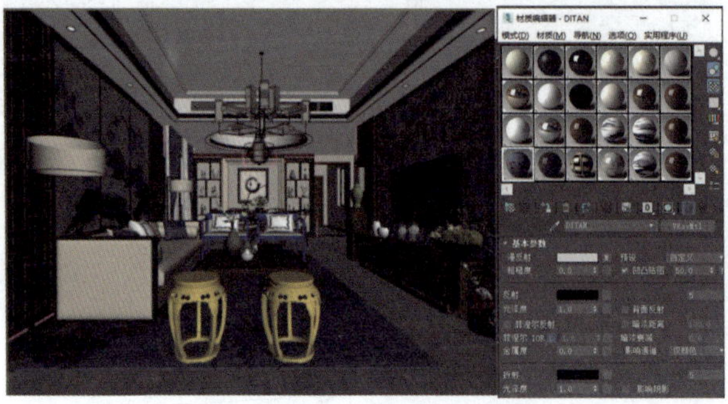 图4-1-33 材质处理	1. 调用材质库给付材质 2. 材质编辑器中漫反射、反射、折射相应参数的调整

续表

序号	名称	绘制效果	所用工具及要点说明
2	灯光处理（见图 4-1-34）	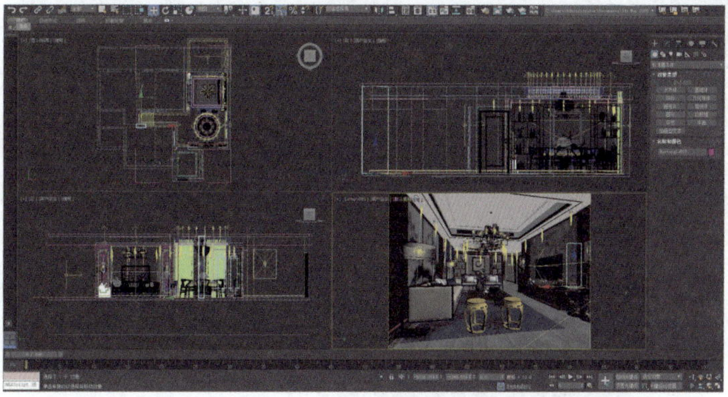 图 4-1-34　灯光布置	使用 VRay 平面光源、目标灯光、VRay 球体灯光模拟自然光、光域网、人工光

2. 任务实施步骤

➢ Step 1：场景主要材质参数调整：

乳胶漆材质，参数如图 4-1-35 所示。白玻璃材质、不锈钢黑色材质，参数如图 4-1-36 所示。

视　频

沙发背景墙材质调整

视　频

墙面材质调整及过门石材质调整

视　频

踢脚线及材质调整

视　频

电视背景墙材质调整

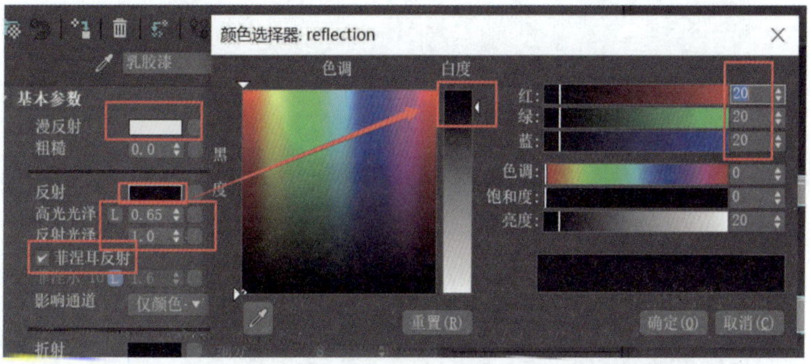

图 4-1-35　乳胶漆材质

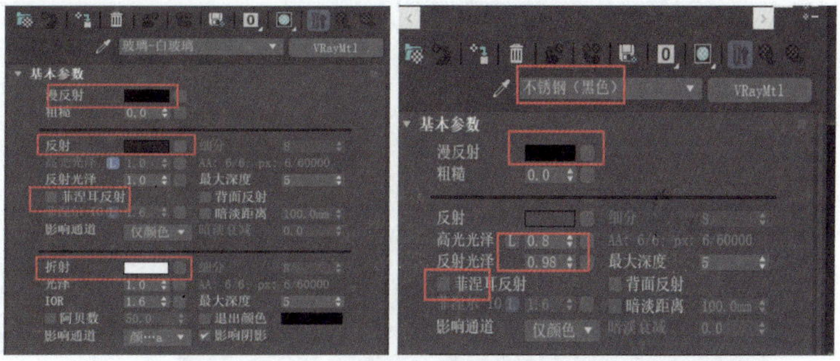

图 4-1-36　白玻璃及不锈钢（黑色）材质

木纹材质，参数如图 4-1-37 所示。

视 频
窗帘、家具模型合并

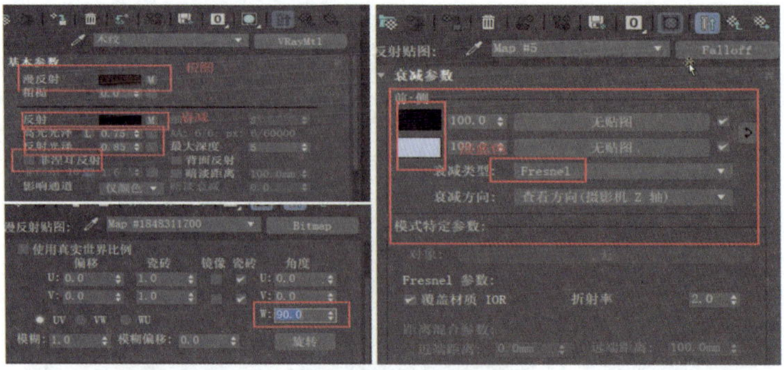

图 4-1-37 木纹材质

视 频
家具模型调整

石材（地面抛光砖）材质，参数如图 4-1-38 所示。

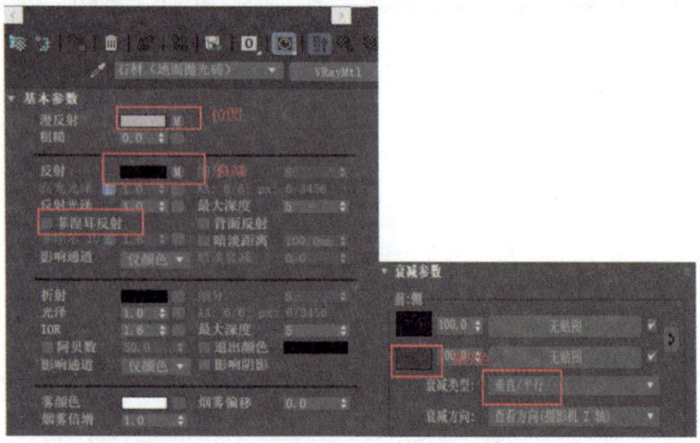

图 4-1-38 石材（地面抛光砖）材质

视 频
酒柜模型调整

增添平铺效果，参数如图 4-1-39 所示。

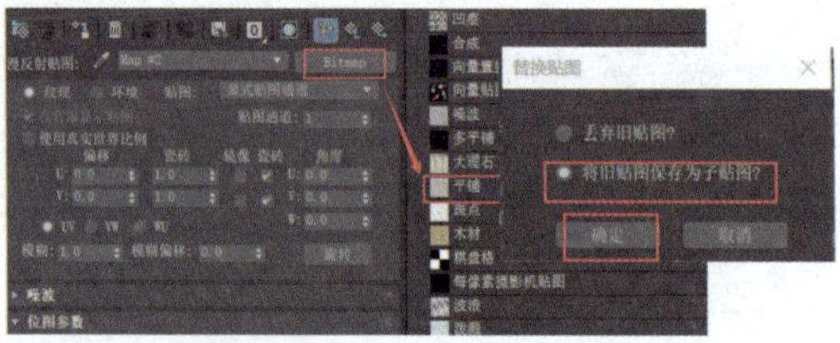

图 4-1-39 增加平铺效果

视 频
门及灯具

调整平铺参数及 UVM 贴图参数，如图 4-1-40 所示。

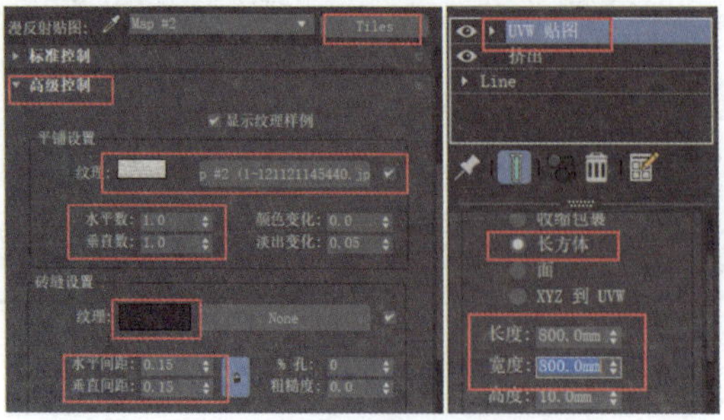

图 4-1-40 平铺参数及 UVW 贴图

视 频
推拉门模型

提示：可建立自己的材质库，方便后期直接调用，提升做图速度及效率（本项目提供自建材质库包）。

➢ Step 2：场景中自然光设置。

依次在窗户的位置设置 VRaylight 灯光，参数如图 4-1-41 所示。

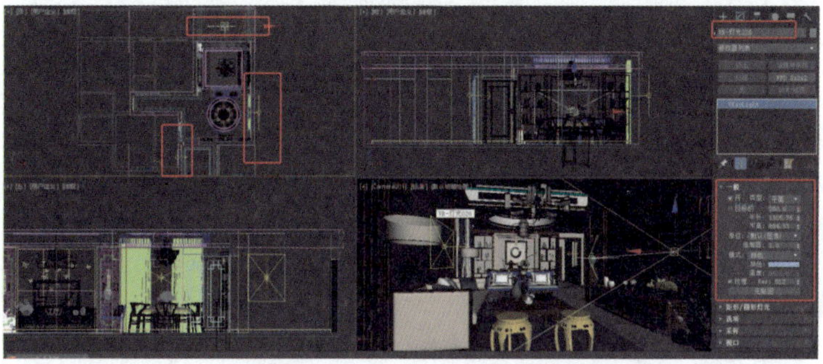

图 4-1-41　自然光布置

视 频

基础光源

提示：使用 VRaylight 灯光，一定要注意勾选“不可见”复选框。

➢ Step 3：设置客厅吊顶泛光灯带，参数如图 4-1-42 所示。

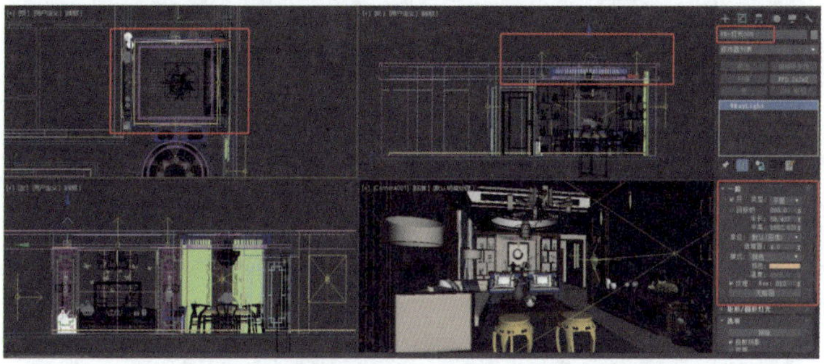

图 4-1-42　客厅泛光灯带

视 频

客厅泛光灯带

➢ Step 4：设置餐厅吊顶泛光灯带，参数如图 4-1-43 所示。

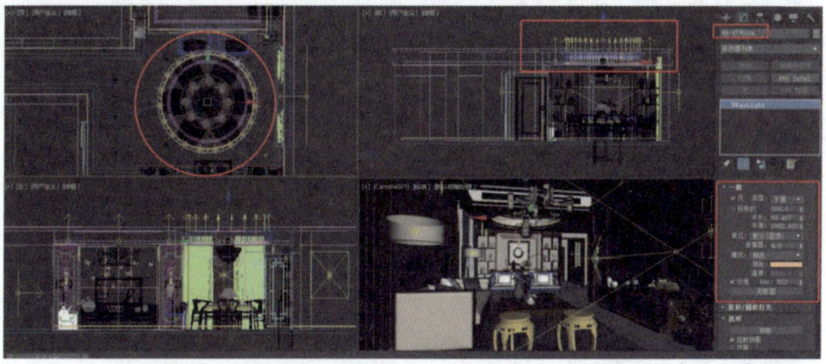

图 4-1-43　餐厅泛光灯带

视 频

客厅圆形泛光灯带

➢ Step 5：自由灯光，调用光域网配合场景，依次设置顶面上的筒灯，参数如图 4-1-44 所示。

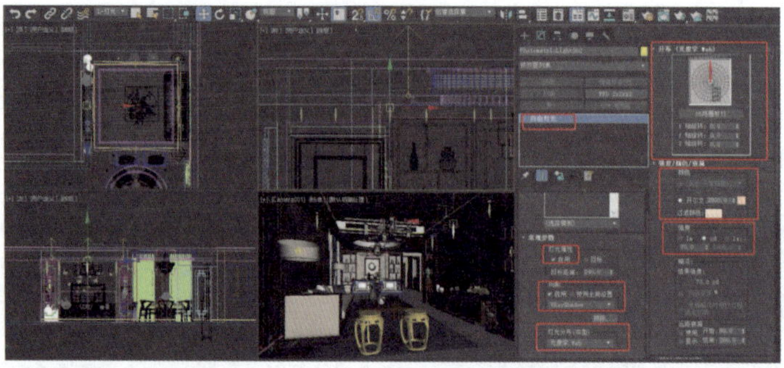

图 4-1-44　顶面自由光

➢ Step 6：艺术灯具灯光。VRaylight 灯光、球体灯，依次设置客厅艺术吊灯、餐厅艺术吊灯，参数如图 4-1-45 所示。

视频

艺术吊灯灯光设计

视频

客厅灯光设计筒灯

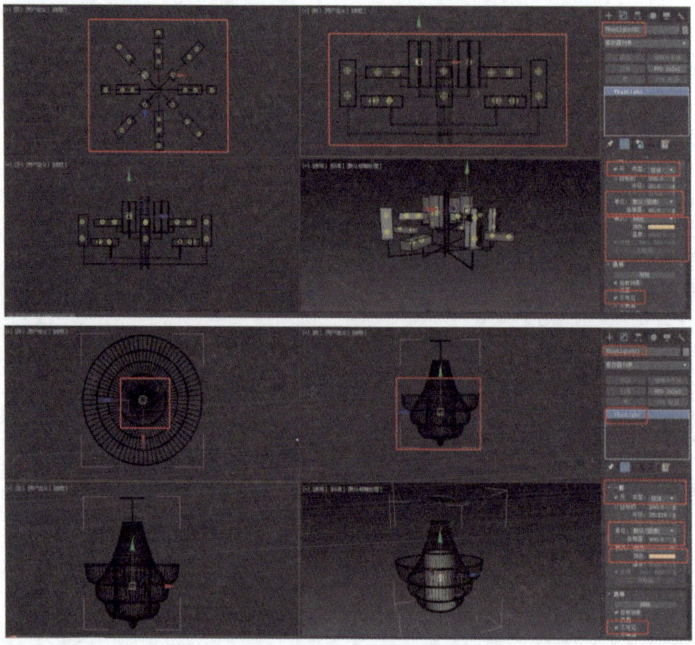

图 4-1-45　艺术灯具灯光模拟

➢ Step 7：落地灯。VRaylight 灯光、球体灯，参数如图 4-1-46 所示。

视频

重点照明、落地灯、壁灯

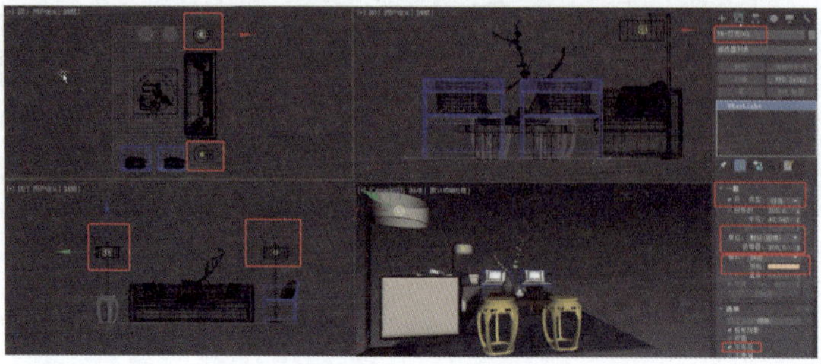

图 4-1-46　落地灯灯光模拟

➤ Step 8：壁灯。VRaylight 灯光、球体灯，参数如图 4-1-47 所示。

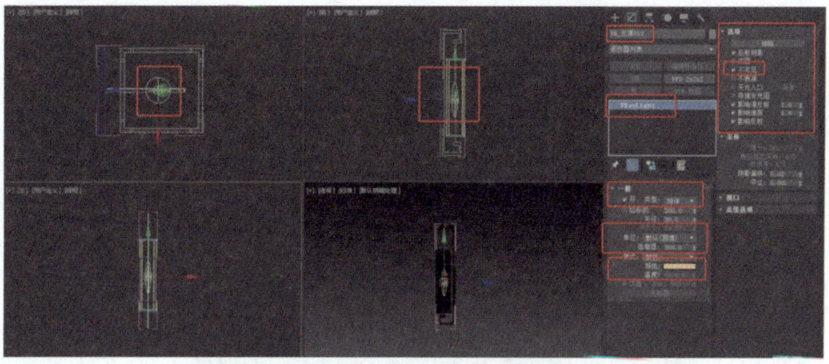

图 4-1-47　壁灯灯光模拟

提示：局部补光：可用 VRaylight 灯光、目标灯光进行局部补光，增加场景的光感及层次。

任务 3　新中式客厅三维空间的渲染技巧及后期处理

任务介绍

本次项目是新中式客厅三维空间的渲染技巧及后期处理，将前期的模型、材质及灯光进行输出，渲染器的选择及渲染的设置，直接决定效果图的视觉效果，高水平的渲染可以细致地显示材质的质感、灯光的层次、场景的光影。

后期处理可以高效地修补渲染效果图的效果，通过调整相应的参数让场景更加逼真。

任务导入

观看微课视频对新中式客厅三维空间的渲染技巧及后期处理探索学习，了解真实项目场景中，渲染的特点和后期处理的方法。

相关知识

渲染就是将场景中的模型、材质、贴图、灯光、环境等以图片或视频的形式表现出来，并进行输出保持，在场景中通常所用 V-Ray 渲染器，在 V-Ray 选项卡的相关卷展栏中进行参数设置，根据渲染的场景的复杂程度以及效果图的尺寸确定效果图的渲染参数。

后期处理是对效果图效果的美化，可以快速高效地进行调整处理，让效果图更加生动逼真。

任务实施

1. 任务实施分析

新中式客厅三维空间渲染及后期处理流程及任务分析见表 4-1-3。

表 4-1-3　渲染及后期处理制作流程及任务分析

序号	名称	绘制效果	所用工具及要点说明
1	渲染设置（见图 4-1-48）	 图 4-1-48　渲染原图	1. 使用 VRay 渲染器 2. 调整公用中渲染图的尺寸 3. 调整 VRay 控制面板参数 4. 调整 GI 控制面板参数 5. 调整材质及灯光的细分
2	后期处理（见图 4-1-49）	 图 4-1-49　后期处理图	1. 使用“曲线”命令调整效果图的明暗效果 2. 建立通道及蒙版调整效果的色彩平衡 3. 使用“魔棒”命令选取顶面、地面、沙发、电视柜等模型，进行曲线、色彩平衡的细节调整

2. 任务实施步骤

➢ Step 1：设置效果图的输出大小，在“公用”选项卡的“公用参数”卷展栏中，设置“宽度”为 2 000、“高度”为 1 500，如图 4-1-50 所示。

视 频

新中式客厅渲染测试

图 4-1-50　“公用”选项卡

➢ Step 2:“V-Ray”选项卡设置，如图 4-1-51 所示。在“V-Ray”选项卡的“全局开关”卷展栏中“默认灯光”设为关（和 GI 灯光一起关闭），勾选“光泽效果”复选框。在“图像采样（抗锯齿）”组中“类型”选择“块”，勾选“图像过滤器”复选框，过滤器改为“Catmull-Rom”。

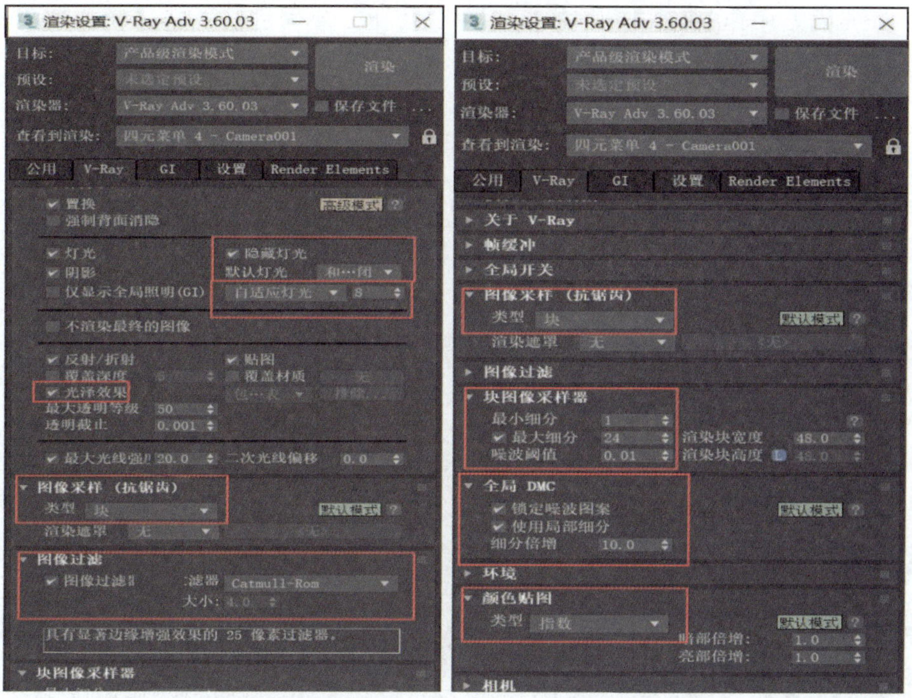

图 4-1-51　“V-Ray”选项卡

在“全局 DMC”组中勾选“锁定澡波图案”“使用局部细分”复选框，将“细分倍增”改为 10.0。“颜色贴图”组中“类型”为“指数”。

➢ Step 3:“GI”选项卡设置，如图 4-1-52 所示。

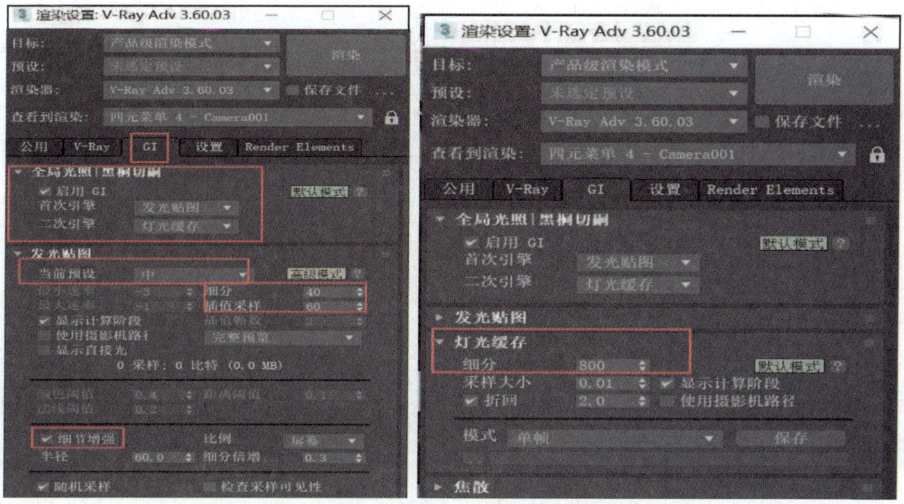

图 4-1-52　“GI”选项卡

在“GI”选项卡中，勾选“启用 GI”复选框，“首次引擎”为“发光贴图”，“二次引擎”为“灯光缓存”。在“发光贴图”组中“当前预设”为“中”，“细分”改为 40，“插值采样”为 60，勾选“细节增强”复选框。在“灯光缓存”组中“细分”改为 800。

提示：正是因为有了渲染，才使得场景中材质的肌理、空间色彩、灯光层次感得以充分表现，但在设置上，如果给的参数过大，则需要较高配置的机器。在一定程度上，为提高渲染速度及效率，会先进行草图预设参数的设置。在大图效果图时，可渲染光子图，提升渲图的速度，节省渲图时间。（草图预设参数、光子图设置参数，可参照 VRay 渲染设置内容）

➢ Step 4：按快捷键【F9】进行渲染，经过 1 个小时的渲染，最终效果如图 4-1-53 所示。

➢ Step 5：执行“脚本”→“运行脚本”→“单色材质渲染”命令或“莫莫小工具多维材质通道转换”，采用扫描线渲染器进行渲染，最终效果如图 4-1-54 所示。

图 4-1-53 渲染出图

图 4-1-54 通道图

观察分析图 4-1-55，发现画面的色彩饱和度、明暗对比都不够强烈，接下来需要通过调整曲线、图像对比度、色彩平衡等方式来解决该问题。

图 4-1-55 渲染图和通道图

➢ Step 6：调整吊顶的效果。

执行“魔棒”命令在通道图中选取吊顶部分，回到图层 1 进行图层复制，复制的图层名称为图层 2，在“图像”面板选择“调整”→“曲线”命令，整体将曲线的数值向上调整，将吊顶进行调亮，参数设置如图 4-1-56 所示。

视频
后期处理1

提示：如果渲染效果的色彩不理想，在调整完曲线后，也可以按【Ctrl】键重新选择吊顶区域，创建新的填充或调整图层，通过“色彩平衡”调整吊顶的色调，增加色彩感。

➢ Step 7：调整地毯的效果。

执行“魔棒”命令在通道图中选取吊顶部分，回到图层 1，再次进行图层复制，在“图像”面板选择“调整”→“曲线”命令，将地毯进行调亮，参数设置如图 4-1-57 所示。

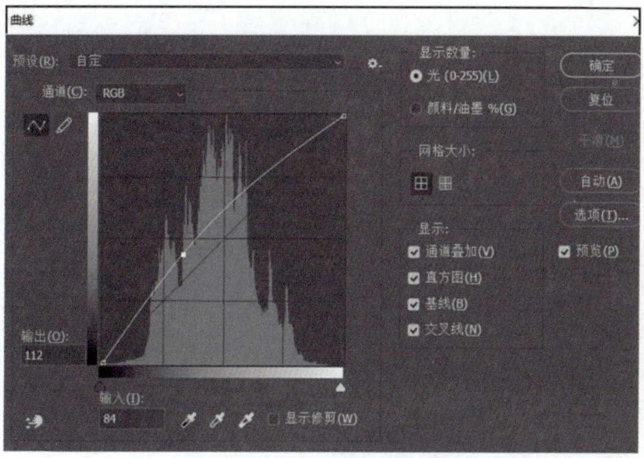

图 4-1-56　吊顶后期处理

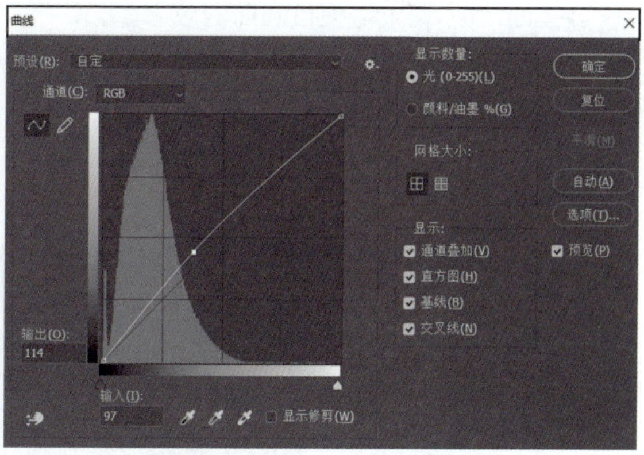

图 4-1-57　地毯后期处理

➢ Step 8：调整电视背景墙岩板的效果。

执行“魔棒”命令在通道图中选取电视背景墙岩板部分，回到图层 1，再次进行图层复制，在“图像”面板选择“调整”→“曲线”命令，将岩板进行调亮，参数设置如图 4-1-58 所示。

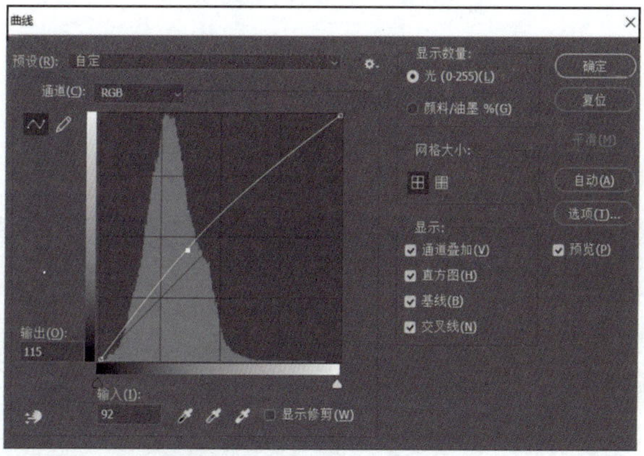

图 4-1-58　岩板后期处理

视频
后期处理2

➢ Step 9：调整窗帘的效果。

执行“魔棒”命令在通道图中选取窗帘部分，回到图层 1 按【Ctrl+J】组合键进行图层复制（图层 5），按【Ctrl+M】组合键打开“曲线”对话框将窗帘进行调亮，参数设置如图 4-1-59 所示。

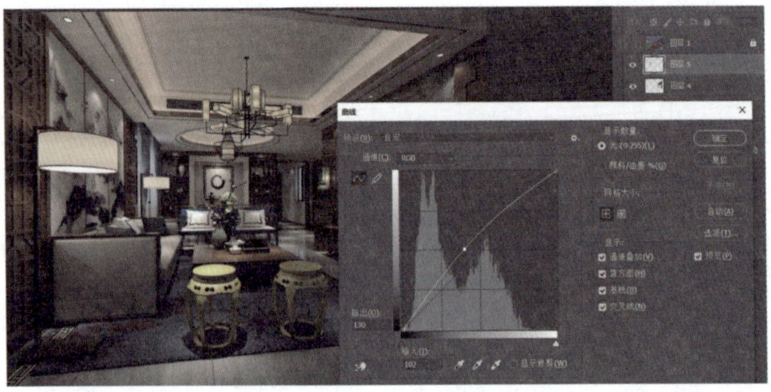

图 4-1-59　窗帘后期处理

➢ Step 10：调整电视机画面的效果。

打开要贴入的照片，放到场景中，执行“魔棒”命令在通道图中选取电视机画面部分，回到图层照片图层，“创建蒙版”调整位置跟大小，取消链接蒙版，在“曲线”对话框中调整装饰画的明暗程度，参数设置如图 4-1-60 所示。

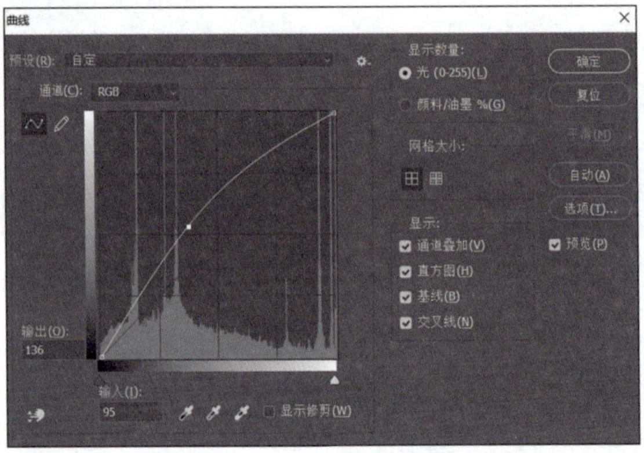

图 4-1-60　电视画面后期处理

➢ Step 11：灯光特效的调整。

将打开 Photoshop 素材包中的素材“后期星光贴图 1”并将此贴图合并到场景中，将其模式改为“线性减淡”，如图 4-1-61 所示。

图 4-1-61　灯光特效处理

按【Ctrl+J】组合键复制贴图，对场景中的筒灯、射灯、艺术灯具进行灯光特效的效果调整。

➤ Step 12：到此，中式客厅的 Photoshop 后期处理就完成了，合并图层，得到最终的效果图，如图 4-1-62 所示。

图 4-1-62 后期处理完成图

项目二 新中式书房三维空间表现

书房空间是能让人静心修身的地方，拥有一个韵味十足的新中式书房，在浓厚的文化底蕴中静心潜读，不失为现代家居生活中的一大享受，非常适合现代都市人。

本项目以新中式书房为例，它是融合传统风格和现代元素的空间设计，传承中国传统书房的精髓，同时又加入现代人的生活需求和审美观念。在布局上注重层次感及通透感；在色彩上，以黑檀、黑胡桃作为主色调；在材质上采用黑檀木，稳重大气，通过材质表露，让事物的本色彰显；在装饰上，注重实用性，也注重装饰性，书柜呈对称结构，有收有敞，满足收纳和展示不同的需求；此外，还采用了现代化装饰元素，如艺术品、绿植等，让整个空间更加具有现代感和艺术感。

任务 1 新中式书房三维空间建模

任务介绍

新中式书房的格局讲究对称美，不仅体现了传统文化的精髓，更注入了新文化元素，使其兼具优雅和知性，同时摆上一些装饰品，为书房增添一些韵味。

本项目是新中式书房的空间建模，通过顶面、立面、地面三个界面的建模，加强三维表现设计师岗位技能的实操性。

任务导入

观看微课视频进行新中式书房三维建模技巧的分析，进行探索学习，了解吊顶造型、墙面造型以及家具合并的基本操作与参数设置。

相关知识

根据书房吊顶、墙面造型运用二维线进行样条线的建模，掌握二维线建模的编辑方法，并掌握通过调整样条线的相应参数，将二维样条转换为三维模型。

将创建的三维对象转换为可编辑多边形，通过点、线、面或元素子层级进行编辑或修改，从而得到需要的造型，在新中式书房建模的过程中，运用多边形子层级的多个命令，掌握组合使用的方法。

任务实施

1. 任务实施分析

新中式书房三维空间模型——三维空间模型制作流程及任务分析见表 4-2-1。

表 4-2-1　模型制作流程及任务分析

序号	名称	绘制效果	所用工具及要点说明
1	CAD 优化及导入（见图 4-2-1）	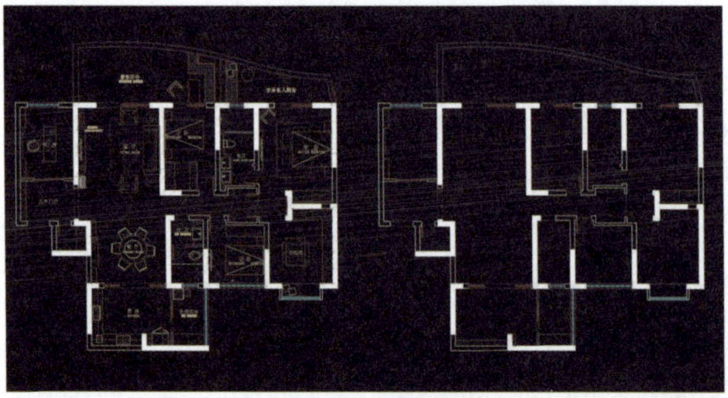 图 4-2-1　图纸优化	1. 优化整理 CAD 平面图纸，将不需要的对象删除 2. 导入 3ds max 中（注意单位的设置）
2	基本模型的创建（墙体、吊顶）（见图 4-2-2）	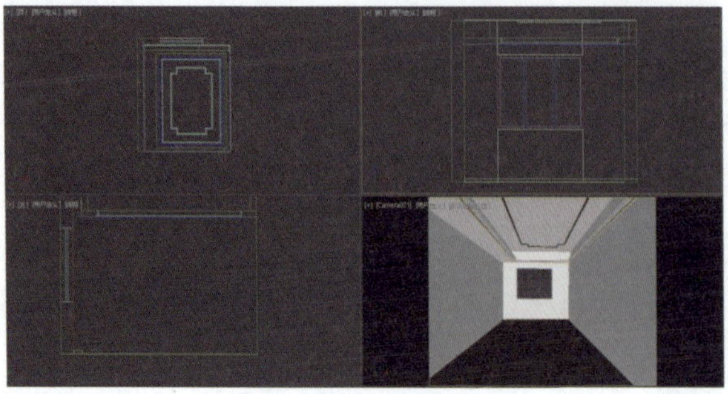 图 4-2-2　基础模型	1. 使用二维线建模矩形命令创建墙体 2. 使用二维线建模轮廓命令制作吊顶造型 3. 使用挤出、倒角剖面修改器命令二维变成三维

续表

序号	名称	绘制效果	所用工具及要点说明
3	创建立面造型墙（见图 4-2-3）	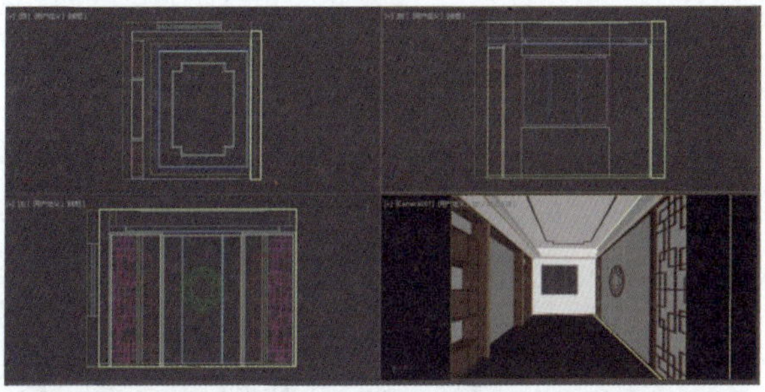 图 4-2-3　立面造型	1. 使用二维线创建墙面基本造型 2. 使用多边形建模点、线段命令进行造型的调整 3. 调整造型墙在场景中的位置
4	合并家具模型、艺术吊灯、装饰摆件（见图 4-2-4）	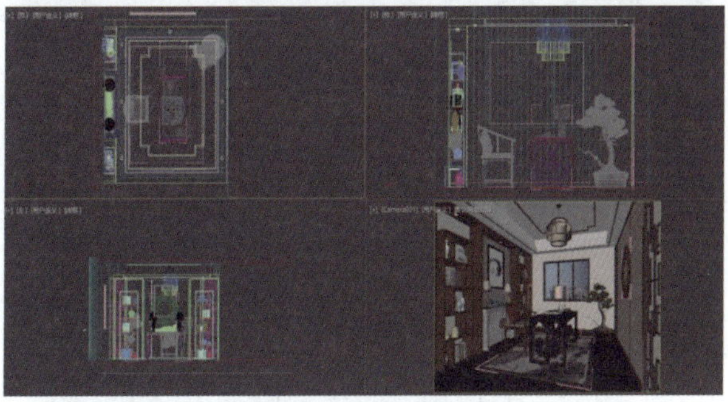 图 4-2-4　软装布置	1. 合并家具模型、艺术吊灯、装饰摆件到场景中 2. 使用超级优化命令进行模型面数的优化。 3. 调整各模型的场景位置，模型比例合适，注重空间的组合搭配

2. 任务实施步骤

（1）优化整理 CAD 平面图纸，将不需要的对象删除

➢ Step 1：打开 CAD 软件，框选平面布置图，执行“co”→“空格”命令复制原平面布置图。

➢ Step 2：框选家具模型，按【Delete】键删除，选中尺寸标注按【Delete】键删除，框选整个户型，按【W】键写块命令，存储为新块，如图 4-2-5 所示。

视 频

书房分析

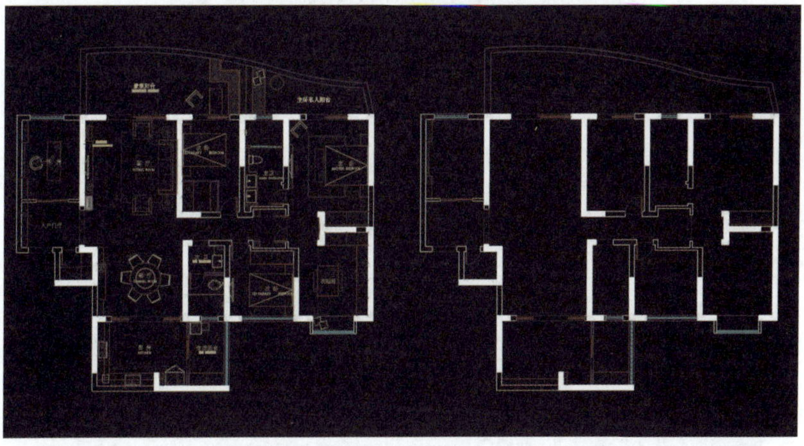

图 4-2-5　CAD 图纸优化

（2）导入 3ds Max 中

➢ Step 1：打开 3ds Max 软件，执行“自定义”→“单位设置”命令，在弹出的“单位设置”对话框中，设置显示单位比例“公制”为“毫米”，“系统单位设置”对话框中“系统单位比例”为“毫米”，如图 4-2-6 所示。

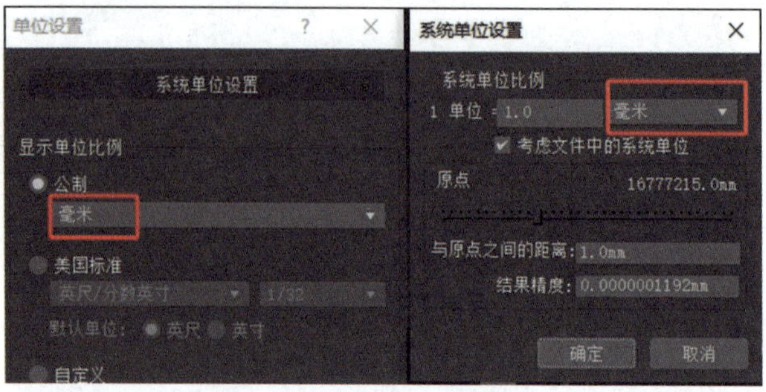

图 4-2-6　单位设置

➢ Step 2：执行“文件”→“导入”→“导入”命令，将 CAD 新块导入场景中，如图 4-2-7 所示。

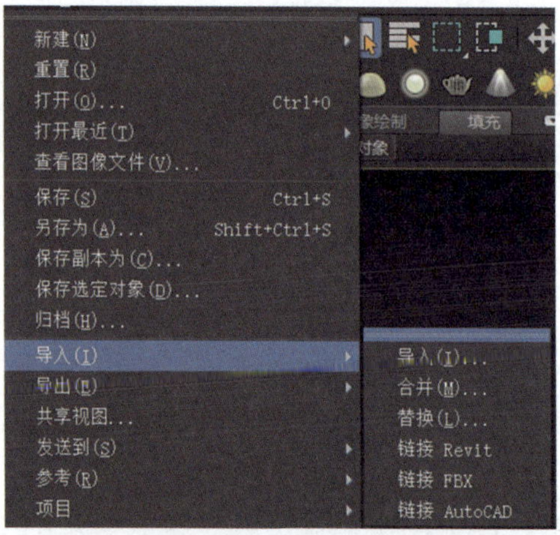

图 4-2-7　导入

➢ Step 3：框选线框图，执行“组”命令，并将 X、Y、Z 轴进行归零设置，如图 4-2-8 所示。

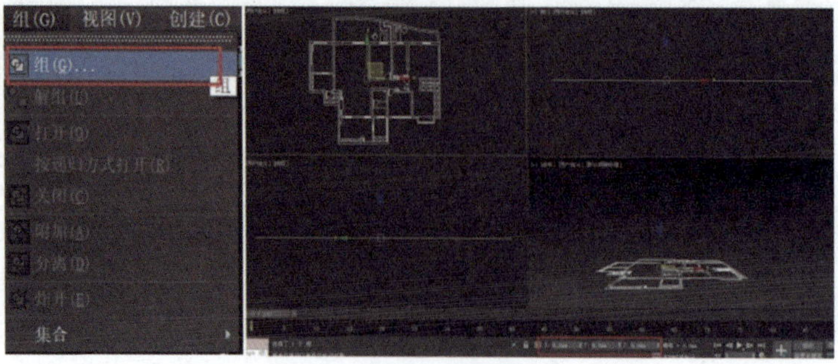

图 4-2-8　模块成组

➢ Step 4：框选线框图，右击执行“冻结当前选择”命令，如图 4-2-9 所示。

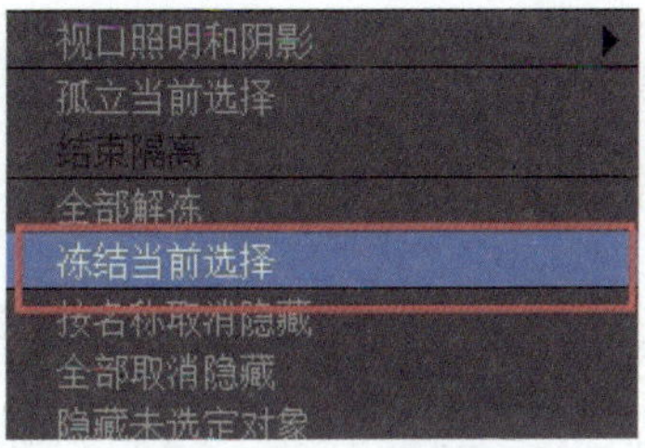

图 4-2-9　冻结对象

（3）创建客厅墙体

➢ Step 1：进行捕捉设置，勾选“顶点”“中点”复选框，选项中勾选“捕捉到冻结对象”“启用轴约束”复选框，如图 4-2-10 所示。

视 频

创建墙体及窗体

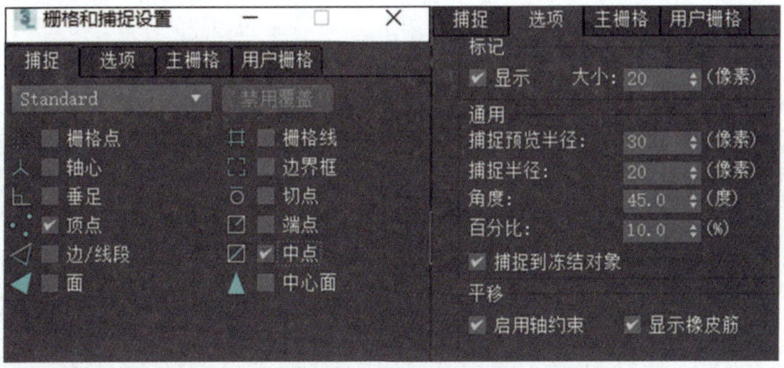

图 4-2-10　捕捉设置

➢ Step 2：选择“创建”→“图形”→“矩形”命令，于顶视图进行墙体捕捉绘制长方形，将书房相关的墙体进行捕捉绘制。绘制完成后，将所有矩形进行框选，执行“挤出”命令，输入数值 2 800.0 mm，如图 4-2-11 所示。

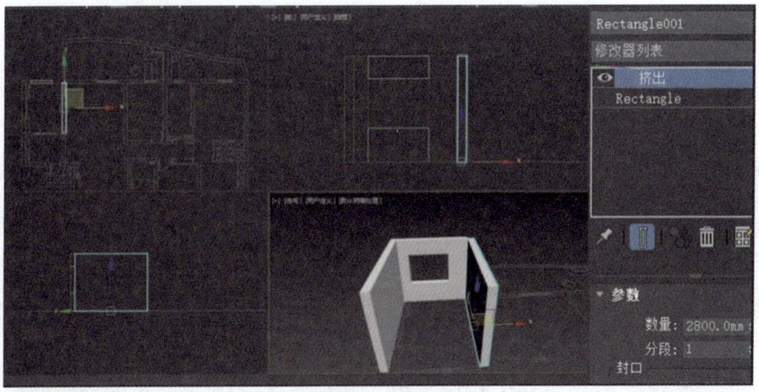

图 4-2-11　基本墙体

（4）创建窗框、玻璃

➢ Step 1：选择“创建”→“图形”→“矩形”命令，于前视图进行窗洞形状捕捉，绘制完成后转换为可编辑样条线；继续执行“图形”→“矩形”命令捕捉中点绘制，绘制完成后，进行实例，并进行附加，执行“挤出”命令，输入数值 50.0 mm，如图 4-2-12 所示。

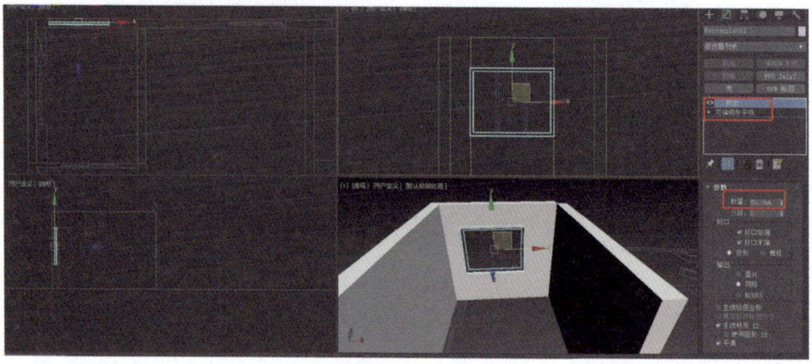

图 4-2-12　窗户轮廓

➢ Step 2：绘制窗框，选择“创建”→“图形”→“矩形”命令，于左视图进行栏杆形状捕捉，绘制完成后，执行“挤出”命令，输入数值 50.0 mm，并进行捕捉中点的对齐，给付塑钢材质，如图 4-2-13 所示。

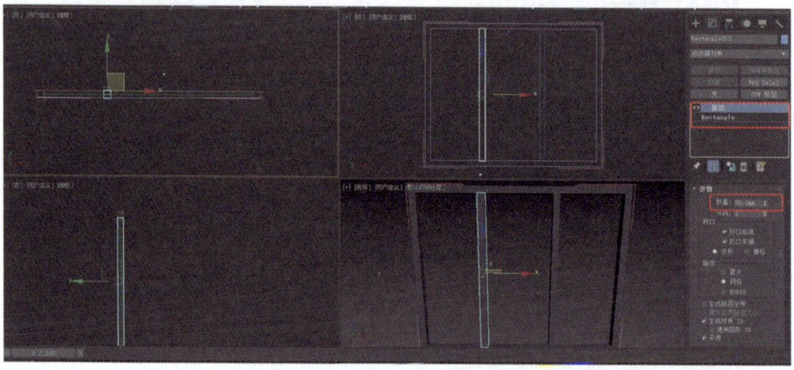

图 4-2-13　窗框绘制

➢ Step 3：绘制玻璃，选择“创建”→“图形”→“矩形”命令，于左视图进行栏杆形状捕捉，绘制完成后，执行“挤出”命令，输入数值 10.0 mm，并进行捕捉中点的对齐，给付玻璃材质，如图 4-2-14 所示。

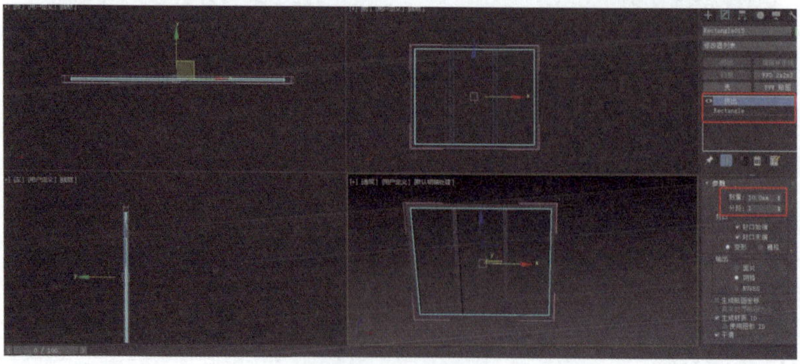

图 4-2-14　玻璃

（5）创建中式吊顶造型

➢ Step 1：根据空间进行顶面绘制，选择“创建”→“图形”→“线”命令，在顶视图进行绘制，右击并选择“转化为可编辑样条线”命令，选择“样条线”按钮，并在“轮廓”文本框中输入数值300.0 mm，调整书柜一侧，X轴方向再移动300 mm，如图4-2-15所示。

视频
吊顶造型1

视频
吊顶造型2

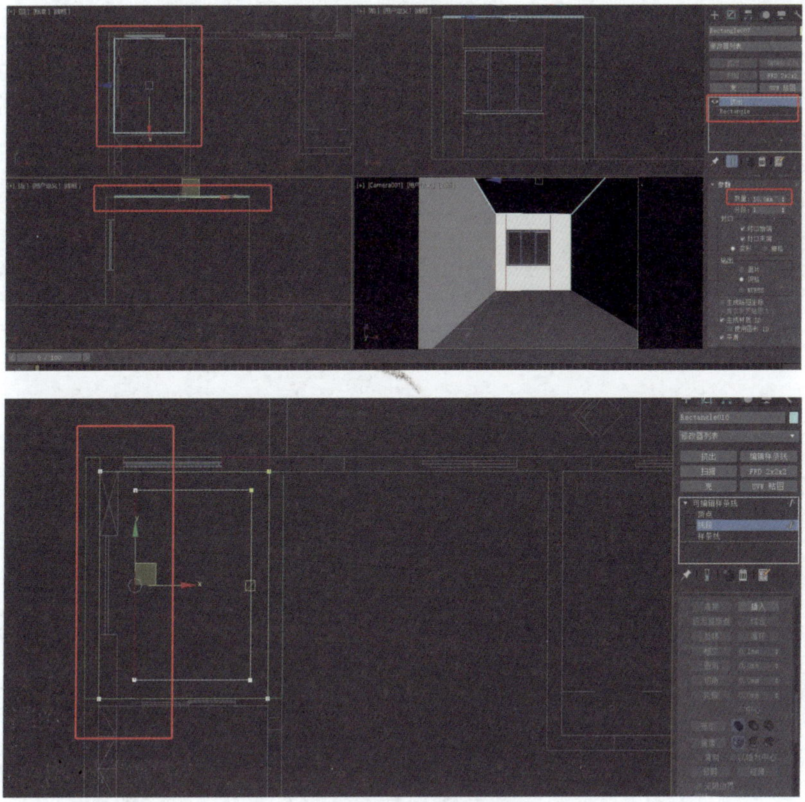

图 4-2-15　书房吊顶

➢ Step 2：预留窗帘盒，右击并选择“转化为可编辑样条线”命令，选择“线段”选项，选择两条线段，设置Y偏移180 mm，如图4-2-16所示。

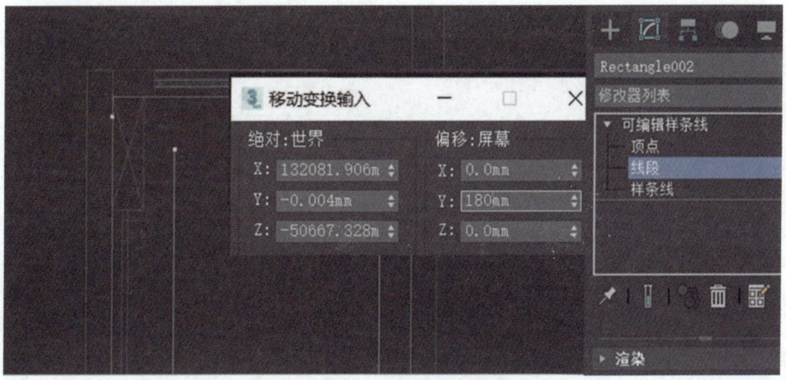

图 4-2-16　窗帘盒

➤ Step 3：执行挤出 100.0 mm，调整吊顶位置，放置 2 400.0 mm 高度，如图 4-2-17 所示。

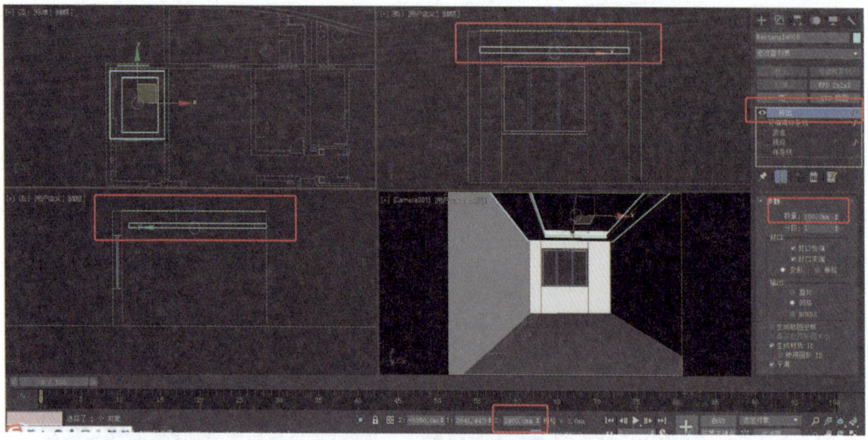

图 4-2-17　调整位置

➤ Step 4：执行“可编辑样条线”命令，设置“轮廓”-50.0 mm，删除内侧样条线，如图 4-2-18 所示。

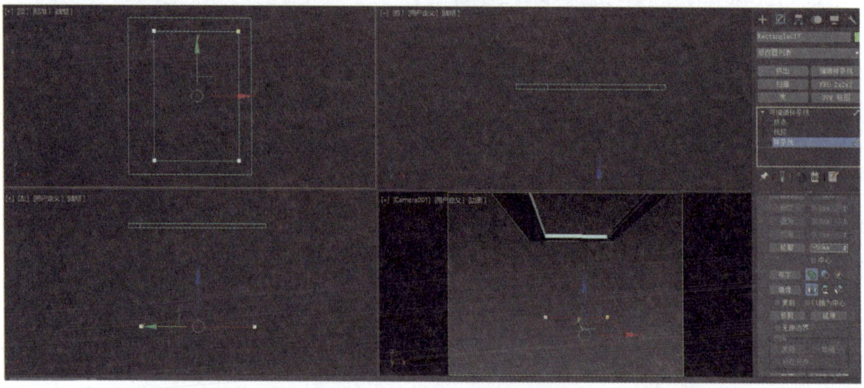

图 4-2-18　样条线编辑

➤ Step 5：设置“扫描”数值长度 10.0 mm，宽度 20.0 mm，取消选中“平滑路径”复选框，如图 4-2-19 所示。

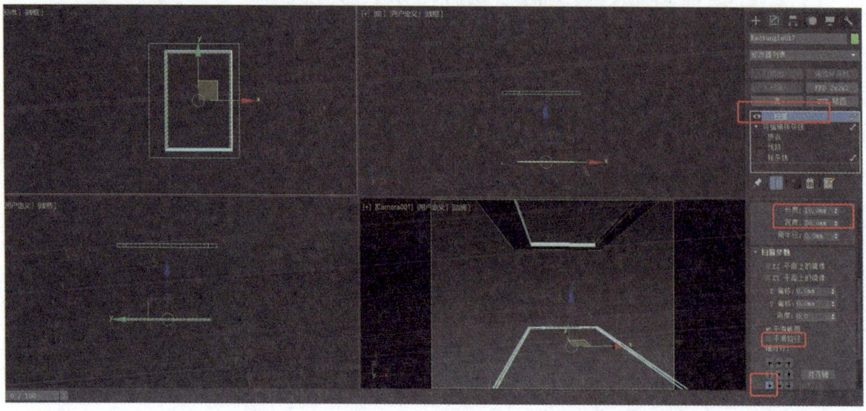

图 4-2-19　扫描

➢ Step 6：调整装饰线条的位置，如图 4-2-20 所示。

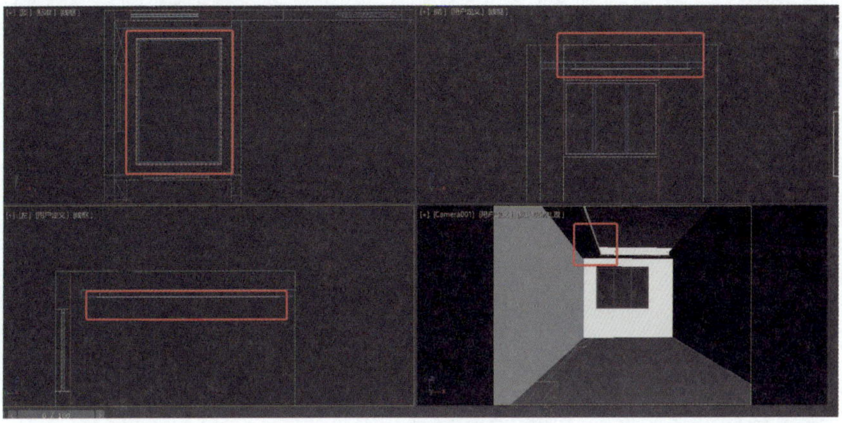

图 4-2-20　吊顶装饰线条

➢ Step 7: 吊顶叠级效果，执行“矩形”命令，设置挤出 80.0 mm，取消选中“封口始端”和“封口末端”复选框，如图 4-2-21 所示。

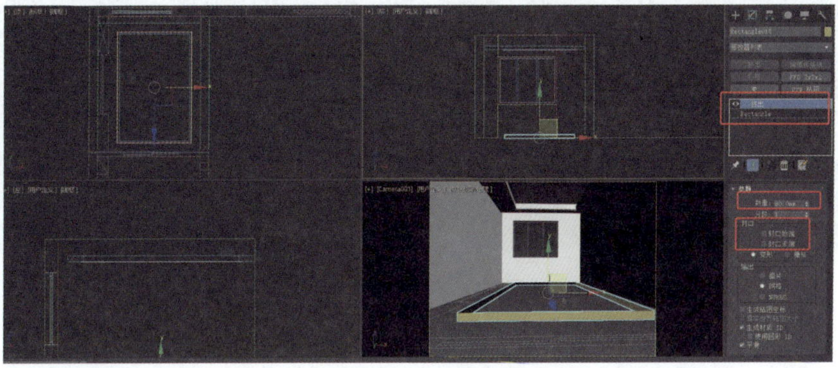

图 4-2-21　叠级效果

➢ Step 8：执行壳的命令，设置内部量 20.0 mm，外部量 0 mm，勾选“将角拉直”复选框，如图 4-2-22 和图 4-2-23 所示。

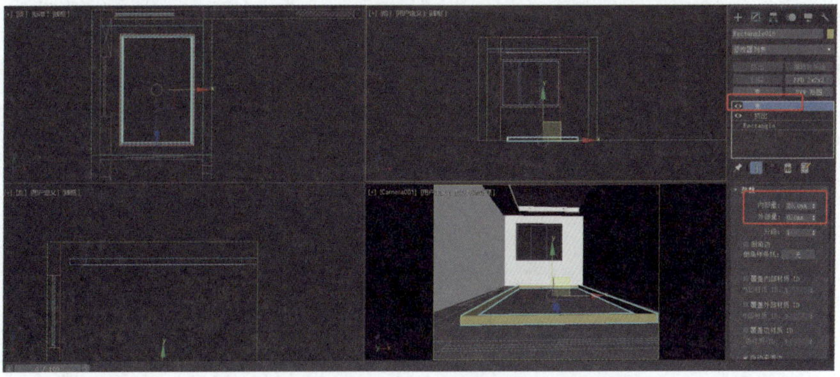

图 4-2-22　壳参数

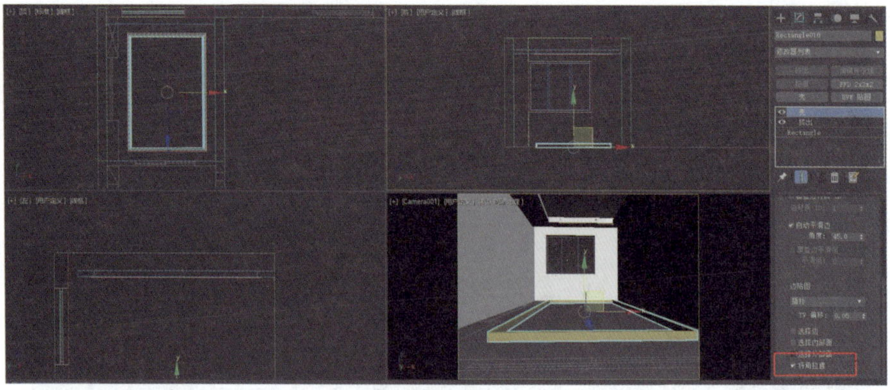

图 4-2-23　将角拉直

➢ Step 9：调整叠级造型的位置，如图 4-2-24 所示。

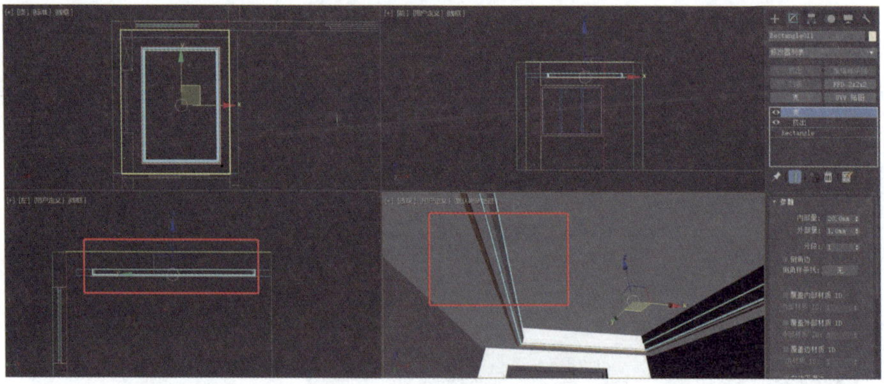

图 4-2-24　调整位置

（6）创建吊顶中式装饰木线条

➢ Step 1：吊顶居中绘制矩形，用 200 mm × 200 mm 矩形作为参考，如图 4-2-25 所示。

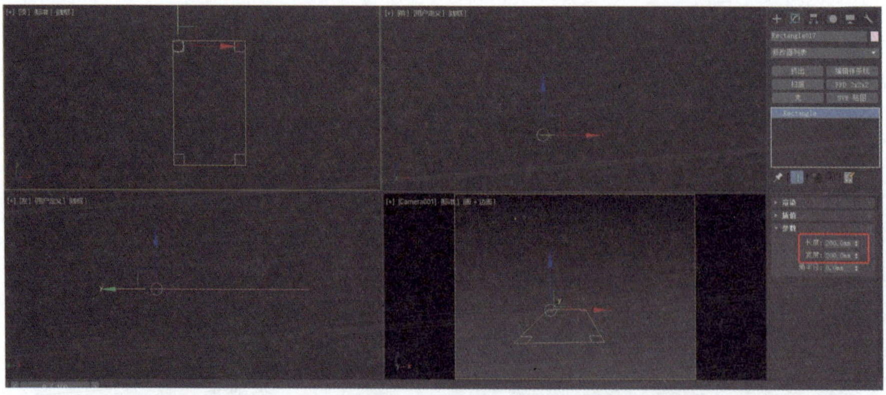

图 4-2-25　装饰木线条

➢ Step 2：用线绘制形状，执行“扫描”命令，内置截面为条状，长度 20.0 mm，宽度 30.0 mm，执行“移动”命令，完成位置调整，如图 4-2-26 所示。

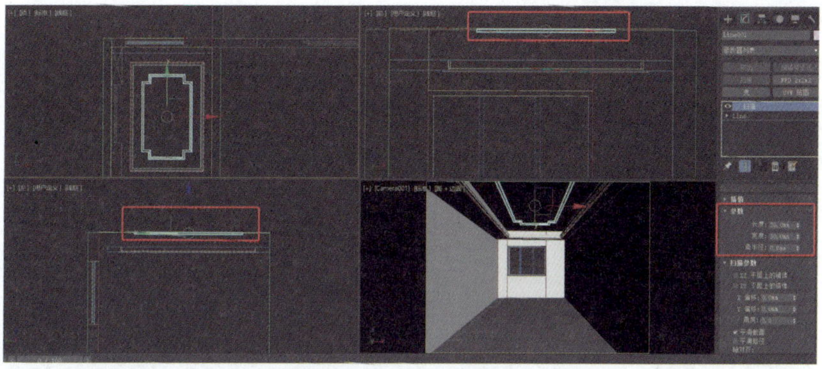

图 4-2-26　位置调整

提示：可以参考材质部分，直接给付吊顶乳胶漆材质，装饰线给付玫瑰金线条，木质造型条给付木纹材质。

（7）创建墙面立面造型

➢ Step 1：合并已做好的模型——中式雕花隔断，通过 FFD 完成大小的调整，如图 4-2-27 所示。

视　频

墙面造型1

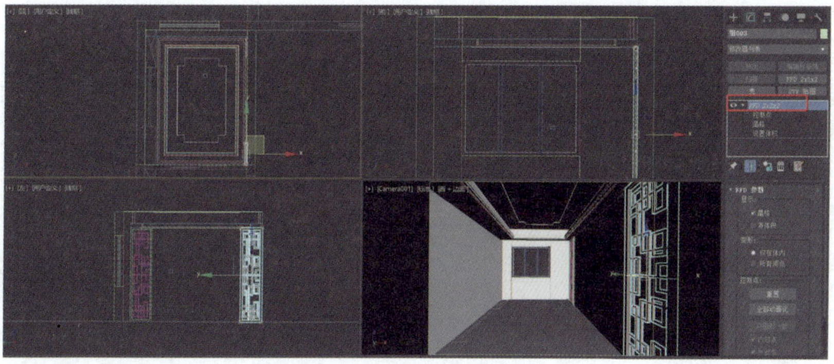

图 4-2-27　中式雕花隔断

视　频

墙面造型2

提示：雕花隔断可通过参考图片建模或 Ps 路径建模的方式完成。

➢ Step 2：执行“矩形”命令，转化为可编辑样条线设置轮廓 50.0 mm，挤出 30.0 mm，如图 4-2-28 所示。

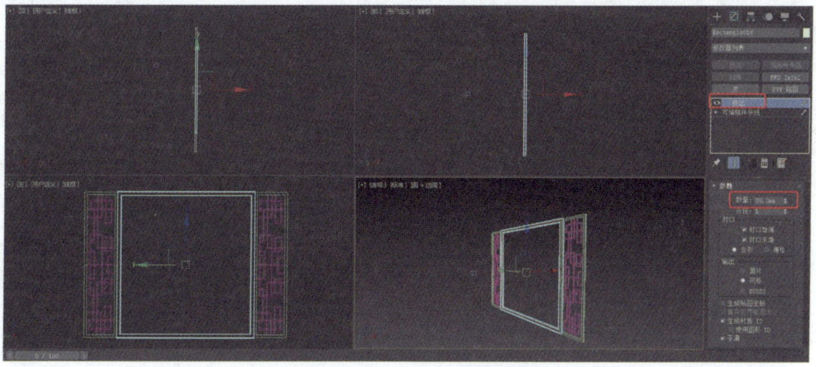

图 4-2-28　立面样条线编辑

➢ Step 3：执行“长方体”命令，在左视图绘制，高度 10 mm，宽度分段为 3，如图 4-2-29 所示。

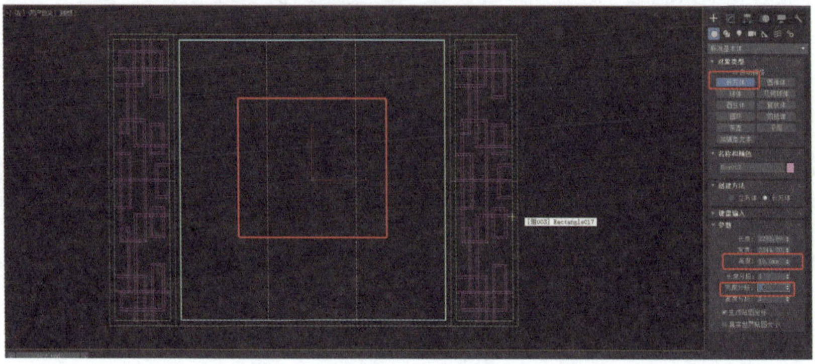

图 4-2-29 轮廓调整

提示：注意开启 2.5D 捕捉命令。

➢ Step 4: 创建硬包拼缝的效果，继续执行将“长方体”命令，转化为可编辑多边形，选择“线”层级，执行“挤出”命令，高度 −8.0 mm，宽度 8.0 mm，如图 4-2-30 所示。

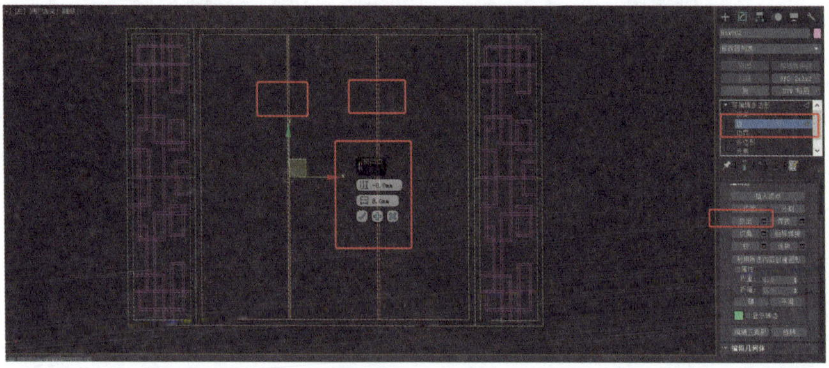

图 4-2-30 拼缝

➢ Step 5：合并圆形雕花模型，调整模型位置，完成立面造型创建，如图 4-2-31 所示。

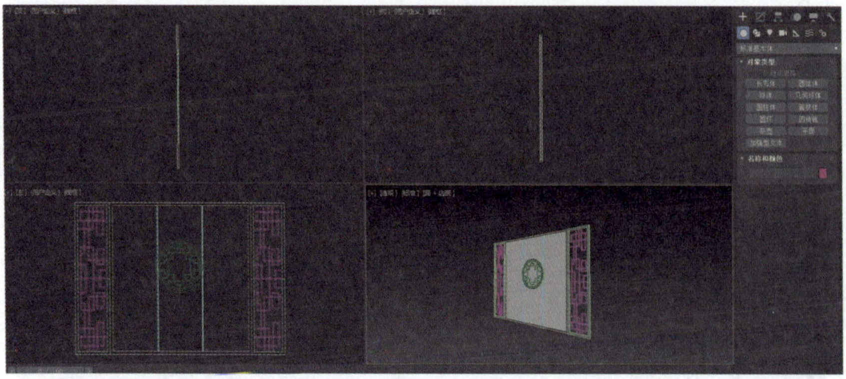

图 4-2-31 立面造型

（8）创建书柜造型

➢ Step 1：执行“矩形”命令，设置长度 2 400.0 mm，宽度 1 000.0 mm，如图 4-2-32 所示。

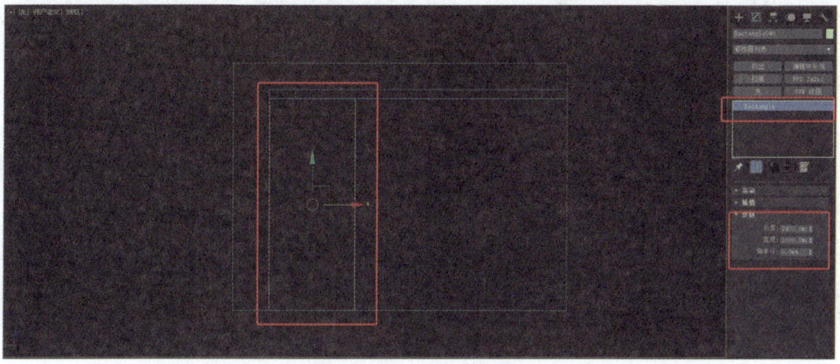

图 4-2-32　书柜轮廓

视　频

书柜造型1

➢ Step 2：将绘制的矩形进行孤立编辑模式，执行可编辑样条线，删除底部线段，设置“轮廓”50.0 mm，设置“挤出”300.0 mm，如图 4-2-33 和图 4-2-34 所示。

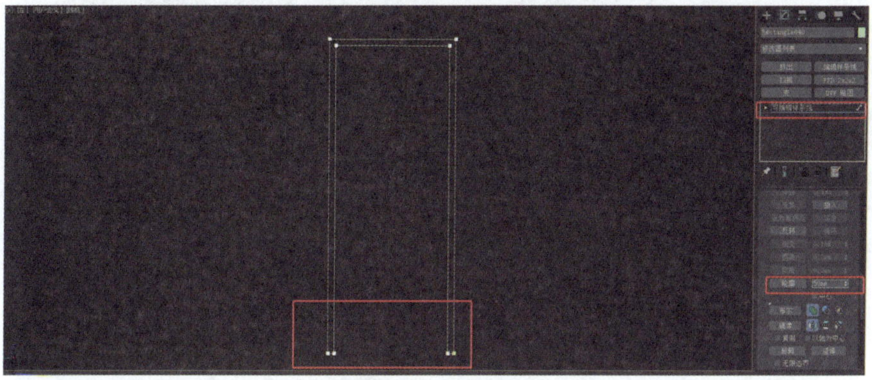

图 4-2-33　书柜轮廓

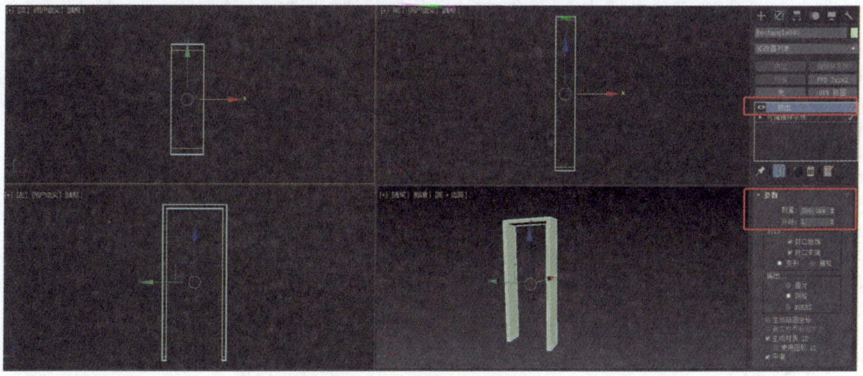

图 4-2-34　轮廓挤出

视　频

书柜造型2

➢ Step 3：绘制金属收口条。执行“线”命令，转换为可编辑样条线，设置“轮廓”-10.0 mm，设置“挤出”10.0 mm，如图 4-2-35 和图 4-2-36 所示。

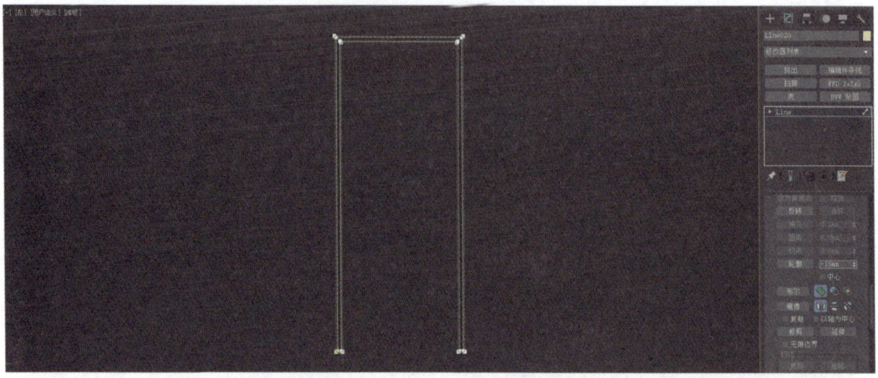

图 4-2-35　金属条

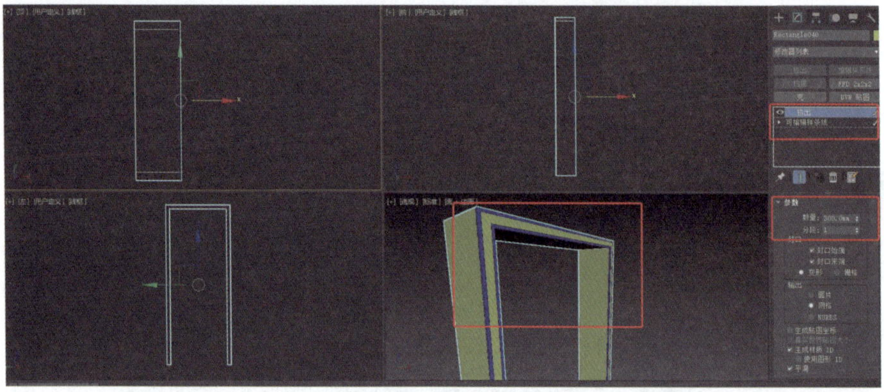

图 4-2-36　金属条调整

➢ Step 4：执行“矩形”命令，设置长度 2 000.0 mm，宽度 600.0 mm，木隔板的厚度 20.0 mm，依次制作完成下面造型，如图 4-2-37 所示。

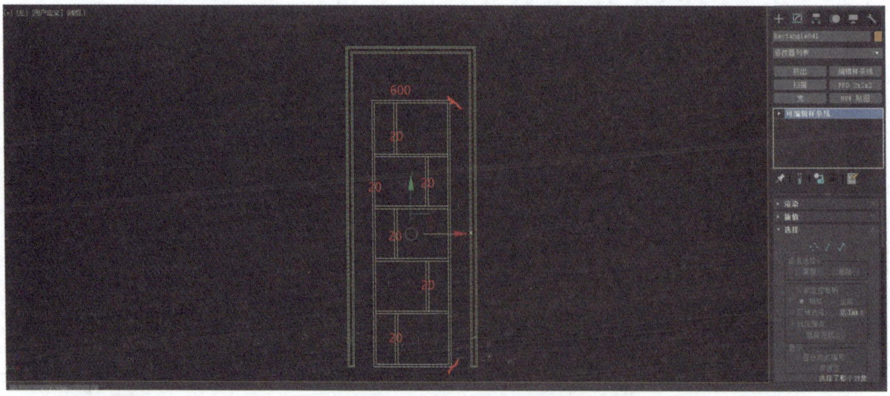

图 4-2-37　绘制分割

➢ Step 5：执行可编辑样条线命令，附加多个，将矩形全部附加，设置“挤出”260.0 mm，如

图 4-2-38 所示。

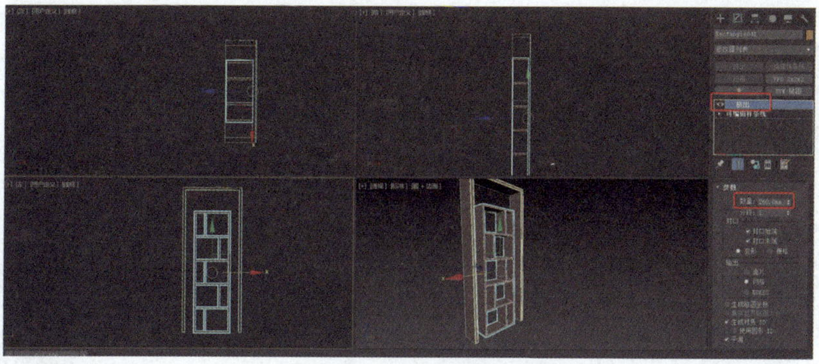

图 4-2-38　挤出完成

提示：在执行“挤出”命令之前，一定要先进行附加（一定是在可编辑样条线的层级下进行，或右击附加）。

➢ Step 6：制作隐藏式灯光遮板。绘制矩形，长度 50.0 mm，宽度 560.0 mm，挤出 20 mm，调整位置，如图 4-2-39 所示。

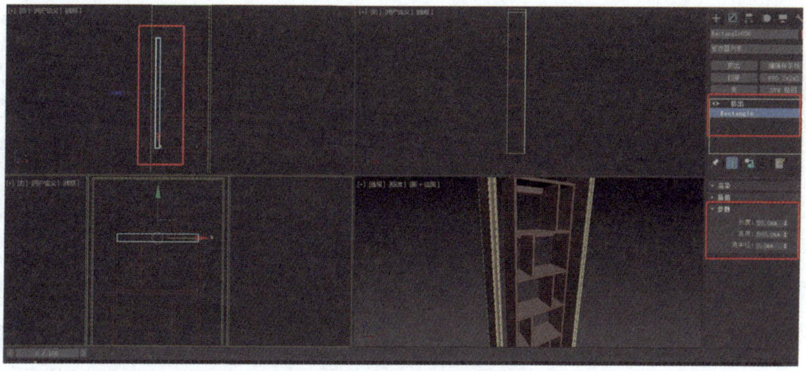

图 4-2-39　遮光板轮廓

视 频

书柜造型3

➢ Step 7：依次执行复制命令制作完成灯光遮板造型，完成最终造型，进行成组，如图 4-2-40 和图 4-2-41 所示。

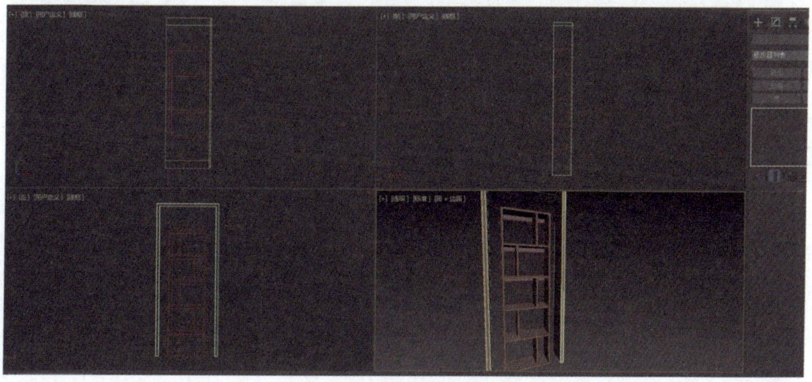

图 4-2-40　遮光板造型

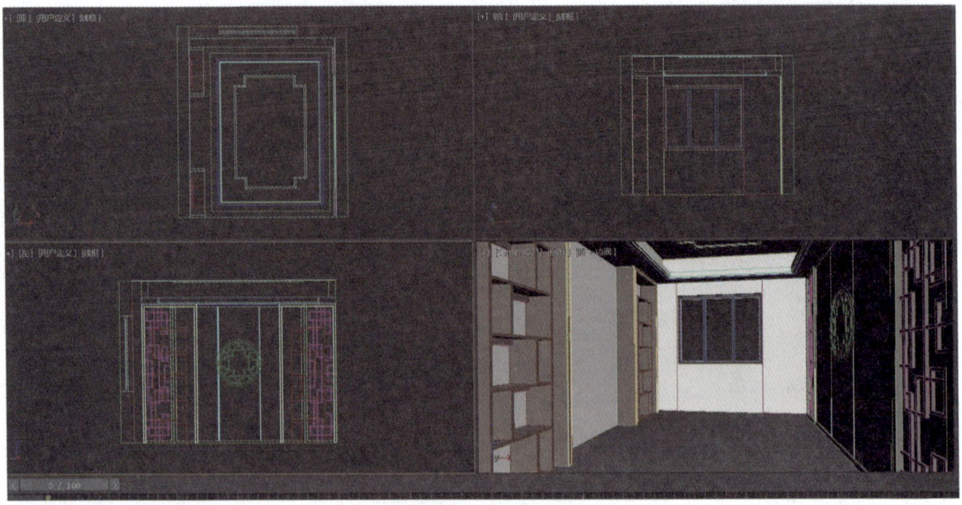

图 4-2-41 调整位置

➢ Step 8: 左视图绘制长方体，长度 50.0 mm，宽度可采用捕捉形式，高度 300.0 mm，如图 4-2-42 所示。

视 频

书柜造型4

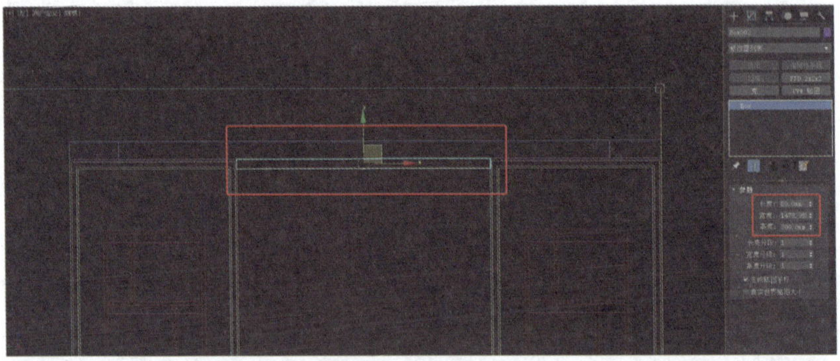

图 4-2-42 立面造型

➢ Step 9：开启捕捉绘制线，设置“轮廓”20.0 mm，设置“挤出”280.0 mm，调整位置，如图 4-2-43 和图 4-2-44 所示。

视 频

书柜造型5

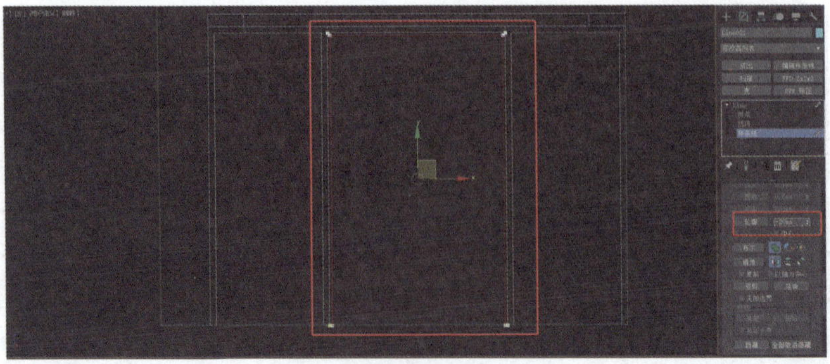

图 4-2-43 轮廓及挤出

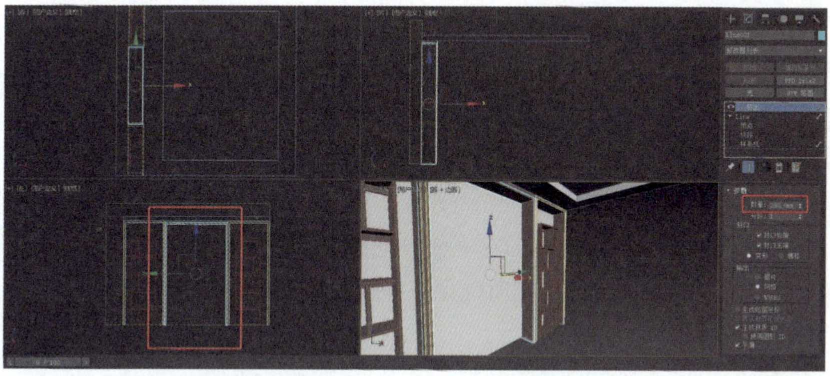

图 4-2-44　装饰造型位置调整

➢ Step 10: 开启捕捉，创建书柜壁纸墙，绘制矩形，设置“挤出”10.0 mm，调整位置，给付墙纸材质，如图 4-2-45 所示。

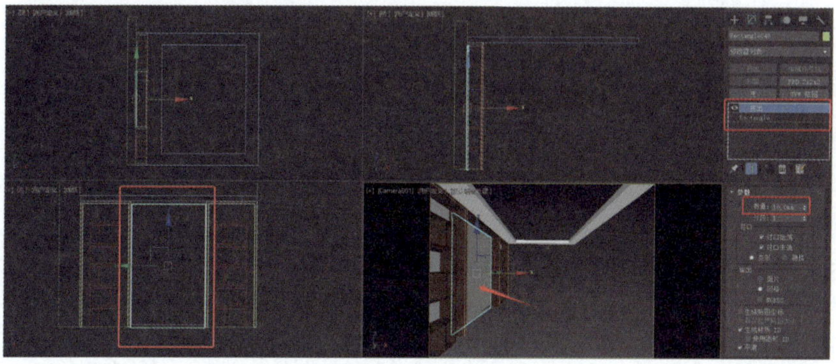

图 4-2-45　壁纸造型

（9）合并家具、装饰品模型

执行“文件”→“导入”→“合并”命令，将 max 家具、饰品、灯具、窗帘等模型依次合并到 max 场景中，并调整位置，如图 4-2-46 所示。

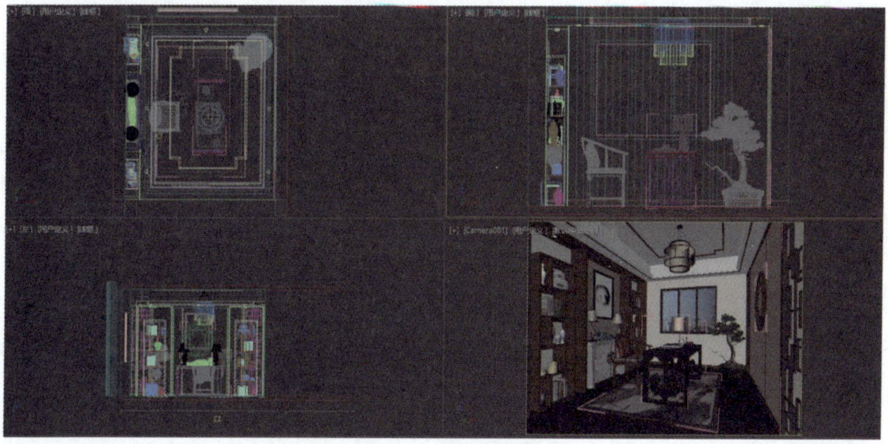

图 4-2-46　软装合并

任务 2　新中式书房三维空间材质、灯光处理

任务介绍

本任务是新中式书房三维空间材质、灯光处理，材质的表现直接影响效果图的真实质感，场景中灯光应用也将直接影响空间的层次感，在本任务基础上，根据业主真实需求，运用材质灯光的基本知识及基本操作，进行效果图制作，同时强化三维表现设计师岗位技能的实操性。

任务导入

观看微课视频对新中式书房材质及灯光技巧进行分析，探索学习，了解真实项目场景中，材质及灯光的基本操作与参数设置。

相关知识

材质和贴图在室内效果图的制作中起着至关重要的作用，合理地为模型添加材质和贴图，可以让模型变得更加逼真。

材质编辑器的功能非常强大，通过调整材质编辑器的漫反射、反射、折射等参数，利用它可以创建出非常逼真的自然材质和不同质感的人造材质。

在效果图表现过程中，灯光的设置是非常重要的一个环节，3ds Max 中的灯光分为标准灯光、光度学灯光、VRay 灯光三大类，掌握灯光的创建方法，了解灯光的功能及使用场合，在本任务中，通过选用不同的灯光，设置它的颜色、亮度、阴影等参数，结合后期的渲染，让空间的灯光效果更加准确。

任务实施

1. 任务实施分析

新中式书房三维空间材质、灯光处理——材质、灯光制作流程及任务分析见表 4-2-2。

表 4-2-2　材质、灯光制作流程及任务分析

序号	名称	绘制效果	所用工具及要点说明
1	材质处理（见图 4-2-47）	 图 4-2-47　材质处理	1. 调用材质库给付材质 2. 材质编辑器中漫反射、反射、折射相应参数的调整

续表

序号	名称	绘制效果	所用工具及要点说明
2	灯光处理（见图 4-2-48）	 图 4-2-48　灯光处理	使用 VRay 平面光源、目标灯光、VRay 球体灯光模拟自然光、光域网、人工光

2. 任务实施步骤

视频
材质

➢ Step 1：场景主要材质调整。

乳胶漆材质，参数如图 4-2-49 所示。

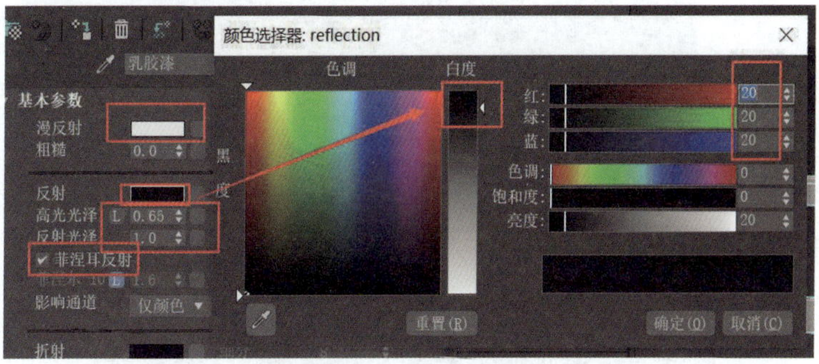

图 4-2-49　乳胶漆材质

玫瑰金材装饰条材质，参数如图 4-2-50 所示。

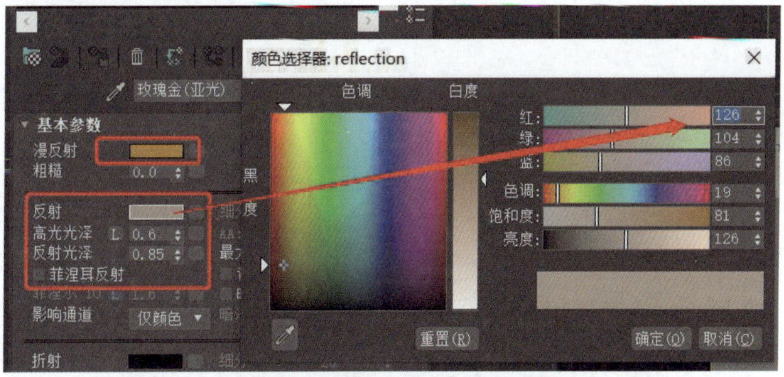

图 4-2-50　玫瑰金材质

白玻璃材质、不锈钢黑色材质，参数如图 4-2-51 所示。

视 频

木纹材质、墙布、木地板材质

视 频

书桌及地毯模型

视 频

圈椅及艺术摆件

视 频

盆景、窗帘、艺术画

视 频

书柜上的艺术品

视 频

筒灯、射灯模型布置

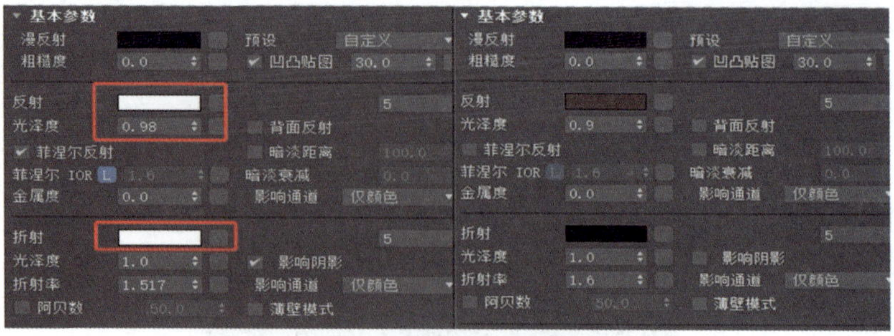

图 4-2-51　白玻璃及不锈钢材质

木饰面材质，参数如图 4-2-52 所示。

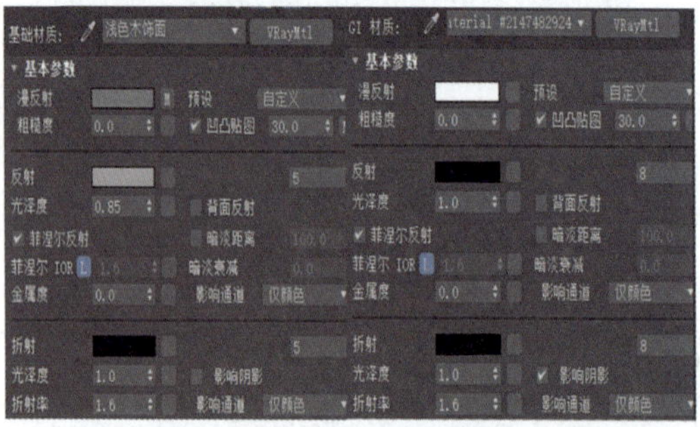

图 4-2-52　木饰面材质

地面木地板材质，参数如图 4-2-53 所示。

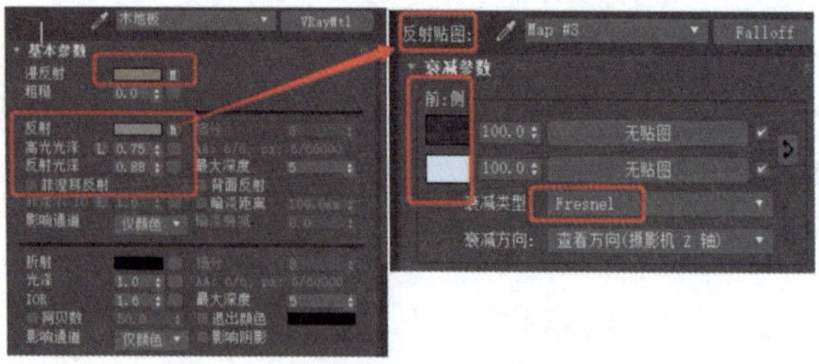

图 4-2-53　木地板材质

木饰面、木地板、壁纸不仅要调整材质参数，还要给付 UVW 贴图，参数如图 4-2-54 所示。

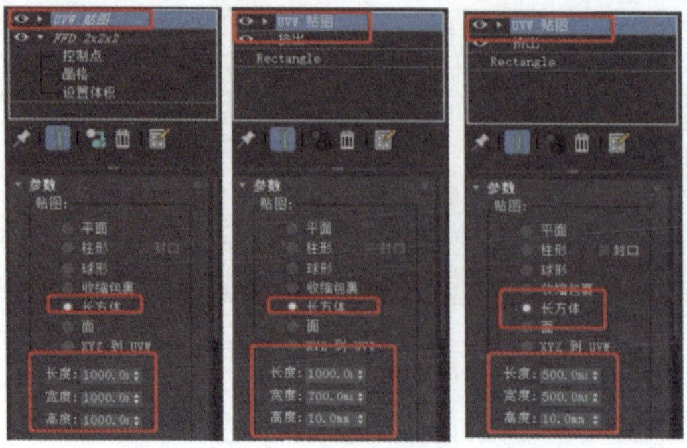

图 4-2-54　材质贴图及 UVW 贴图

提示：可建立自己的材质库，方便后期直接调用，提升做图速度及效率（本项目提供自建材质库包）。

➢ Step 2：VRaylight 灯光，参数如图 4-2-55 所示。

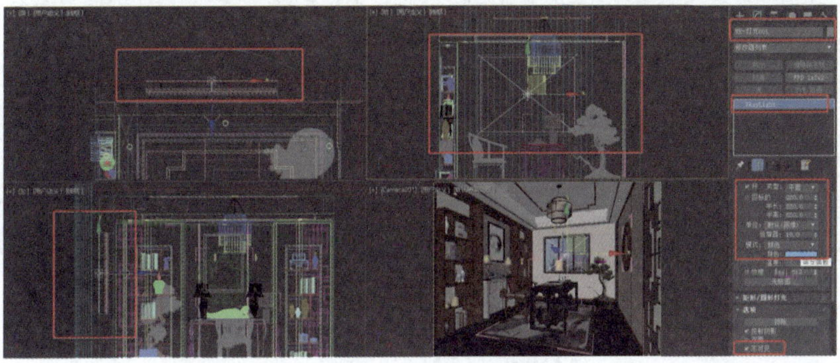

图 4-2-55　窗外灯光模拟

视　频

灯光设置1

➢ Step 3：依次设置 VRaylight 灯光，参数如图 4-2-56 所示。

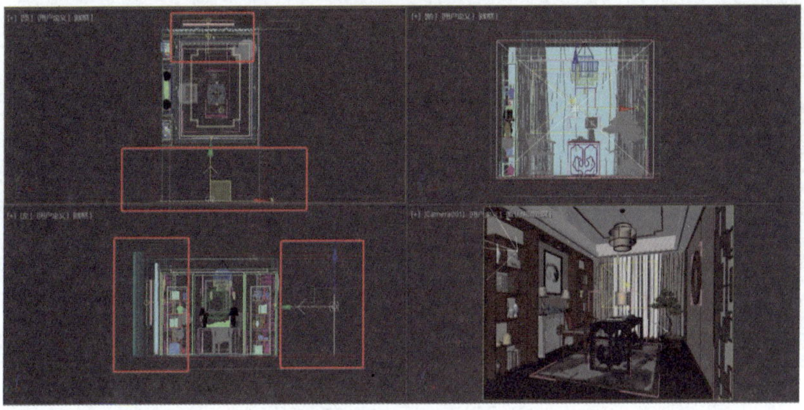

图 4-2-56　自然光模拟

视　频

灯光设置2

视　频

灯光设置3

➢ Step 4：吊顶泛光灯带灯光设置，如图 4-2-57 所示。

图 4-2-57　吊灯泛光灯带设置

➢ Step 5：书柜造型灯带，参数如图 4-2-58 所示。

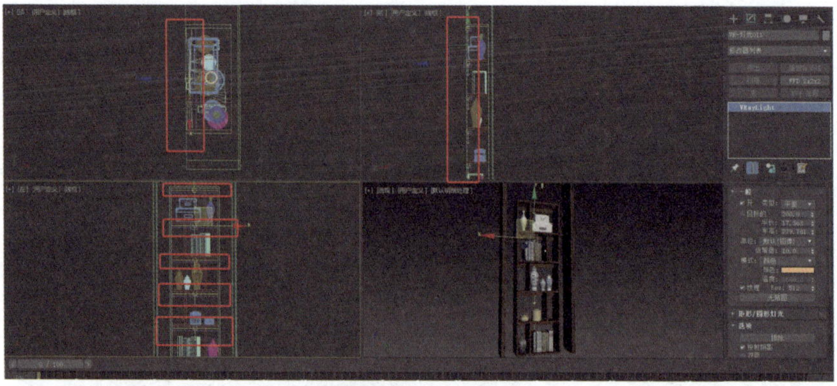

图 4-2-58　书柜造型灯带

➢ Step 6：场景中筒灯、射灯，调用光域网配合场景，参数如图 4-2-59 所示。

视 频

灯光设置4

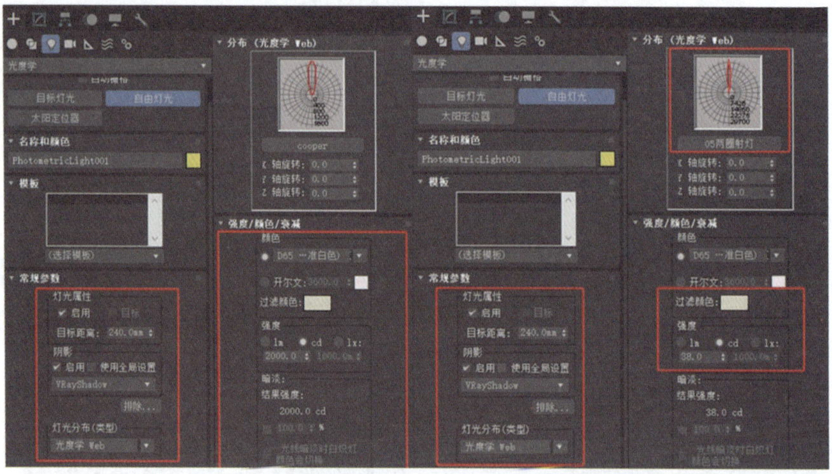

图 4-2-59　筒灯灯光模拟

➢ Step 7：艺术灯具灯光模拟。VRaylight 灯光、球体灯，参数如图 4-2-60 所示。

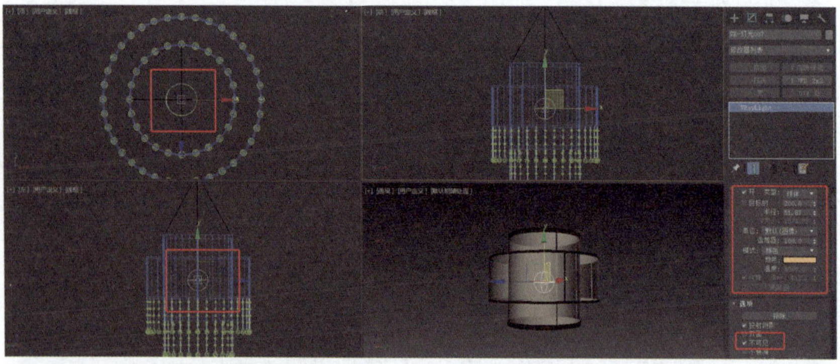

图 4-2-60　艺术灯具灯光模拟

提示：依次设置场景中台灯，根据场景调整倍增值，同时注意勾选“不可见”复选框。最终完成灯光设置效果，如图 4-2-61 所示。

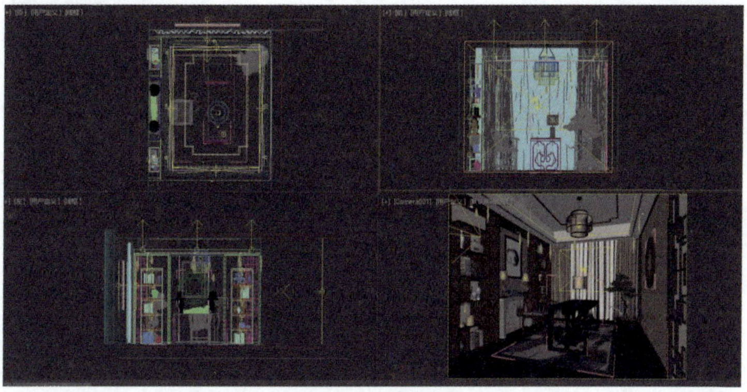

图 4-2-61　灯光完成

提示：局部补光可用 VRaylight 灯光、目标灯光进行局部补光，增加场景的光感及层次。

任务 3　新中式书房三维空间的渲染技巧及后期处理

任务介绍

本任务是新中式书房三维空间的渲染技巧及后期处理，将前期的模型、材质及灯光进行输出，渲染器的选择及渲染的设置，直接决定效果图的视觉效果，高水平的渲染可以细致地显示材质的质感、灯光的层次、场景的光影。

后期处理可以高效地修补渲染效果图的效果，通过调整相应的参数让场景更加逼真。

任务导入

观看微课视频对新中式书房三维空间的渲染技巧及后期处理探索学习，了解真实项目场景中，渲染的特点和后期处理的方法。

相关知识

渲染就是将场景中的模型、材质、贴图、灯光、环境等以图片或视频的形式表现出来，并进行输出保持，在场景中通常所用 V-Ray 渲染器，通常在“V-Ray”选项卡的相关卷展栏中进行参数设置，根据渲染的场景的复杂程度以及效果图的尺寸确定效果图的渲染参数。

后期处理是对效果图效果的美化，可以快速高效地进行调整处理，让效果图更加生动逼真。

任务实施

1. 任务实施分析

渲染及后期处理流程及任务分析见表 4-2-3。

表 4-2-3 渲染及后期处理制作流程及任务分析

序号	名称	绘制效果	所用工具及要点说明
1	渲染设置（见图 4-2-62）	 图 4-2-62 渲染原图	1. 使用 VRay adv3.6 渲染器 2. 调整公用中渲染图的尺寸 3. 调整 VRay 控制面板参数 4. 调整 GI 控制面板参数 5. 调整材质及灯光的细分
2	后期处理（见图 4-2-63）	 图 4-2-63 后期处理	1. 使用“曲线”命令调整效果图的明暗效果 2. 建立通道及蒙版调整效果的色彩平衡 3. 使用“魔棒”命令选取顶面、地面、书桌等模型，进行曲线、色彩平衡的细节调整

2. 任务实施步骤

➢ Step 1：设置效果图的输出大小，在“公用”选项卡的“公用参数”卷展栏中，设置“宽度”2 000、“高度”1 292，如图 4-2-64 所示。

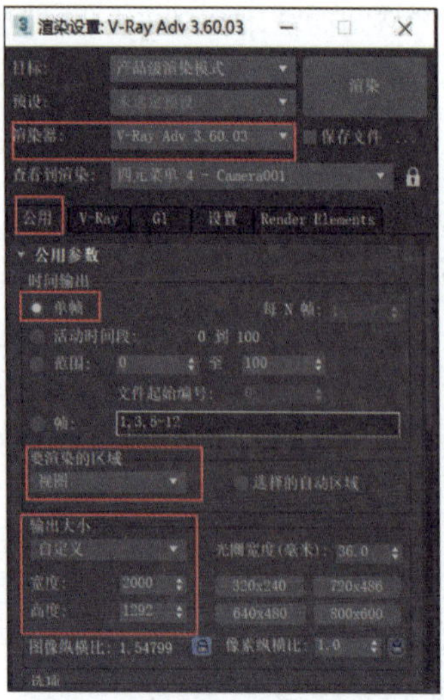

图 4-2-64 “公用”选项卡设置

视 频

新中式书房
渲染测试

➢ Step 2：“V-Ray”选卡设置，如图 4-2-65 所示。

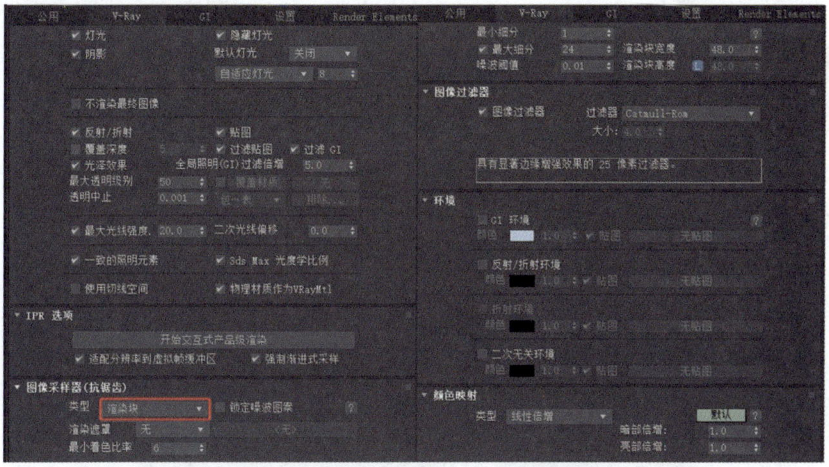

图 4-2-65 “V-Ray”选项卡设置

在“V-Ray”选项卡的“全局开关”卷展栏中将“默认灯光”设为关（和 GI 灯光一起关闭），勾选“光泽效果”复选框。在“图像采样器（抗锯齿）”组中“类型”选择“渲染块”，勾选“图像过滤器”复选框，过滤器改为“Catmull-Rom”，在“全局 DMC”组中勾选“锁定澡波图案”“使用局部细分”复选框，将“细分倍增”改为 10.0。“颜色映射”组中“类型”为“线性倍增”。

➢ Step 3：“GI”选项卡设置，如图 4-2-66 所示。

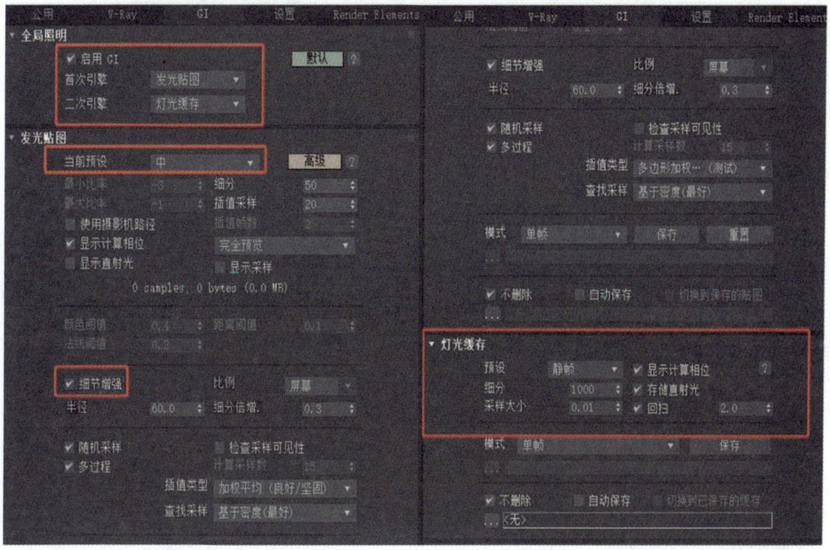

图 4-2-66 “GI”选项卡设置

在“GI”选项卡中，勾选“启用 GI”复选框，“首次引擎”为“发光贴图”，“二次引擎”为“灯光缓存”。在“发光贴图”组中，“当前预设”为“中”，“细分”改为 50，“插值采样”为 20，勾选“细节增强”复选框。在“灯光缓存”组中，“细分”改为 1 000。

提示：正是因为有了渲染，才使得场景中材质的肌理、空间色彩、灯光层次感得以充分表现，但在设置上，如果给的参数过大，则需要较高配置的机器。在一定程度上，为提高渲图速度及效率，会先进行草图预设参数的设置。在大图效果图时，可渲染光子图，提升渲图的速度，节省渲图时间。

➢ Step 4：按快捷键【F9】进行渲染，经过 1 个小时的渲染，最终效果如图 4-2-67 所示。

图 4-2-67　渲染输出

➢ Step 5：执行“脚本”→“运行脚本”→“单色材质渲染”命令或“莫莫小工具多维材质通道转换”采用扫描线渲染器进行渲染，最终效果如图 4-2-68 所示。

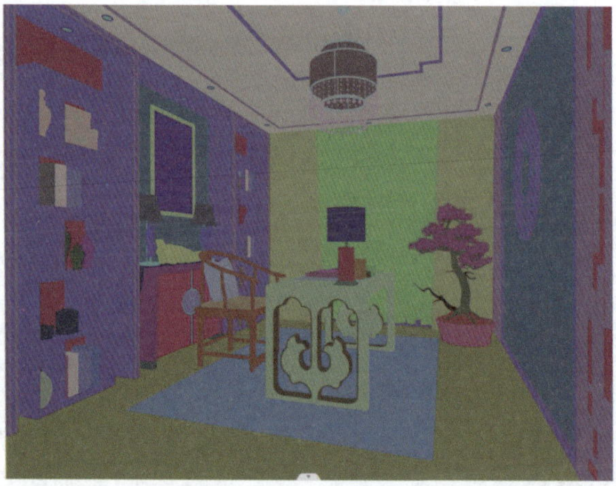

图 4-2-68　通道图

视 频

书房后期处理

观察分析图像，发现画面的色彩饱和度、明暗对比都不够强烈，接下来我们将需要通过调整曲线、图像对比度、色彩平衡等方式来解决该问题。

➢ Step 6：调整吊顶的效果。

执行“魔棒”命令，在通道图中选取吊顶部分，回到图层 1 按【Ctrl+J】组合键进行图层复制（图层 2），按【Ctrl+M】组合键弹出“曲线”对话框将吊顶进行调亮，参数设置如图 4-2-69 所示。

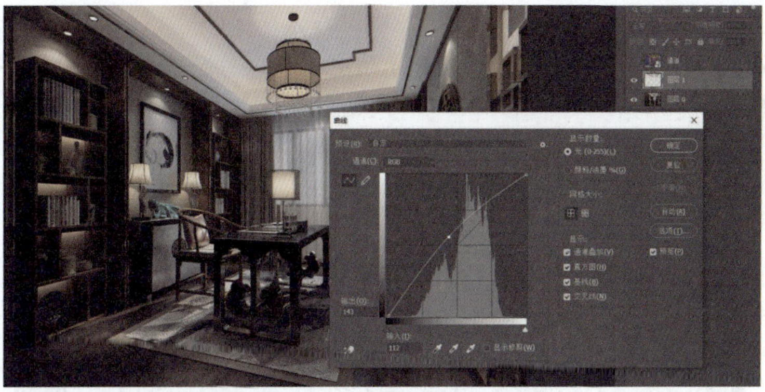

图 4-2-69　吊顶后期处理

➢ Step 7：调整地毯的效果。

执行“魔棒”命令，在通道图中选取吊顶部分，回到图层 1 按【Ctrl+J】组合键进行图层复制（图层 3），按【Ctrl+M】组合键弹出“曲线”对话框将地毯进行调亮，参数设置如图 4-2-70 所示。

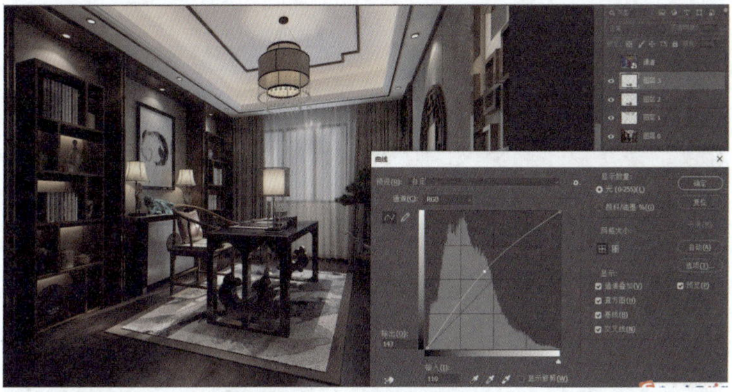

图 4-2-70　地毯后期处理

➢ Step 8：调整木地板的效果。

执行“魔棒”命令，在通道图中选取木地板部分，回到图层 1 按【Ctrl+J】组合键进行图层复制（图层 4），按【Ctrl+M】组合键弹出“曲线”对话框将岩板进行调亮，参数设置如图 4-2-71 所示。

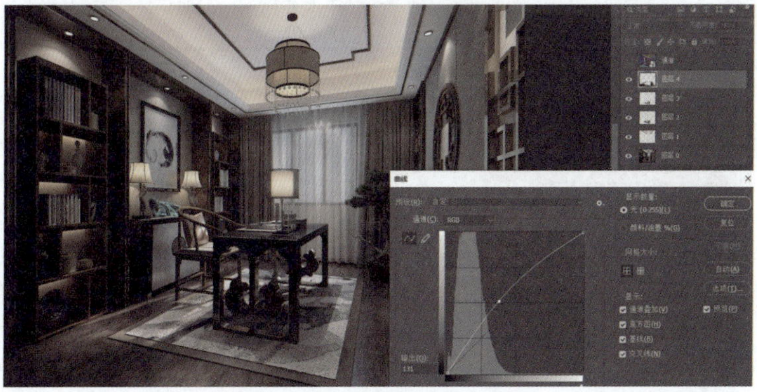

图 4-2-71　木地板后期处理

➢ Step 9：灯光特效的调整。

将打开 Photoshop 素材包中的素材“后期星光贴图 2”并将此贴图合并到场景中，将其模式改为“线性减淡”，如图 4-2-72 所示。

图 4-2-72 灯光特效处理

提示：依次复制灯效图层，完成场景灯效的修改，如图 4-2-73 所示。

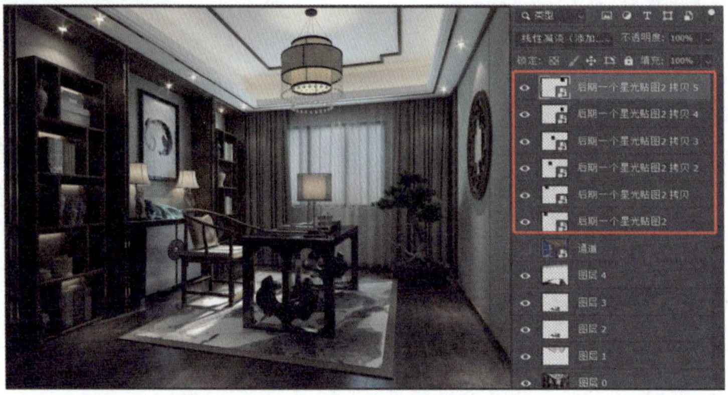

图 4-2-73 灯光后期处理

➢ Step 10：调整木饰面的效果。

执行“魔棒”命令，在通道图中选取木地板部分，回到图层 1 按【Ctrl+J】组合键进行图层复制（图层 6），按【Ctrl+M】组合键弹出“曲线”对话框将木饰面进行调亮，参数设置如图 4-2-74 所示。

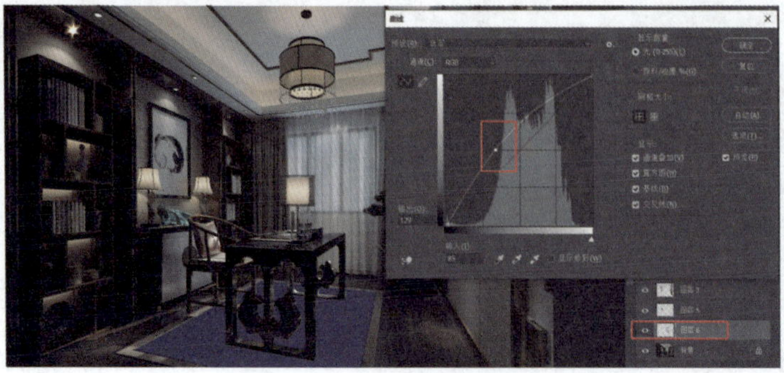

图 4-2-74 木饰面后期处理

➢ Step 11：到此，现代简约客厅的 Photoshop 后期处理就完成了，合并图层，得到最终的效果图，如图 4-2-75 所示。

图 4-2-75　效果图后期处理

课后拓展训练：中梁 1 号院 136 m² 样板间的客厅三维空间表现

通过本任务知识点学习，了解掌握三维空间建模、材质、灯光、渲染及后期处理的特点及使用技巧。通过创建新中式客厅三维空间模型，强化了工具使用命令，通过创建现代风格客厅模型达到举一反三的拓展能力，同时思考在模型制作过程中，运用了哪些层级及命令？如何设置相应的参数？

任务要求：136 m² 样板间，如图 4-2-76 所示。

①风格定位：现代轻奢风格。

②人群定位：新中产。

③材料要求：绿色环保。

④灯具要求：无主灯设计，节能。

⑤家具要求：智能家居。

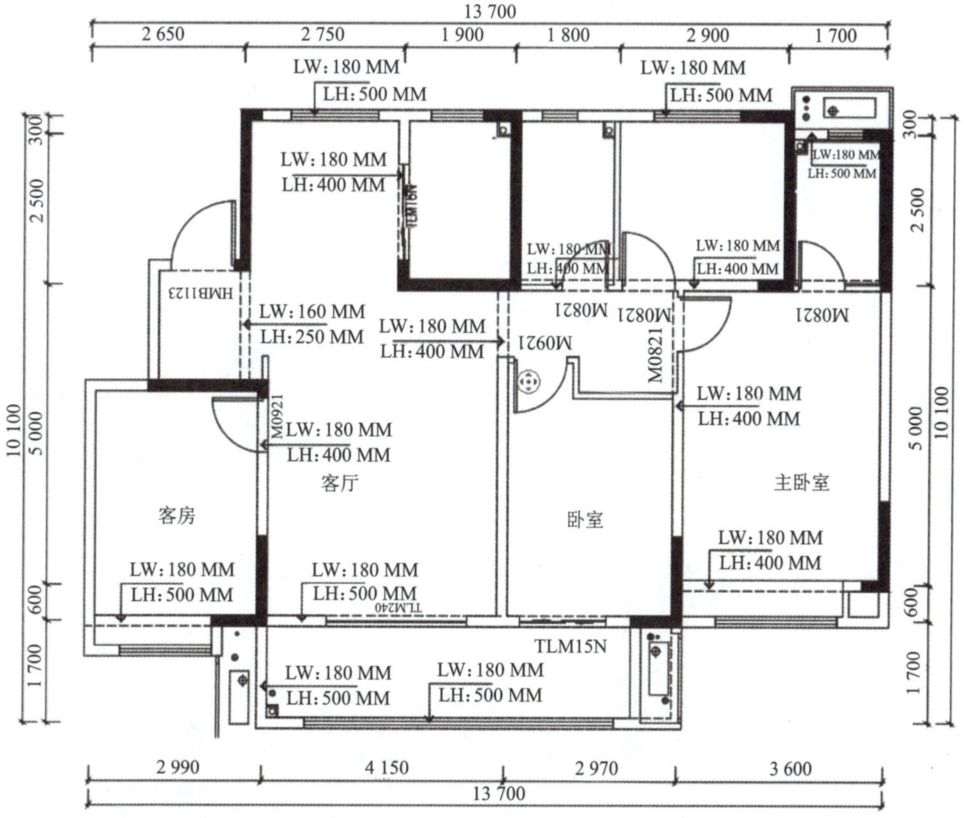

图 4-2-76　原始平面图（单位：mm）